湛庐 CHEERS

与最聪明的人共同进化

HERE COMES EVERYBODY

科学的价值

Science in the Soul

Selected Writings of a Passionate Rationalist

Richard Dawkins
[英] 理查德·道金斯 著

贾拥民 译

天津出版传媒集团
天津科学技术出版社

上架指导：人文科学

天津市版权登记号：图字 02–2020–66 号

图书在版编目(CIP)数据

科学的价值 / (英) 理查德 · 道金斯著 ; 贾拥民译
. -- 天津 : 天津科学技术出版社 , 2020.6

书名原文 : Science in the Soul
ISBN 978-7-5576-7862-3

Ⅰ. ①科… Ⅱ. ①理… ②贾… Ⅲ. ①科学－价值论
Ⅳ. ① G301

中国版本图书馆 CIP 数据核字（2020）第 080209 号

科学的价值
KEXUE DE JIAZHI
责任编辑：吴　頔
责任印制：兰　毅

出　　版：天津出版传媒集团
　　　　　天津科学技术出版社
地　　址：天津市西康路 35 号
邮　　编：300051
电　　话：（022）23332377（编辑部）23332393（发行科）
网　　址：www.tjkjcbs.com.cn
发　　行：新华书店经销
印　　刷：天津中印联印务有限公司

开本 720 × 965　1/16　印张 25.25　字数 391 000
2020年6月第1版第1次印刷
定价：119.90元

各方赞誉

道金斯是了不起的科学“布道者”，令科学的精神气质跃然纸面。信奉者视他为知音，纷纷转发；怀疑者暗中瞄准了靶子，却频频哑火。

——刘华杰　北京大学科学传播中心教授

道金斯用生动的文笔传递了科学知识和独到而深刻的思想，他在《科学的价值》这本书里所阐释的科学价值观，让我们对科学有了更为全面和深刻的认识，对每个人都具有重要的启示。

——刘慈欣　著名科幻小说家，《三体》作者

理查德·道金斯可能是我们这个时代最伟大的科学思想家，他的《自私的基因》是无数人了解进化思想的启蒙读物，我也不例外。这本《科学的价值》是道金斯的一本文集，这些充满力量的文章向我们展示了一个更加全面和深刻的科学思想者。在这些文字里，道金斯的思考超越了生物学本身，指向人类理性，探讨大自然，甚至是畅想宇宙里可能

存在的形形色色的生命形态和智慧形式。阅读本书将带给你一次充满智慧挑战的奇妙体验。

——王立铭　浙江大学教授，《上帝的手术刀》作者

在我的心目中，理查德·道金斯是一位科学思想家，或者说科学哲学家。在生物学家看来，基因本身并不是自私的，因为自私是一种性格，基因本身并不是生物，性格无从谈起，况且基因的延续现象也完全可以用达尔文演化思想来解释。但是道金斯对于达尔文思想在社会中的科学传播却可以说是最伟大的功臣，几乎没有之一。让人类社会正确认识达尔文演化思想是不容易的，尤其是在 20 世纪上半叶，很容易就会走到恃强凌弱的误区里去。正因为道金斯 50 年前将达尔文演化思想带进了社会公共领域，激发了无数讨论，才逐渐让社会大众接受了演化思想，接受了基因这个概念。在这本最新的文集中，道金斯继续以科学且优美的文笔，剖析科学与社会的方方面面，包括澄清科学概念，讲述达尔文当年的趣闻，读来让人掩卷沉思。英文书名直译是灵魂深处的科学，道金斯被誉为“让科学具有了灵魂”，科学与社会思想究竟如何交融？这个话题相信值得科学家与社会思想家共同来探讨。

——仇子龙　中国科学院神经科学研究所高级研究员，《基因启示录》作者

人类文明的后半程已经与科学密不可分。作为生物学家，道金斯是达尔文进化论的忠实拥护者；作为科普作家，他深受卡尔·萨根的影响，致力于促进科学与社会的交融。科学不是一座孤岛，它的使命是认识世界，告诉我们世界是什么样的，为什么是这样，从而影响人类的三观。科学的发展史，也是技术的进步史，它引导技术发展，推动人类文明进步。《科学的价值》用散文的笔法，让你走近科学、理解科学。

——郑永春　行星科学专家、科普作家，中国科学院国家天文台研究员

理查德·道金斯对现实世界的敏锐思考远远超出了生物学范畴。从小说到哲学，再到分子生物学，在一个统一的视野中如此清晰地看到物质和意义是如何结合在一起的，真是一种享受！

——丹尼尔·丹尼特　享誉世界的哲学泰斗，《直觉泵和其他思考工具》作者

在这个科学写作的黄金时代，没有一位科学家获得诺贝尔文学奖，真是令人感到遗憾。在我看来，文学最高奖项应该授予一位不仅改变了科学，而且改变了社会的科学家。没有哪位科学家比理查德·道金斯更值得这样的认可，他的每本书都反映了他的文学天才和科学精神。《科学的价值》体现了一部诺贝尔文学奖作品应该具有的所有特质。

——迈尔克·舍默　《科学美国人》专栏作家

感谢托尔和宙斯，他们以无穷的智慧选择让我们这个时代的文学家成为一位热情的理性主义者，反之亦然。

——马特·里德利　《自下而上：万物进化简史》作者

《科学的价值》展示了道金斯的双重才能。他是一个凶残的辩论家、理性的捍卫者和迷信的敌人。同时，他也是一个非常有天赋的解释者和生物学的守护者。他将一些复杂的概念，如亲缘选择，以一种能带来快感的方式引起了人们的关注。

——约翰·霍根　《科学美国人》专栏作家

这 34 篇短文恰如其分地展示了进化生物学家道金斯作为理性主义的坚定支持者的形象，他拥有一种严谨且尖刻的智慧。

——《图书馆杂志》

谨以此书纪念

克里斯托弗·希钦斯（Christopher Hitchens）。

SCIENCE IN THE SOUL

前言

灵魂深处的科学

我是在探访亚利桑那州大峡谷归来两天后写下这篇“前言”的。那里有着令人窒息的奇景（有人可能会觉得“令人窒息”一词不如“叹为观止”恰当，但是我不这么认为）。对于很多美洲土著部落来说，大峡谷是一个神圣的地方。从哈瓦苏派人（Havasupai）到祖尼人（Zuni），无数印第安部族的起源神话都源于此。这里也是霍皮族（Hopi）先人的安息之地。如果一个人必须选择信仰某种宗教，那么大峡谷就是我的选择。

在大峡谷探访的一个晚上，我在深沉的夜色里沿着它的南缘散步，在一处低墙上躺了下来，凝望着天上的银河。看着它，我就好像是在回望过去，欣赏着 10 多万年前在遥远世界里上演的一幕话剧，因为进入我的瞳孔并激发视网膜的光线，是 10 多万年前发出来的。第二天，黎明时分，我又回到了前一晚来过的地方，当我意识到自己在黑暗中躺卧的地方时禁不住全身颤抖，觉得一阵阵眩晕。我低头看着脚下大峡谷的深处，再一次浮想联翩。这一次，我仿佛穿越了 20 多亿年，回到了银河之路映照下的、地球上的微生物刚开始蠕动的时代。如果霍皮人祖先的灵魂真的安息在雄伟的巨石之下，那么那阵阵天籁也许是他们的呼吸与三叶虫、海百合、腕足动物、箭石、菊石，甚至恐龙的化石发出的声浪汇合而成的。

绵延数千米的峡谷地层记录了漫长的渐进进化历史。在进化过程中的某个时间点上，被我们称为“灵魂”的东西是不是突然出现的，就像一盏灯突然被打开了一样？或者换一种说法，“灵魂”会不会悄悄潜入这个世界：在蠕虫中出现了不到 1/1 000 个灵魂，腔棘鱼中出现了 1/10 个灵魂，眼镜蛇中出现了 1/2 个灵魂……最后，人类身上有了完整的灵魂，甚至有了贝多芬或曼德拉那样伟大的灵魂？又或者，讨论灵魂本身就是一件愚不可及的事情？

不是的，如果你是指某一个完全主观的、绝对个人意义上的东西的话。每一个人都知道自己有这种意义上的“灵魂”，即使像许多现代思想家极力主张的那样，它仅仅是一种幻象。对此，达尔文主义者的解释是，之所以会有这种幻象，是因为它能够提供一个连贯的单一目标，对我们的生存有帮助。

我们比较熟悉的是视觉幻象，比如奈克尔立方体（Necker Cube，见图 0-1）。

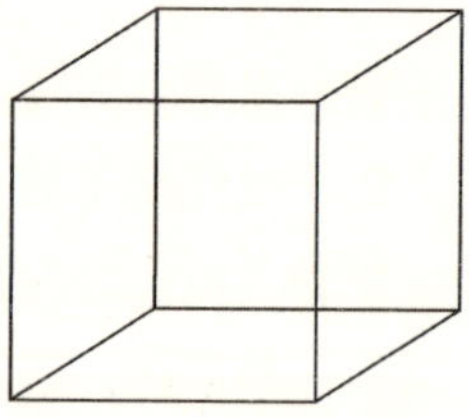

图 0-1　奈克尔立方体

或者彭罗斯不可能三角（Penrose Impossible Triangle，见图 0-2）。

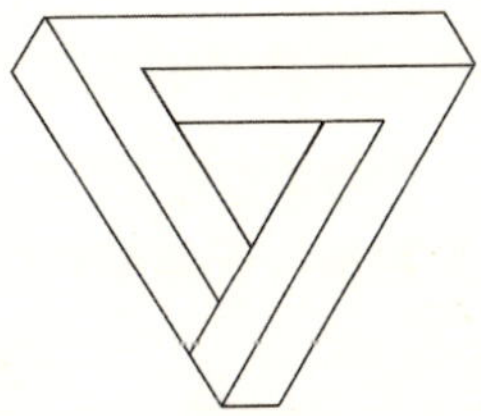

图 0-2　彭罗斯不可能三角

又或者空心面具（Hollow Mask）幻象，都可以证明我们看到的“现实”其实是大脑中构建出来的。奈克尔立方体在纸面上呈现出的二维线条，同时与三维立方体的两种替代结构相兼容，而且我们的大脑会依次采用两种模型。这种交替是明显可感知的，而且其频率是可测量的。彭罗斯不可能三角呈现在纸上的线条模式则与现实世界中的任何物体都不兼容。在一定意义上，这些幻象是在“挑逗”大脑的模型构建“软件”，从而也就证明了这种软件的存在。

同样，这种软件也构建出了关于人格同一性的有用幻象，即眼睛后面“住”着一个“我”。这个“我”拥有自由意志，是做出决策的“行为主体”。“我”有统一的人格或个性，能够追求自己的目标、感受各种各样的情绪。人格建构是从儿童早期成长阶段开始，逐步进行——也许是通过将原先孤立的不同碎片拼接起来而实现的。某些心理障碍被归因于“人格分裂”，即碎片拼接失败。有的人认为，婴儿的自我意识逐渐成长，是更长的进化时间尺度上类似的发展的镜像。这种推测并非全无道理，举例来说，一条鱼的基本感觉会不会与人类婴儿的水平相当？

我们也可以推测灵魂是如何进化的，但只有当我们用“灵魂”这个术语来表示建构“自我”的内在模型时，才可以进行这种推测。如果用“灵魂”一词来表示身体死亡后仍然留存于世的某种东西，那么就完全是另外一回事了。人格同一性是大脑生理活动涌现的结果，当大脑死亡后，它必定会分崩离析，最终重归被建构出来之前的破碎虚空。对于“灵魂”，确实有一种诗意的用法，而且我也乐于采用相关的表达。我早期的一本文集《魔鬼的牧师》(*A Devil's Chaplain*)中收录了我用这种笔法写的一篇文章，在其中，我用了很多这类词汇赞颂一位伟大的老师——F. W. 桑德森（F. W. Sanderson），他在我还没有出生前就已经在担任我母校的校长了。尽管有被误解的风险，我还是想提一下桑德森的“精神”和“幽灵”：

> 他（桑德森）的精神永存于昂德尔公学。他的继任者是肯尼斯·费希尔（Kenneth Fisher）。有一次，费希尔正在主持校务会议，突然听到了几声胆怯的敲门声，一个小男孩走进来对费希尔说：“先生，您快去看一看，河边飞来了一群黑色燕鸥呢。”费希尔一听这话，立即果断地对校务委员会的其他成员说：“我们等一下再开会吧。”说着，他马上站起来，从门后拿起双筒望远镜，陪伴那个小小的鸟类学家一起骑车去观鸟了。见此情景，人们不禁想到：桑德森的幽灵——一个神态温和、面色红润的幽灵，正微笑着陪伴在他们身边。

在同一篇文章中，在描述我自己受教育过程中的另一个场景时，我又提到了桑德森的“幽灵”。文章写的是一位以戏剧性的方式教导我们承认无知的价值的科学老师约安·托马斯（Ioan Thomas），他因为仰慕桑德森所以选择了来昂德尔公学任教（因为太年轻，所以他没能见到桑德森本人）。托马斯提出了一个问题，然后挨个问我们知不知道答案。我和其他同学不断地猜测，到最后，我们的好奇心被完全激起，所有人都大声嚷着（“先生！先生！”）请他告诉我们正确的答案。托马斯有意沉默了好一会儿，然后缓慢地、一字一顿地说道：“我不知道！我……不……知……道！”

> 在那一刻，桑德森慈父般的面容再一次出现在教室的角落里，我们永远都不会忘记这堂课。后来我认识到，重要的并不是事实，而是怎样才能发现事实、怎样去思考它们。这才是真正意义上的教育，与当今疯狂的考试文化截然不同。

阅读这些文章的读者会不会误解桑德森的精神依然“活着”，他神态温和、面色红润的“幽灵”仍然在游荡，他的面容真的在角落里微笑？我相信不会。尽管许多人确实急切地渴望我的读者会有这种误解。

对于现在这本文集，我必须承认，它也存在着同样的风险。许多人一看到它的英文标题，就会急切地问“Science in the Soul”到底是什么意思？

这是一个必须回答的问题。不过，在正面回答这个问题之前，请允许我先讲一点儿其他事情。我认为，现在是将诺贝尔文学奖授予科学家最好的时机。但是很可惜，一个非常糟糕的先例是：与其说获得诺贝尔文学奖的亨利·伯格森（Henry Bergson）是一位真正的科学家，还不如说他是一个神秘主义者。对伯格森的学说至关重要的“生命冲动”（élan vital）概念，被朱利安·赫胥黎（Julian Huxley）用“火车头动力”（élan locomotif）这个戏仿概念讽刺得体无完肤。我们在这里得认真地问一句，为什么诺贝尔文学奖没有颁发给真正的科学家呢？比如，谁能否认卡尔·萨根（Karl Sagan，虽然他已经不可能接受任何奖项了）的作品无愧于诺贝尔文学奖呢？谁能否认他足以与任何一个伟大的小说家、历史学家和诗人相提并论呢？洛伦·艾斯利（Loren Eiseley）呢？ 刘易斯·托马斯（Lewis Thomas）呢？彼得·梅达沃（Peter Medawar）呢？斯蒂芬·杰伊·古尔德（Stephen Jay Gould）呢？雅各布·布鲁诺斯基（Jacob Bronowski）呢？达西·汤普森（D’Arcy Thompson）呢？

不管我们可能“提名”的特定作家的优点是什么，科学本身难道不值得最优秀的作家奉献终身吗？它所做到的不仅仅是激发人们创作伟大的文学作品。不管到底是什么品质使得科学能够如此——使得那些获得诺贝尔奖的伟大诗歌和小说得以问世，我们这里不是有一个很好的方法来解释“灵魂”的意义了吗？

“有灵性”是另一个可以用来描述卡尔·萨根式的科学文学作品的形容词。人们普遍认为，物理学家比生物学家更有可能认定自己为有宗教信仰者。这方面甚至有来自英国皇家学会和美国国家科学院的统计证据。但是经验告诉我们，只要进一步向这些精英科学家求证，你就会发现，即使是信奉某种宗教的那10%的人，在大多数情况下，也都没有任何超自然的信仰。他们不信奉任何创世者，也不对来世抱任何期望。他们所拥有的只是一种“灵性”意识。他们喜欢的，其实只是一句看似陈词滥调的“敬畏和惊叹”。但是谁又能责怪他们呢？就像我在这本文集中所写的那样，他们可能会引用印度伟大天体物理学家苏布拉马尼扬·钱德拉塞卡（Subrahmanyan Chandrasekhar）的话，说那是一种“面对壮美身心俱颤”的感受。或者像美国物理学家约翰·阿奇博尔德·惠勒（John Archibald Wheeler）所说：

> 它背后必定有一种非常简单、优美的思想，当我们真正理解它时——这可能需要10年、100年，甚至1 000年，我们肯定会对彼此说，怎么可能不是这样呢？我们以前怎么会那么盲目呢？

爱因斯坦本人也说得非常清楚：尽管他自己是“属灵”的，但是他并不相信任何人格化的神。他说：

> 当然，你所读到的关于我有宗教信仰的说法都是谎言。这是一个被系统地重复着的谎言。我不相信人格化的神，我从来都没有否认过这一点，相反，我早就非常清楚地表明过这个立场。如果说在我内心深处真的有什么可以称为宗教的东西的话，那就是对科学所揭示的这个世界的结构的无限敬仰。

在另一个场合，爱因斯坦又说：

> 我是一个充满宗教感情的非信教者（deeply religious nonbeliever）——这在一定意义上也可以说是一种新的宗教信仰。

尽管我不会直接用爱因斯坦所用的这个短语（“充满宗教感情的非信教者”）来称呼自己，但是确实，正是在这种“充满宗教感情的非信教者”的意义上，我认为自己是一个“属灵”的人。也正是因为如此，我毫不抱歉地在这个文集的英文书名中使用了“Soul”（灵魂）一词。

科学既妙不可言又必不可少。对于灵魂而言，科学是妙不可言的，例如，站在大峡谷的南缘就可以沉思深邃的时空。科学更是必不可少的，无论是为了社会、为了人类的福祉，还是为了近期的生活和长远的未来。这本文集收录的文章，同时反映了这两个方面。

我长大成人后，一直在从事科学教育工作。这里收录的大部分文章都是我在担任查尔斯·西蒙尼“公众理解科学”教授期间撰写的。在推动科学发展的过程中，我长期以来一直致力于倡导我所称的“卡尔·萨根学派”的核心思想：要弘扬科学充满远见、富有诗意的一面，要让科学激发想象，而不要让科学受“不粘锅学派”思想的束缚。这里所说的“不粘锅学派”指的是这样一些人，他们倾向于用种种说辞来为科学研究辩护：太空探索虽然费用高昂，但是它的许多副产品，比如不粘锅不就很有用吗？这种对科学的辩护实在有不如无，就像如下对音乐的辩护一样既蹩脚又无力：拉小提琴能够锻炼手臂肌肉！这其实是在很大程度上贬低、消解了科学的价值与意义。也许有人会说，我在这里的讽刺可能有点儿夸大其词了，但是不这样讲不足以表达我对科学的浪漫的偏爱。要想证明太空探索的合理性，我宁愿援引亚瑟·克拉克（Arthur Clarke）所赞美的、约翰·温德姆（John Wyndham）所称的“向外扩张的冲动”。正是这种冲动，驱使着麦哲伦、哥伦布和达·伽马去探索未知的大陆。但是话说回来，不粘锅这种类比确实也过分贬低了我所“诋毁”的这个学派的思想。事实上，我现在也越来越重视科学在社会中的实践价值了，这本文集中收录的许多文章也都涉及了这一点。科学对我们的日常生活来说确实很重要；而且，在使用“科学”一词的时候，我指的不仅是科学事实，同时还包括科学的思维方式。

我是在 2016 年 11 月写下这些的。那是黯淡的一年中最黯淡的一个月份，当时，“大门口的野蛮人”（barbarians at the gates）这个短语风行一时。这实在是个讽刺。在大门之内，英语世界两个人口较多的国家都在 2016 年遇到了问题，但是这种问题一定意义上可以说是内发性的。这不是因为地震或军事政变而发生的，而是通过民主程序催生的。在这种时刻，理性比以往任何时候都更加需要站到舞台中心来。

我当然不是要贬低情感的作用——我热爱音乐、文学和诗歌，我渴望人性的温暖（无论是从心理上还是从生理上），但我认为情感应该“恪守它的本分”。政治决策、国家决策，以及关于一切事关未来的事务的政策，都应该是对所有备选方案及其可能的后果以及相关证据进行认真思考、理性推理、审慎决断的结果。即使那些本能的感觉和情绪不是出自仇外心理、重男轻女倾向以及其他盲目的偏见（那是一片时刻翻腾着毒液的暗黑水域），也应该被排除在投票站之外。很长一段时间以来，这种阴暗的情绪一直隐藏在水面之下。但在 2016 年，大西洋两岸的政治运动使得它们浮出了水面。

对于科学家个人来说，无论内心的信仰是什么，科学本身都只能通过严格遵守客观价值观发挥作用。客观的科学真相是存在的，科学家的任务就是揭示真相。针对个人偏见、认知偏差、在事实发生前就对事情做出预先判断的倾向……科学界早就制定了严格的预防措施。重复实验、双盲实验排除了科学家渴望自己的观点被证明正确的愿望的影响。事实上，在科学界更值得赞扬的是假说被证明是错误的。在纽约得到的实验结果可以在新德里的实验室加以复制，因为我们知道无论科学家的地理位置、文化差异、历史传统如何，科学结论都应该是相同的。像神学这样的学科却很难这样说。哲学家们轻松愉快地讨论着所谓的“欧陆哲学”和作为其对立面的“分析哲学”，美国或英国的大学的哲学系可能会招聘一位“精通大陆传统”的哲学教授。但如果化学系的招聘广告上写着“求职者必须精通欧陆化学”，生物学系的招聘广告上写着“求职者必须精通生物学中的东方传统”这样的字句，你能想象这样的情景吗？但是哲学系的招聘广告就可以堂而皇之地这样写。这说明科学的某些价值，可能是哲学无法具备的。

从科学的浪漫和“向外扩张的冲动”开始，我逐渐转向探索科学的价值观和科学的思维方式。有些人可能认为，把科学知识的实践用处放到最后讨论有点儿奇怪，但这种排序确实反映了我个人的优先次序。毫无疑问，疫苗、抗生素和麻醉药物等医疗手段确实非常重要，但是它们的重要性早就众所周知，因此，无须在此专门加以讨论。气候变化和对抗生素的耐药性的达尔文式进化也是如此。而且，即使是现在提出最严厉的警告也很可能有点儿太晚了。我将在这里再一次提出针对一个不那么直接、不那么知名的危险的警告。这个警告完整地结合了本书的三个主题：科学地探索外部世界的渴望、科学的有用性和科学的思维方式。我指的是地球与大型地外物体发生灾难性碰撞这种几乎不可避免的危险，其中一种可能是（尽管它并不是最明显的一种）在木星引力的影响下，小行星带上的某颗行星偏离轨道，击中地球。

恐龙的灭绝就是因为来自太空的物体对地球的撞击；这种撞击，或迟或早，肯定会再一次发生。现在有很多有力的证据表明，6 600 万年前一颗巨大的陨石或彗星击中了尤卡坦半岛。合理的推测是，这个物体因其巨大的质量（它像一座大山一样大）和速度（可能达到了每小时 65 000 千米），产生了相当于数十亿个原子弹一起爆炸的能量。这种撞击的初始影响是灼热的温度和大规模的爆炸，随后是持续数十年之久的“核冬天”。这些事件杀死了所有非鸟类恐龙，还包括翼龙、鱼龙、蛇颈龙、菊石，以及大多数鱼类和许多其他生物。对我们来说幸运的是，一些哺乳动物幸存了下来，而这或许是因为它们在相当于地下掩体的洞穴中冬眠而逃过一劫。

同样规模的灾难仍在威胁着地球，但是没有人知道到底会在什么时候大祸临头，因为这种撞击随时可能发生。有人说间隔时间越长，新的撞击就越有可能发生，但是这种观点实际上并没有太多依据。这种撞击有可能发生在我们的有生之年

（似乎不太可能，因为两次巨型撞击之间的平均间隔时间大约是一亿年）。但即使是较小的小行星也非常危险，它们足以摧毁像日本广岛这样的城市。平均来说，这种撞击每一两个世纪就会发生一次。我们之所以不担心，原因是我们这个星球表面大多数地方都是无人居住的。而且小行星不会定期撞击地球，所以你不可能看着日历说："哎呀，下一次小行星撞击的时间又要到了。"

关于这个领域的建议和信息，我要感谢著名的宇航员拉塞尔·施韦卡特（Rusty Schweickart），他是提倡认真对待这种风险并采取适当预防措施的最高调的倡导者。那么，我们可以做些什么呢？不妨假想一下，如果恐龙有望远镜、工程师和数学家，它们会做些什么？

第一项任务是侦测向地球飞来的物体。这里所用的"飞来"一词可能会导致一些人误解这个问题的性质。它们并不像直奔我们而来的、不断加速的子弹。地球和小行星都在沿着椭圆形轨道绕着太阳旋转。在检测到一颗脱离了正常轨道的小行星后，我们需要测定它的轨道——得到的数据越多、越精确，对轨道的预测就越准确，然后提前几十年计算出，小行星的轨道在未来会不会与地球的轨道交汇。一旦检测到小行星并将其轨道精确地绘制出来，剩下的就是数学计算了。

月球表面的累累"痘印"告诉我们，如果地球失去了大气层的保护，将会遭到小行星何等程度的蹂躏！那绝对是一个极其令人不安的图景。各种直径的月球陨石坑的统计分布，都在告诉我们那里曾经发生过什么，同时提供了一个基准，可以用来估计我们提前发现小行星的可能性。

小行星越大，就越容易提前探测到。由于比较小的小行星（包括那些足以摧毁一整座城市的"很小"的小行星在内）是很难提前发现的，所以在它们撞击地球之前，我们完全有可能不会得到警告。因此，我们需要提高探测小行星的能力，这意味着我们需要增加广角监视望远镜的数量，包括不受地球大气层引起的失真的影响的红外望远镜。

如果红外望远镜观测到一颗危险的小行星，认定它的轨道最终会与地球的轨道相交，我们又该怎么做呢？我们需要做的事情是改变小行星的运行轨道：加快它的速度，以使它进入一个更大的轨道，即让它到得晚一些，这样就不会撞上地球了；或者放慢小行星的速度，使它的轨道缩小（从而让它转得快一些，这样也不会撞上地球）。令人惊讶的是，无论从哪个方面入手，只要略微改变小行星的速度就足够了，即让它每小时的速度加快或减慢 40 米即可。即使是在不使用高爆炸药的情况下，我们也可以利用现有的其他技术去实现这一目标。当然，这些技术与欧洲航天局的“罗塞塔任务”（Rosetta mission）不无关系。“罗塞塔任务”的内容是在 2004 年发射一个航天器，它将在 12 年后在一颗彗星上着陆。现在你应该知道了，当我谈到将极富想象力的向外扩张的冲动与科学的有用性以及科学的思维方式结合起来时，会是怎样一种景象了吧。这个具体的例子阐明了科学思维方式的一个特点，那也正是我们可以称为灵魂深处的科学的一种美德。除了科学家之外，又有谁能准确预测未来 10 万年将发生的世界性灾难的确切时刻，并制订完善的计划来积极应对呢？

本文集收录的这些文章写作的时间跨度很大，但我发现现在仍然几乎不用进行任何改动。我本可以把它们最初发表时的日期全部删掉，但最后还是没有这样做。这些文章中，有一些是我在特殊场合下发表的演讲，例如在展览开幕式上或在悼念死者的追思会上，我对此不会做任何改动。这样做的好处是，可以保留它们内在的直接性。如果从今天的角度加以改写，那么它们就会失去这种直接性。我增加的内容仅限于注释和“写在后面”，其中包括一些简短的补充和反思；它们与正文，可以视为今天的我与当初写作这些文章时的我之间的一种对话。

吉莉恩·萨默斯凯尔斯和我选出了 34 篇散文、演讲稿和专栏文章，并将它们分成了 7 辑。除了直接讨论科学的一些文章之外，它们还包括了我对科学的价值、科学史和科学在社会中的作用的反思；若干争论文章；几篇预测小品；一些讽刺和幽默作品；以及一些纪念文章（我希望自己并未过分放纵悲伤之情）。每一辑都从吉莉恩·萨默斯凯尔斯撰写的动人引言开始，因此我无须再在这个方面补充什么。

我和吉莉恩有过争论：这本文集究竟取什么书名为宜？最后，“Science in the Soul”胜出了。我和吉莉恩都认为它胜过了其他选择。我从来不相信预兆，但是这一次，我必须承认自己有点儿震惊了。2016 年 8 月，当我为自己的藏书编目时，重新发现了迈克尔·舍默（Michael Shermer）写的一本非常不错的书——《科学的灵魂》（*The Soul of Science*），而且它的扉页上的献词是“谨以此书献给理查德·道金斯，他使科学有了灵魂”。这种偶然性太令人诧异了，也令我非常快乐。我和吉莉恩不再犹豫：这本书的（英文）书名就定“Science in the Soul”！

我对吉莉恩的感激之情无法言表。此外，我还要感谢环球出版社（Transworld）的苏珊娜·瓦德森（Susanna Wadeson）和美国企鹅兰登书屋的希拉里·雷德蒙（Hilary Redmon）对本书的热情支持和诸多建议。感谢米兰达·黑尔（Miranda Hale），她凭借自己高超的互联网专业技能，帮助吉莉恩·萨默斯凯尔斯找回了很多我的几乎被遗忘的文章。这部文集收录的文章的时间跨度很长，在此我也要感谢当年我撰写这些文章时提到、碰到的一些人，我把对他们的致谢放在了注释中。希望读者能够理解，我不可能在这里重复一遍所有致谢。这一点同样适用于本书的所有引文，你如果有兴趣，可以根据注释去把原著找出来细读。本书的参考文献部分还列出了完整的书目供各位参阅。

我眼中的道金斯

理查德·道金斯永远都在挑战现成的分类体系。一位杰出的生物学家在仔细审读了《自私的基因》(*The Selfish Gene*)和《延伸的表现型》(*The Extended Phenotype*)之后，非常惊讶地发现，这两本科学著作没有任何逻辑错误，也不包含一个数学公式。最后，这位生物学家不得不心悦诚服地得出这样一个结论："道金斯……很明显是以散文的方式来思考的。"尽管这种思考方式在他看来似乎不可思议。

谢天谢地！幸亏道金斯能够用散文的方式来思考。如果道金斯不能用散文的方式来思考，比如用散文的方式来教学、用散文的方式来反思、用散文的方式来提问、用散文的方式来辩论，我们也就看不到这么多出自他笔下的令人心潮澎湃的"散文"巨著了。道金斯是有史以来最伟大的科学传播者。他那10多本脍炙人口的著作所体现的无与伦比的品质，我根本不需要在这里多说。他在多种平台上，包括报纸和科学杂志、演讲厅和在线沙龙、论坛、评论和回顾专栏等地方发表的众多短篇作品，几乎每一篇都是浑然天成的佳作。我从中选出了一部分，编成了这本文集。书中不仅包括道金斯发表的一些文章，也涵盖了他早期写成的若干名篇。总体上看，文集中的这些文章的成文时间大致是在《魔鬼的牧师》一书出版前后。

理查德·道金斯是一个被巨大争议包围的人。在我看来，要给道金斯一个适当的评价，最重要的是要对道金斯作为一个“连接创造者”的作用有充分的认识。他矢志不渝地在科学界的内部讨论与公开辩论之间搭建文字桥梁。我认为，道金斯是一个秉持平等主义立场的精英主义者，他一生都致力于改造复杂的科学表达，让它变得平易近人，但又不会变得弱智化、低俗化。为此，道金斯始终强调清晰和准确，他要让语言成为一种像外科手术刀一样精密的工具。

有的时候，道金斯也将语言作为长剑或棍棒来使用，那是为了刺穿含混的表达和伪装的深刻，扫清前进道路上一切分散注意力、制造混乱的东西。他憎恶一切虚假的东西，无论是假信仰、伪科学，还是虚伪的政治，抑或是矫饰的情感。我在选编这本文集时，在阅读和一再重读所有候选作品时感触颇深。我认为，它们中的许多短篇就是“匕首”，就是“投枪”：篇幅虽然不长，但是极其尖锐、极其深刻。有时我能感受到文中的怒火透纸背而出，有时又很风趣幽默；有时他会展现出夺人心志的刻薄，有时又展现出令人震惊的无礼。一开始，我想把这些短论单独收录成册，但是经过反复思量后，最终还是决定将它们与另一些篇幅相对更长一些、反思性更强一些、思路更连贯一些的文章放在一起，以便更全面地反映道金斯的全部写作范围，并给读者提供一个机会去领略道金斯散文的速度、节奏和声调的变化之美。

如前所述，这本文集中有一些作品显得有点儿极端。这里有欢乐、有嘲弄，也有愤怒，但是愤怒的笔触从来不是针对那些不同意他的观点的人的，而总是对着那些给他人——特别是对儿童、动物和反抗权威的人造成了伤害的人的。这种愤怒，以及隐隐显现的愤怒背后的悲伤（那是为所有被损害的或已失去的一切而感到的悲伤），时时刻刻都在提醒我，他在《自私的基因》一书出版后的写作和演讲生涯充满了悲剧意味。需要强调的是，这种感受是我自己的，而不是道金斯的。如果你觉得“悲剧”一词用在这里可能会太强烈了一些，不妨先跟我回顾一下。在那本轰动一时且不断传诵的著作中，道金斯解释了进化是如何通过自然选择推进的。他指出，这种逻辑是通过看上去微不足道的复制者（它们构成了生命体）无穷无尽的追求自我的行为表达出来的。接着他又指出，人类是唯一有能力克服自私的复制分子的主宰，让自己和世界携手共进，并构思未来、影响未来的生物。换句话说，人类是第一个能够克服自私性的物种。这无疑是一个直指人心的号召。

然而，道金斯的悲剧性也就体现在这里：在《自私的基因》出版以后，道金斯原本可以用他的惊世才华引导人们善加利用人性的高尚之处、借助不断涌现的科学和理性洞见超越“进化规划”的自私动力，但是形格势禁，他不得不将自己的绝大部分精力和技巧转用于说服人们接受进化的真相。这是一项非常苦涩艰难的工作，但是总得有人去做。就像道金斯自己说的，“我们无法起诉大自然”。正如道金斯在本文集中的一篇文章中所说的那样，“我已经……了解到，许多严谨的常识对很多人而言并不是显而易见的。事实上，在很多情况下，我们都必须警惕地时刻准备捍卫常识。”理查德・道金斯不仅是理性的先知，还是人类常识不知疲倦的守护者。

在日常生活中，严谨和清晰是与许多贬义的形容词——冷酷、无情等联系在一起的。这实在是一个耻辱。对理查德・道金斯来说，这是一个非常残酷的事实，因为他的原则其实是通过怜悯、慷慨、仁慈的方式表达出来的。即使是在提出批评的时候，道金斯的推理也是非常严谨的，他的判断则是内敛的，正如在他写给英国首相的一封信中提到的，“沃西女男爵（Baroness Warsi），不管部部长（没有经过选举上台的）”。

我更喜欢清晰的图景这种说法，因为它传达出了精确，像法医那样注重逻辑和细节，非常具有穿透性。而且我也更喜欢把他的写作描述为运动家式的，而不是肌肉男式的，它不仅关乎力量和强度，还具有高度的灵活性，几乎适合于所有听众、读者或主题。确实，这个世界上没有多少作家能够像道金斯这样，用优雅和幽默将力量、微妙、影响力、精确度结合得如此精妙。

2007 年，我第一次与理查德·道金斯合作，编辑出版了他的《上帝的迷思》（*The God Delusion*）一书。如果现在这部文集的读者不仅能够体会道金斯思想的清晰度和表达的流畅度，他在狭小的房间里面对庞大的大象时的无畏，他在解释复杂但美丽的科学时的投入和激情，而且能够领略他的大度、善良和礼貌（这些都是我与道金斯在多年的合作过程中深刻感受到的），那么这部文集的第一个目标就实现了。

如果读者能够领会这部文集收录的其中一篇文章的主旨，那么它的另一个目标也就实现了："和谐的各部分只有在彼此共同存在的情况下才能蓬勃发展起来，在这个时候，和谐、整体的幻想就会随之出现。"而且我相信，从这本文集中听到的和谐的回响并不是一个幻觉，而是我们这个时代最有活力、最重要的声音。

吉莉恩·萨默斯凯尔斯

SCIENCE IN THE SOUL

目录

扫码下载湛庐阅读 App，
搜索“科学的价值”，
获取本书彩蛋！

SCIENCE IN THE SOUL

SELECTED WRITINGS OF A PASSIONATE RATIONALIST

第一辑

科学的价值

我们直接从科学最核心的问题开始讨论：科学是什么？科学是做什么的？（最好的）科学研究是怎样完成的？道金斯在1997年的大赦讲座（Amnesty lecture）上的演讲《科学的价值观与价值观的科学》堪称一道风味绝佳的科学套餐，它涵盖了大量研究内容，涉及本文集中的多个主题：科学对客观真理的尊重；赋予承受苦难的能力的道德重要性，以及“物种主义”的危害；对若干关键区别的着力强调，例如“用修辞手法来引出你相信真的存在的东西，与用修辞手法去掩盖明知真的存在的东西”之间的区别。这是一位科学家传道者的声音，他坚信，精心组织的语言是用来传播真理的，而不是用来创设人为的“真理”的。即使是标题，也反映了一个细心的区分：作为科学基础的价值观是一回事，它们是一组必须加以捍卫、值得我们引以为豪的宝贵原则，我们永恒的文明发端于此；而试图从科学知识中推导出价值观则是另一回事，那是一种全然不同且深受质疑的努力。但是，我们必须有足够的勇气承认，人类是从“道德真空”开始的：我们发明了自己的价值观。

当然，这篇演讲稿的作者绝不是被一时一地的事实束缚住了手脚的葛擂梗（Gradgrind）[①]，也不是一个沉闷乏味、精于算计的人。演讲中有许多段落谈到了科学的美学价值，比如卡尔·萨根富有诗意的远见、苏布拉马尼扬·钱德拉塞卡在绝美胜境面前的“身心俱颤”，这些都是对科学的荣光、壮美，对科学为我们的生活带来欢乐、为我们的未来带来希望的充满激情的欢呼和庆祝。

接下来的第二篇文章的节奏和基调出现了变化。这是一封公开信，道金斯的着眼点从前一篇文章面上的发散性反思转移到了点上的简洁有力的批驳。我个人喜欢把这些文章形容为“道金斯的匕首与投枪”。在这篇文章里，道金斯以最大的善意，向英国查尔斯王子提出了告诫：追求所谓的“内在智慧”而不以基于证据的科学为导向，将导致重大危机。与往常一样，道金斯要求人们谨慎地判断科技发展带来的可能性：“人们对于转基因作物可能带来的风险的强烈反对，暴露了一个令人担忧的问题，那就是它使人们的注意力从那些已经得到了很好的理解，但在很大程度上被忽略了的确定危险上分散掉了。”

本辑的第三篇文章为《科学与感性》。这也是一篇涉及内容极其广泛的演讲，它同样体现了道金斯标志性的严谨庄重和活泼灵动的演讲风格的完美结合。在这篇演讲中，我们再一次看到了道金斯对科学的弥赛亚式的热情。他清醒地引领我们反思，在新千年来临之际，我们已经走了多远，以及我们还没有实现的目标有哪些。我们当然不能认为这只是绝望时的安慰剂，而应该将其视为催促我们更加努力的鼓声。

道金斯身上所有这些不可思议的东西——无与伦比的好奇心、对知识的深切渴望、充满斗志的同情心来自哪里呢？本辑以《杜立德与达尔文》一文收尾，其中深情地回顾了一些对儿童的价值观教育产生重要影响的事件，包括一个如何将核心价

---

① 葛擂梗是狄更斯的小说《艰难时世》（*Hard Times*）中的一个人物，现在经常用来指那些只讲实惠、把生活中的一切都看成金钱交易关系的人。——译者注

值观与它们在历史和文化上的临时呈现区分开来的教训。

贯穿本辑所有这些相互独立的文章始终的是，有一些至关重要的信息一直在不断重复。当然，它并不是什么可以帮你一击即中的绝招，也不会给你带来虚幻的安抚。“是”与“应该”，或者与你“可能想要的东西”搅在一起，得不到好结果。道金斯提供的全是积极的信息：它们清晰、有持续性，关注的是如何做成事情。再配上道金斯无与伦比的好奇心、智慧和想象力，必将产生一系列深刻的洞见，它们将启迪人心、鼓舞斗志、刺激发现，进而促进科学不断发展、理解不断深入、知识不断扩展。总而言之，这些作品是科学的宣言，也是用科学来武装自己的号召。

吉莉恩·萨默斯凯尔斯

SCIENCE IN THE SOUL

01 科学的价值观与价值观的科学[1]

科学的价值观到底是什么意思？在较弱的意义层面，我在这里所说的科学的价值观是指人们可能会希望科学家拥有的那些价值观，只要这些价值观受他们的职业的影响即可。在较强的意义层面，科学的价值观指直接通过科学知识获得的价值观，就像有些人直接从宗教典籍中获得价值观一样。这个意义上的价值观正是我强烈拒斥的。[2]自然之书如果成了价值观的一个来源，那么也许不会比以传统的圣贤之书为价值观的来源差很多，但是肯定也好不到哪里去。

价值观的科学的含义是指，如何对价值观的来源进行科学研究。这种科学研究本身应该是价值无涉的。这是一个学术问题，这一点不应该比我们的骨头来自哪里这类问题更有争议。有人认为结论可能是，人类的进化史对我们的价值观没有任何影响，但这并不是我将要得出的结论。

较弱意义层面的科学的价值观

与一般人相比，科学家在私人生活领域是不是更不可能（或更可能）欺骗自己的配偶或税务官呢？我很怀疑这种说法。但是在职业生涯中，科学家们确实有强烈的理由珍视简单的真理。科学家这个职业是建立在如下这个信念的基础上的：确实存在超越文化多样性的客观真理，而且如果两位科学家提出了一个完全相同的问题，那么最终就应该抵达同一个真理，无论他们以往的信仰或文化背景如何，也无论各自的能力限度如何。要强调的是，这个结论与一些广为人知的哲学信念并不矛盾：科学家并不能证明真理，而只能提出一些无法被驳倒的假说。哲学家可能会说服人们，科学家所说的事实只是一些未被推翻的理论，但是确实有一些理论，我们可以用自己的身家性命打赌，它们是永远不会被驳倒的，这些理论就是通常所说的真理。[3]不同的科学家，无论地理因素和文化传统将他们分隔得有多远，最终都会在一些未被推翻的理论上"聚首"。

这种"世界观"与当世社会的某些流行论调相去甚远。例如，有人声称：

> 根本不存在所谓的客观真理，我们的真理是我们创造的。也根本不存在所谓的客观现实，我们的现实也是我们创造的。相反，确实存在某种精神性的、神秘或内在的求知方式，比我们的普通求知方式更加优越。[4]如果某个经验看上去是真实的，那么它就是真实的。如果一个想法对你来说似乎是正确的，那么它就是正确的。我们无法获得对现实的本质的认识。科学本身就是非理性的或神秘的。科学只是另一种信仰或信念体系，或者干脆就是另一种神话，它并不拥有更加充足的理由。信念是否真实无关紧要，重要的是它们是不是对你有意义。[5]

这种疯狂的谎言竟然大行其道！可悲、可叹、可恨！如果每个人都有这样的想法，那么我根本不愿意继续活在这样的世界中！因为那样的话，我们将进入另一个黑暗时代。尽管那个黑暗时代并不存在"使世界变得更加邪恶、更加无法忍受的堕落科学"[6]，因为那时根本不会存在任何科学，也就谈不上科学堕落不堕落了。

是的，牛顿的万有引力定律只是一个近似结果，甚至爱因斯坦的广义相对论也可能在未来的某个时候被别的什么理论取代。但是，这并不会使万有引力定律和广义相对论堕落为与中世纪的巫术或远古部落的迷信一样的东西。牛顿的定律虽然是近似的，但是你可以在生活中很好地利用它，而且我们也确实经常这么做。当你乘坐的飞机起飞后，你相信这是因为意念悬浮还是物理学，是因为魔术飞毯还是麦克唐纳・道格拉斯公司？即使你是一个文化相对主义者，答案也是不言而喻的。不管你是在哪种文化传统下长大成人的，伯努利原理①都不会因为你进入了“非西方国家”的领空而突然失效。或者，在预测特定的观察结果的时候，你会站在哪一边。正如卡尔・萨根所指出的，许多现代人就像里德・哈格德（Rider Haggard）笔下蒙昧的英雄一样，将相对主义的野蛮时代与当今的新时代完全混淆了，尽管在新时代，我们可以提前 1 000 年准确地预测日全食。

卡尔・萨根不幸去世了。虽然我只见过他一次，但是我非常喜欢他的书，我会怀念他，他就像“暗夜中的烛光”（Candle in the Dark）。[7] 我这次演讲的一个目的就是纪念萨根。而且，我将会在这里引用他的著作。前面提到的与日食预测有关的评论就来自萨根在去世之前出版的最后一本著作《魔鬼出没的世界》（*The Demon-Haunted World*）。在书中，萨根继续写道：

> 假设你得了致命的贫血症，你可以去找巫医，请他驱走使你得这种恶疾的魔咒，你也可以服用维生素 B_{12}。如果你希望自己的孩子远离小儿麻痹症，你可以祈祷，你也可以为他接种疫苗。如果你想知道未出生的孩子的性别，你可以“请教”算命水晶吊链……但是平均来说，它们只有50%的准确率。如果你真想准确地预知未出生的孩子的性别（比如你希望准确率达到 99%），请试试羊膜穿刺术和超声波检查方法。是的，请试试

① 由丹尼尔・伯努利（Daniel Bernoulli）于 1726 年提出，这是在流体力学的连续介质理论方程建立之前，水力学所采用的基本原理。——编者注

科学吧。

当然，科学家们也经常会不同意对方的观点。但是只要出现了能够证明对方观点正确的新证据，科学家就非常乐意改变自己的观点，而且他们对此感到非常自豪。任何带来新发现的研究方法都会公之于世，同时，任何遵循相同研究方法的其他人都应该得到相同的结论。如果你说谎，对实验数据造假，或者只发表支持你自己喜欢的结论的那部分证据，一般来说都会被发现。无论如何，要通过科学研究成为富翁是很难的，那为什么还要撒谎呢？那会破坏从事这个职业的唯一乐趣。如果非要说科学家也会撒谎，那么他们对科学杂志撒谎的可能性要比对自己的配偶或税务官说谎的可能性低得多。

不可否认，确实出现过科学诈骗的案例，而且不止一例。我在这里要强调的是，在科学界，数据造假是“首恶”，是绝对不可原谅的。这在其他职业中是很难想象的。科学界这种极端的价值判断导致了一个不幸的后果，那就是科学家特别不愿意揭发那些可能做假数据的同行。考虑到科学界对造假的零容忍，这种揭发简直就像是普通人指责他人同类相食或具有恋童癖。因此，这种怀疑可能会被压制，直到证据显露以至任何人都无法忽视为止。而到了那个时候，很可能已经造成了很大的破坏。如果你篡改实验记录被发现了，同行的口水就会把你淹没。如果你用现金支付园丁工资，以此来避税，即使被发现了也不会成为一个社会贱民。但是如果一个科学家被发现数据造假，那么他就会成为科学界的贱民，他的同行会视他如瘟疫，他将会被整个科学界毫不怜悯地永远排除在外。

如果是一个出庭律师犯错，他可以尽其所能利用口才为自己争取最有利的结果，他可以选择有利于己方的事实和倾向性的证据，即使他自己不相信也没关系，这样做的结果是，他会获得同行和公众的钦佩，并因这种成功得到丰厚的回报。[8] 但是，如果一个科学家也这样做——借助各种修辞手法、扭曲事实和证据来支持自己喜欢的理论，那么他至少会受到一些温和的质疑。

在通常情况下，科学家们的价值观决定了，当“指控”一个人在主张什么的时候，或者更严重一些，当指控一个人通过玩弄技巧来主张什么的时候，这种指控是需要回应的。[9] 但是，使用修辞手法来揭示你认为真的存在的东西，与使用修辞手法去掩盖你认为真的存在的东西，这两者之间有着天壤之别。有一次，我在一所大学参加了一场关于进化论的辩论。当时，最有力的为神创论辩护的演讲出自一位年轻女子之口。巧合的是，晚餐时，她恰好坐在我的旁边。当我对她的演讲表示赞赏时，她却立刻告诉我，她对自己说的东西完全不相信。她只是把这当成了一个训练场——通过为她自己认为是错的一方充满激情地辩护来锻炼自己的辩论技巧。毫无疑问，她会成为一名好律师。当然，在接下来的晚餐时光中，我所能做的就是尽量对她保持礼貌，无论她可能会对我作为一名科学家所秉持的价值观说些什么。

通过这个例子我想说明的是，科学家有一整套价值观。根据科学家的价值观，大自然的真相是“神圣不可侵犯”的。这可能是我们中的一些人会对占星大师、有特异功能的大师以及类似的江湖术士深恶痛绝的原因，尽管许多人可能会认为他们只是“另类”艺术家，是可以容忍的。

关于诽谤的法律会惩罚那些故意说关于他人的谎言的人。但是如果有人通过说一些关于大自然的谎话来赚钱，大自然无法起诉，那些人却可以大占便宜。你可能不会认同我的价值观，但是我确实希望大自然也拥有法庭上的代理人，就像那些被虐待的孩子一样。[10]

热爱真相的一个缺点是，它可能会导致科学家矢志追求真相，而不管真相是不是可能带来不幸的后果。[11] 科学家确实应该承担起这个重大的责任，去警告社会大众关注这些后果。爱因斯坦也承认这种危险的存在，因为他说过，“如果我早就知道这些事情，我宁愿去当一名锁匠”。爱因斯坦当然不会真的成为一名锁匠，而且当机会来临时，他签署了那封著名的信件，警告美国前总统罗斯福关注原子弹问世的可能性及其危险。许多人对科学家怀着莫名的敌意，其实他们的做法相当于枪毙报告坏消息的信使。如果天文学家警告一颗巨型小行星会与地球碰撞，那么有些人在碰撞发生前的最后一个想法可能是“这都要怪那些该死的科学家”。对于疯牛病（BSE），[12] 许多人的反应也与杀死信使没有什么两样。当然，与撞击地球的小行星不同，疯牛病真的必须归咎于人类的所作所为。科学家们许多时候不得不忍受这些，就像忍受食品工业的贪婪一样。

对此，卡尔·萨根也说过，许多人经常问他，他是否相信存在有智慧的生活。他很谨慎，说他的答案倾向于“是的”，但他的语气谦逊，甚至还带着一些不确定。

> 经常会有人问我：“你对这件事情的真实想法到底是什么？”我说：“我已经把我的真实想法告诉你了。”“是的，不过你内心深处究竟是怎么想的？”
>
> 我其实总是在尽可能努力不用自己的心去想，而用自己的脑袋去思考。如果我对“理解宇宙”这个任务是认真的，那么用大脑之外的任何东西去思考（无论那有多诱人），都很可能会给我带来麻烦。获得证据之前，你可以坚持自己的判断，这没有问题。

在我看来，对私人化的所谓内在启示的这种不信任，也是从事科学研究的经验带来的另一种价值观的体现。私人化的启示不符合科学方法的要求：可验证、有证据支持、准确、可量化、一致、主体间性、可重复、普遍和独立于文化环境。

此外，有一些科学的价值观同时也有可能被视为类似于审美价值观。在这个问题上，爱因斯坦的观点经常被引用。但是在这里，我想引用的是伟大的印度天体物理学家苏布拉马尼扬·钱德拉塞卡在 1975 年发表的一次演讲中的一番话（当时他 65 岁）：

> 在整个科学生涯中……最令我震惊的一个经历就是认识到，新西兰数

学家罗伊·克尔（Roy Kerr）发现的爱因斯坦广义相对论方程的准确解，提供了填满宇宙中无数个黑洞的绝对精确的表示方法。这种震惊是为“绝美的事物而颤抖”。这是一个令人难以置信的事实：在数学的美感指引之下去探索得到的发现，在自然界中找到了自己精确的复制品。它说明，对于美，人类的心灵会做出最深刻、最复杂的反应。

钱德拉塞卡这番感人至深的话与诗人济慈（Keats）的不朽名句有着异曲同工之妙。

美即是真，真即是美；
人生真谛，夫复何求！

科学还有超越美学的地方，主要体现在科学家往往愿意以牺牲短期利益为代价追求长期价值。例如，科学家会从广袤的宇宙空间的延伸、从漫长的地质时间的打磨中汲取灵感，而不会仅仅局限于人类狭隘的短期利益。科学家特别关注那些隐藏在“永恒的表象下”（sub specie aeternitatis）的东西，尽管这样做会令他们面临一种风险，即被指责过于冷漠、不通人性。

卡尔·萨根生前出版的倒数第二本书《暗淡蓝点》（*Pale Blue Dot*），就是围绕着从遥远的宇宙空间看到的这个世界的诗意形象而展开的。在书中，萨根这样写道：

再看一下那个光点吧，它就在那里，那就是我们的家园……在浩瀚无垠的宇宙剧场里，地球只是一个微不足道的舞台。想想所有那些帝王将相吧，他们杀伐征战，所到之处血流成河，但是所有的荣耀和胜利，都只能使他们在某一瞬间成为那个光点的主宰。再想想那个光点上某一个角落的居民对别的角落的居民所犯下的无穷无尽的杀戮罪行吧，他们之间的误解何其多，他们相互之间的迫害何等残酷，他们相互的仇恨何等强烈。但这一切，又算得了什么？

我们妄自尊大的想法，想象中自我的重要性，我们在宇宙中拥有某种特权的错觉，都会受到这个暗淡蓝点的挑战。在包裹着一切的黑暗的浩瀚宇宙中，我们生活的星球只是一个孤独的光点。在广袤无垠的宇宙当中，我们的地位晦暗不明，没有任何线索可以告诉我们，从宇宙中别的什么地方会有救星从天而降，帮助我们脱离现在这种处境。

然而对于我来说，刚刚读给大家听的这个段落中唯一令人黯然神伤的地方就在于，它的作者已经不能再开口说话了。科学的发展会不会使人类自身显得渺小卑微，主要是一个认识态度的问题。在许多人看来，科学的价值观的一个很重要的方面，就是认为这种宏大的宇宙图景本身是令人振奋、催人上进的，而不仅仅是冷寂、空洞的。

除了要合法、不任性妄为之外，我们对待大自然也可以是温情脉脉的。大自然中有些事物很神秘，但是奥秘从来都不等于魔法。而且，奥秘只有在最终得到了解释之后，才会显得更加美丽。事物是可以解释的，而科学家有幸承担了解释这些事物的责任。在我们这里有效的法则在“那里”也同样有效，而“那里”意味着遥远的星系。达尔文的《物种起源》一书，以一段非常著名的讨论“树木交错的河岸”作结。在那里，达尔文指出生活的一切复杂性“全都出自在我们周围起作用的一些法则……”，然后他继续写道：

经过自然界的战争，经过饥荒与死亡，我们所能想象到的最为崇高的产物，即各种高等动物便接踵而来了。追根溯源，生命及其蕴含的力量，最初仅仅包含在一种或几种形式当中。我们生活的这颗星球一直在按照固有的引力定律循环往复地运行着，但是生命已经从最简单的形态进化出了无数美丽、奇异的物种，而且依然在进化之中。生命作如是观，何等壮丽恢宏！

似乎物种进化的漫长历史本身就可以构成必须保护物种的一个有力论据。当然，这也直接涉及价值判断，大体上与那种因漫长的地质年代而激起的保护地球的信念相当。在以前的著作中，我曾经引述过奥里亚·道格拉斯－汉密尔顿（Oria Douglas-Hamilton）对津巴布韦的大象惨遭剔骨剜牙之厄运的悲痛之情：

> 我盯着那些被废弃一地的象鼻心里想着：要花几百万年才能进化出这样一种奇迹啊。大象的鼻子已经非常复杂了，足足有五万块肌肉，由一个同样复杂的大脑控制。它能够使出千百斤的力道，能扳、能推、能摇……同时，它还能够完成许多非常精细的动作……但是现在，它就被丢在那里，就像我在非洲各地见过的无数象鼻一样。

这段文字非常感人，而我在这里引用这段话是为了说明一种特定的关于科学的价值观，这也是奥里亚·道格拉斯－汉密尔顿夫人强调复杂的大象鼻子的出现经历了数百万年进化的原因，而不是大象免遭残害的权利，或者说大象忍受伤害的能力，也不是野生动物能够丰富人类的认知或增加国家旅游收入的价值。

当然，进化角度的这种理解与上述从权利和痛苦承受能力出发进行的论证并非全然无关。我下面就会阐明为什么不能从科学知识中推导出根本性的道德价值观。功利的道德哲学家们并不认为存在绝对的道德价值观，他们还揭示了特定的价值体系中提示不同价值观之间的矛盾和不一致之处的作用。[13] 绝对主义者将人类权利拔高到了超过所有其他物种的位置，要观察和评估这种做法的内在矛盾，进化科学家有着天然的优越条件。

“亲生命派人士”（Pro-lifers）断言，生命是无比珍贵的。他们当然有权利这么说，问题在于，他们一边这样说着，一边还在开开心心地大嚼牛排。这样的人真正“亲”的“生命”，无疑只限于人类的生命。也许我们不能说这一定就是错的，但是进化科学家至少能够提出警告：这里面存在着不一致。将胎龄为一个月的人类胎儿流产掉是谋杀，射死一头有感知能力的成年大象或大猩猩却完全没有关系？不是的，这绝非不证自明的道理。

非洲古猿生活在距今约六七百万年以前，它是所有现代人类和大猩猩的共同祖先。出于很偶然的原因，将人类与非洲古猿连接起来的中间物种——直立人（Homo erectus）、能人（Homo habilis）、南方古猿（Australopithecus）属的各个成员，以及其他古人类都灭绝了。同期灭绝的还有可以将现代大猩猩与同一个祖先联系起来的中间物种。如果这些中间物种没有灭绝，如果在非洲的丛林和热带草原上突然出现了这些特殊的种群，无疑会导致非常严峻的后果。你将可以与另一个人交配生子，他（她）又可以和另一个人交配生子，另一个人又可以和再另一个人交配生子……将这个链条不断延伸下去，最终将抵达与大猩猩交配并生子。这个交配链条中的某些关键物种现在已经灭绝了，而那纯粹是一种糟糕的运气所致。

需要强调的是，这不是一个轻率的思想实验。唯一的可争论之处在于我们需要假设这个链条中存在多少个中间阶段。而在证明以下结论的合理性时，有多少个中间阶段并没有什么关系。绝对主义者将智人提升到了高于所有其他物种的位置上，对人类胎儿或脑死亡的植物人看得比成年黑猩猩更高，但是面对上述链条，这种“种族隔离”观念会像纸牌屋那样即刻分崩离析。或者，即使有人特别顽固，上述与“种族隔离”的类比也不会是无的放矢，因为面对前述由生存着的中间物种构成的连续体，如果你非要坚持将人类与非人类物种分开不可，就只能通过申请支持种族隔离的法庭来裁定某个特定的中间物种能不能与人类“通婚”。

这种进化逻辑不会破坏所有关于人类权利的理论，但是它肯定会破坏绝对主义人类权利理论，因为它证明将人类物种特别分离开来取决于其他物种灭绝的偶然事件。如果道德和权利原则上是绝对的，那么在乌干达的布顿哥森林保护区发现的新物种就不会给它们带来威胁。

较强意义层面的科学的价值观

现在，我要从对较弱意义层面的科学的价值观的讨论，转到较强意义层面的科学的价值观，即将科学发现作为价值观的直接来源的观念的讨论上来。博学多才的英国生物学家朱利安·赫胥黎爵士[14]致力于让进化论成为伦理学，甚至宗教的基础。对他来说，善就是能够促进进化过程的东西。赫胥黎爵士的爷爷虽然没有被封为爵士，但他比赫胥黎更加出名——托马斯·亨利·赫胥黎（Thomas Henry Huxley）。托马斯·赫胥黎的观点与他的孙子几乎完全相反，而我更认同托马斯的观点。

朱利安·赫胥黎对进化的意识形态化的迷恋，部分源于他对进步的乐观想象。[15]曾几何时，置疑进化是不是真的意味着进步成了一种时尚。这是一个有趣的论点，我对此有自己的看法，[16]但是在这里，它暂时被前面提出的问题压倒了，那个问题是：是否应该将我们的价值观建立在进化或任何关于大自然的其他结论的基础上。

进化可能具备、也可能不具备一名学术生物学家和朱利安·赫胥黎所想象的那种进步性。无论他对生物学的理解是否正确，显然我们并不需要在构建价值体系时模仿这种进步性。

如果我们从进化本身以及有些人所声称的进步动能，转向达尔文的进化机制——适者生存，那么这个问题将会变得更加严峻。托马斯·赫胥黎对此从来没有幻想，这从他的罗马讲座可以看得很清楚。他是对的。如果你一定要把达尔文主义当作一场道德剧，那它将是一个可怕的警告。自然界确实是弱肉强食的，最弱者确实会一败涂地，自然选择确实有利于自私的基因。在旁观者眼中，猎豹和瞪羚的赛跑也许是一场优雅的游戏，但其实质是以鲜血为代价的，双方的祖先都已经为此承受了无尽的痛苦。一代代的瞪羚惨遭屠戮、一代代的猎豹活活饿死，才最终形成了有着优美的流线型外表的现代猎豹和瞪羚。自然选择的产物——所有形式的生命，是既美丽又丰饶的。而自然选择过程本身却是恶意、野蛮和短视的。

我们都是达尔文式的生物，这是一个学术事实。我们的外形和大脑都是自然选择塑造的，那是一个冷漠无情的盲眼钟表匠。但是，这个事实并不意味着我们必须喜欢它。相反，达尔文式的社会不是我的任何一个朋友想要生活于其中的社会。对于那种我会尽一切努力去远离的政治生活，“达尔文式的”可以说是一个恰当的修饰语——那是一种过分世俗化的、越过了最高界线的撒切尔主义。

在这里，请允许我为自己说一两句话，因为我真的已经厌倦了被当作恶意的、冷血无情的竞争的政治代言人，我也不想继续被指责为提倡将自私作为一种生活方式的鼓吹者。就在撒切尔夫人赢得 1979 年的大选之后不久，史蒂文·罗斯（Steven Rose）教授在《新科学家》（*New Scientist*）杂志撰文写道：

> 我在这里并不是暗示盛世长城国际广告公司（Saatchi & Saatchi）雇了一批社会生物学家为撒切尔夫人撰写演讲稿，甚至也不是暗示牛津大学和萨塞克斯大学的某些教员已经开始为自私的基因这个简单事实有了实用的表达而欣喜，就像他们一直努力试图告诉我们的那样，符合时尚的理论与政治事件的巧合比这还要复杂得多。但是我确实相信，当 20 世纪 70 年代末期向右翼转变的历史开始进入史书的时候，从法律和秩序向货币主义和（更自相矛盾的）对国家主义的抨击的转变，以及向科学中的流行观念的转变（尽管在进化论中，这种流行观念的转变仅仅体现为从群体选择模型转移到亲缘选择模型），所有这些都被视为那个推动了撒切尔主义者（他们坚持一种始终不变的、19 世纪式的热爱竞争且排外的人性观念）获得权力的巨大潮流的一部分。

这段话中提到的“萨塞克斯大学的某些教员”指的是约翰·梅纳德·史密斯（John Maynard Smith），他在写给下一期《新科学家》的信中给出了适当的回应：“我们应该怎么做呢，难道还能篡改方程式吗？”

在当时，他们根本无法理解，人们完全可以对自然界中进化过程得以发生的方式持有某种学术信念，同时又否定将这些学术信念转化为政治信仰的可取性。这种无能导致他们得出了这样一个结论：由于遗传达尔文主义在应用于人类社会时会有不可取的政治内涵，所以也就不可以承认它在科学上是正确的。[17]

他们和许多人一样，都在所谓的积极优生学上栽了跟头。他们的前提假设是，为了某些能力而有选择性地“培育”人类，例如跑步速度、音乐才能或数学计算能力，在政治上和道德上都是完全站不住脚的。因此，积极优生学观点不可能被科学排除掉。然而，任何人都可以看得很清楚，这是一种不管前提、不符合逻辑的推理。而且对不起，我不得不告诉你，积极优生学不会被科学排除。我们没有理由怀疑人类会像牛、狗、鸡等动物以及谷类植物一样，很容易对选择性“培育”做出反应。我想要说明的是，我没有专门申明并不意味着我赞成这一点。

有些人会承认身体优生学的可行性，但是对于精神优生学就非常警惕。也许你可以“培育”出一个游泳奥运冠军“种族”，他们也愿意承认这一点，但是永远不能“培育”出一个智力更优胜的“种族”。这可能是因为并不存在一种衡量智力的一致方法，也可能是因为智力从来不是只会在一个维度上变化的单一变量，还可能是因为智力不会在遗传上发生变化，又或是因为上述三点的某种组合。

如果你试图通过上述某一条思路来“拯救”精神优生学，那么很遗憾，我只好再一次承担起这种“让你希望破灭”的令人不悦的责任。如果我们不能就如何衡量智力达成一致，那也没有关系，我们可以针对任何有争议的衡量指标或者它们的组合进行“培育”工作。什么样的狗才算得上是一只俯首听命的狗？对此人们也许很难达成一致，但是这并不会妨碍我们培育温顺的狗的努力。如果智力不是一维变量，那也同样没有关系。奶牛的产奶能力和赛马的奔跑能力很可能也是如此。即使对应该如何测量它们，或者对它们是否构成变化的一个维度有争议，你仍然可以展开培育工作。

至于说以任何一种方式或任何一种不同方式的组合测量的智力在遗传上不会有变化，这种说法几乎不可能是正确的，理由如下。你只要承认我们的智力比黑猩猩以及所有其他猿类动物都要高（无论你选择的智力的定义是什么），你就得同意智力在遗传上会发生变化。如果我们的智力比 600 万年前的猿更高，而 600 万年前的猿是我们与黑猩猩的共同祖先，那么人类祖先智力越来越高的进化趋势的存在就是无可辩驳的。脑容量越来越大是一个确凿无疑的进化趋势。事实上，这是脊椎动物化石记录中最显著的进化趋势。我们知道，除非出现相关特征的遗传变异，否则进化趋势就不可能存在，这里指脑容量大小和智力。综上所述，人类祖先的智力存在遗传变异。有可能人类智力现在已经不再发生遗传变异了，这种情况不是不可能发生，但也未免过于奇异了。即使是源自双生子研究的证据也不支持这种可能性。[18]我们可以放心地从进化逻辑中得出这样一个结论：人类在智力方面有遗传差异，而且智力可以定义为将我们与猿类祖先区别开来的那种东西。在使用相同定义的情况下，如果愿意，我们就可以利用人工选择“育种”来继续推动与以往相同的进化趋势。

当然，我不需要说太多，就可以证明这样一种优生政策无论是在政治上还是在道德上都是错误的。[19]但是，我们一定要搞清楚，这样一种价值判断正是避免这种错误发生的正确理由。而且，我们不能让价值判断将我们推得过远，使人们得出错误的科学信念：人类优生学是不可能的。说幸运也好，说不幸也好，自然女神对人类价值观这种“狭隘”的东西是不会大动干戈的。

后来，罗斯与美国智商测试的倡导者之一利昂·卡明（Leon Kamin）展开合作；再后来，他又与著名遗传学家理查德·路翁亭（Richard Lewontin）一起撰写了一本书，重复了上面这些错误以及许多其他错误。他们还认为，社会生物学家希望自己不会像我们的科学这样“法西斯”。他们的（错误）观点是，应该让我们变得更好；同时他们（同样错误地）试图在我们（也许还有他们）所持的关于心灵的机械解释中找到矛盾之处。书中这样写道：

> 这样一种立场是，或者说应该是完全符合爱德华·威尔逊①（Edward Wilson）和道金斯提出的社会生物学原则的。[20] 然而，采纳这种立场将使他们陷入两难境地，先前强调过，他们发现人类（假设是自由人）的许多行为天生的内在性质是非常没有吸引力的（使用了恶意、灌输等词语）……为了避免这个问题，威尔逊[21] 和道金斯引入了自由意志，以使让我们能够反对自身基因的命令，如果我们愿意的话。

罗斯等人抱怨说，这种做法等于回归了笛卡尔二元论。罗斯和他的同事们声称，不能在认定人类是由基因编程的生存机器的同时，又呼吁人类反抗基因的命令。

但是这真的有什么问题吗？不需要引入关于决定论和自由意志的哲学思想（哲学讨论并不容易），[22] 我们就可以观察到，人类确实违背了基因的命令。在采取避孕措施时，我们在反抗基因的命令；在做讲座、写书或演奏乐曲时，我们也在反抗基因的命令，因为我们没有一味地将所有的时间和精力用于传播我们的基因。

这很容易理解。这里根本不存在任何哲学难题。自私的基因的自然选择给了我们大脑，而大脑最初对纯粹功利主义意义上的生存有益。然而，大脑一旦出现并拥有了语言能力和其他能力之后，它们就会自行起飞，向各种新涌现出来的方向拓展，包括反对自私的基因的利益的方向。这种说法根本没有任何矛盾之处。

---

① 生物学家、社会生物学之父，两届普利策奖得主，讲述其开创性研究与发现的《创造的本源》《半个地球》《人类存在的意义》中文简体字版已由湛庐文化策划、浙江人民出版社出版。——编者注

涌现性质不存在什么自相矛盾之处。电子计算机最初只是被当作一种计算机器来使用的，后来逐渐涌现出了作为文字处理器、棋手、百科全书、电话交换机的电子计算机，甚至还涌现出了充当电子占星器的电子计算机——对此，我很遗憾。这里根本不存在什么足以触发哲学警钟的矛盾。即使说我们的大脑已经超越、甚至压倒了它们的达尔文式的“初衷”，也没有什么矛盾可言。当我们完全不考虑达尔文式的生殖目的，享受纯粹的性爱时，我们是在蔑视自私的基因。同样的道理，我们还可以坐在一起，从容讨论反达尔文主义的政治观、伦理观和价值观。在结论部分，我还会回过头来讨论这一点。

希特勒搞了许多糟糕的科学研究，其中之一就是混乱的达尔文主义，当然还有“优生学”。然而，我们必须承认（尽管这可能会让有些人觉得不舒服），希特勒所持的观点在 20 世纪上半叶并不罕见。在这里，我想引用一本讨论所谓的“新共和国”的著作的其中一章内容。这本书写于 1902 年，它所说的新共和国指的就是达尔文式的乌托邦。

> 新共和国将如何对待“劣等”种族？它将会怎样处置黑种人？会怎样处置黄种人……黑色皮肤的人、棕色皮肤的人、脏白色皮肤的人和黄色皮肤的人……该如何处置所有无法达到新的效率标准的人？世界就是世界，不是什么慈善机构。我认为所有这些人都将不得不走开……而新共和国的人民的伦理道德体系（将要掌控世界的国家的伦理道德体系）的构造原则是，提供支持，让优等、高效、美丽的人繁衍生息，他们拥有美丽而强壮的身体、清晰而有力的思维。

这本书的作者并不是阿道夫·希特勒，而是赫伯特·乔治·威尔斯（H. G. Wells）。[23] 就是这样一些东西败坏了达尔文主义在社会科学中的名声。无奈！我想在这里再一次强调，我们绝不能用自然界的事实来推导政治原则或道德准则。在这一点上，大卫·休谟可能比赫胥黎祖孙俩都更清醒：道德律令绝对不可能从任何描述性的前提中推导出来；或者，用更通俗的语言来说，你绝不能从“是”推导出“应该”。既然如此，那么从进化的角度来看，我们生活中的那么多“应该”又是从哪里来的呢？我们是从哪里获取价值观、道德观、审美观以及伦理观和政治观的？接下来，我就从对科学的价值观的讨论转到对价值观的科学的讨论上来。

价值观的科学

我们继承了遥远的祖先的价值观，难道不是吗？举证责任将落到否定这一点的人身上。生命之树，或称达尔文之树，早就长成为庞大无比、枝繁叶茂的巨树，它的分支可能多达 3 000 万个。[24] 人类只是其中一个小树枝，隐藏在表层的某个地方。我们这个树枝是从人类的猿类表亲旁边的一个小树枝上发芽长成的，不远处是我们的猴子表亲所属的较大的树枝，视野可及的范围内，更远一些的表亲还包括袋鼠表亲、章鱼表亲、葡萄球菌表亲……从来没有人怀疑，所有 3 000 万条树枝都从自己的祖先那里继承了一些特质。从任何一个标准来看，人类是什么、像什么，都要在很大程度上归因于我们的祖先。我们从前辈身上继承了骨骼和眼睛、耳朵和腿，甚至还包括我们的欲望和恐惧。事实上，从事前的角度来看，似乎没有什么显而易见的理由认为，同样的推理不适用于我们更高等的“精神能力”、艺术、道德、正义感和价值观。我们可以将被达尔文称为“低等起源”的不可磨灭的印记与“高等人性”的这些表现形式截然分开吗？或者，当达尔文在笔记本中随手写下如下一段话时，他有没有说错：“倘若一个人真的了解狒狒，他对形而上学的贡献会比洛克还要大。”在这里，我不打算详尽地回顾相关文献，而是直接探讨价值观和道德观念的达尔文式的进化问题，尽管它们已经被讨论得太多了。

我在这里先简要总结一下达尔文主义的基本逻辑。每个人都有祖先，但并不是每个人都有后裔。我们都遗传了使祖先成为祖先的那些基因，而未能使祖先成为祖先的那些基因则消失了。祖先是达尔文主义的终极价值。在一个纯粹的达尔文式的世界里，所有其他价值都是附属性的。同样，基因的生存也是达尔文主义的终极价值。作为第一期望，所有的动物和植物都会永不停息地努力，以保证从内部支配它们的基因的长期存活。

在当今世界，全部人可以分为两类，第一类人是对上述逻辑非常清楚的那些人，第二类是无论跟他们解释多少遍都无法理解上述逻辑的那些人。对于这个问题，[25]在写给自然选择规律的共同发现者的一封信中，阿尔弗雷德·华莱士（Alfred Wallace）这样写道："亲爱的达尔文，我一而再再而三地感到震惊，为什么有那么多看似学识渊博的人，没有能力理解自然选择的自我展现（self acting）和必然结果……"

那些不能理解达尔文主义的基本逻辑的人，或以为必须有某个人或别的什么主体去进行选择，或总是搞不明白为什么个体应该重视自身基因的生存，而不是他们所属的物种的生存或他们所属的生态系统的生存。后面这些人认为，如果物种和生态系统不能生存，那么个体也不可能生存，所以保护珍稀物种和生态系统是有利于个体的。他们想知道，说基因的生存是终极价值是谁决定的。

没有人来决定。这一回答源于如下事实：基因存在于它们所构建的"身体"中，而且是唯一可以从这一代"身体"传承到下一代"身体"的东西（以编码复制的形式）。这也是华莱士喜欢用的"自我展现"这个术语的现代阐释。个体并不能经由神谕般的启示或认知上的顿悟获得能够引导它们走上基因生存之路的价值观和目标。只有过去才能对现在产生影响，未来不能。动物的行为之所以看上去像是在为了自私的基因的未来价值而奋斗，只不过是因为它们承受了来自过去的祖先和已经存活了若干代的基因，以及受到的基因的影响。那些祖先在它们生活的年代中的行为，也好像非常重视有益于它们的基因在未来生存的东西，并将那些基因"遗赠"给后代。因此，当到了后代生活的年代后，后代的行为也就好像它们也非常重视自身基因的未来生存了。

这是一个完全没有预谋的自动执行的过程，只要未来的条件与过去大体相似就可以继续下去。如果条件变了，自动执行就不会继续下去，由此导致的结果往往是灭绝。理解了这一点，也就理解了达尔文主义。顺便说一下，达尔文主义这个术语是慷慨大方的华莱士首创的。在继续对价值观的达尔文主义进行分析时，我将以骨头为例，因为骨头不太会使人尴尬（人尴尬时注意力会分散）。

骨头并不完美，它们有时会断裂、会破碎。断了腿的野生动物是不可能在严酷、有很多竞争者的自然世界中生存下去的，它们特别容易受到掠食者的伤害，而它自己也很难捕捉到猎物。那么，大自然为什么不选择加厚加粗骨头，使其永远不会断裂呢？人类通过人工选择可以培育出某种特殊的动物，比如说狗，它们的腿骨特别粗壮，永远不会断裂，但为什么大自然不可以呢？这是一个成本问题，而成本意味着一整个价值体系。

人们不会要求工程师和建筑师建造坚不可摧的建筑。相反，工程师和建筑师总是在一定的资金预算的限制下工作，他们的目的是在这种限制内按照某些标准尽可能地做到最好。或者，当他们建设一座桥梁时，负责人可能要求桥梁必须能够承受10吨的重量，并且必须能够承受比这个峡谷中有记录以来最强的强风还要强三倍的强风的吹袭。工程师和建筑师的任务就是设计、建造符合这些标准的最经济的桥梁。工程中的安全因素隐含着人类对风险的预判。民用客机的设计师比军用飞机的设计师更倾向于回避风险。如果不停地花钱，那么所有的飞机和地面控制设施都可以更安全。例如，人们可以在控制系统中增加更多的冗余、可以要求飞行员在被允许带客起飞之前积累更多的飞行小时数，还可以使行李检查更加严格和耗时。

但是，我们不会过度采用这些方法，尽管它们可以使我们的生活更安全，其中一个主要原因是成本。我们是愿意为保障自己的人身安全付出相当可观的金钱、时间和精力，但这种付出是有限的。而且，无论喜欢与否，我们都不得不对人的生命赋予货币价值。在大多数人的价值尺度上，人的生命价值高于非人类动物的生命价值，但动物的生命也绝不是没有任何价值的。同时，众所周知，新闻报告等证据表明，人们对与自己同属于一个种族的人的生命的估值高于其他人。在战争期间，人的生命的绝对估值和相对估值都会发生很大的变化。许多人认为，对人的生命进行货币估值是一种邪恶的做法——他们很有抵触情绪地宣称，任何一个人的生命都具有无限的价值。他们不明白，他们自己才是生活在脱离现实的幻境中的人。

达尔文式的选择也是在"经济"约束下的最优化，因而可以说具有同等意义上的价值。约翰·梅纳德·史密斯说得好："如果对什么是可能的没有任何限制，那么最好的表现型将会永远活下去，可以下无限多的蛋，于是对于捕食者来说，猎物也将会是无限的。"

尼古拉斯·汉弗莱（Nicholas Humphrey）则以另一个案例为类比进行了论证：

> 据说，亨利·福特（Henry Ford）曾经派人对美国的报废汽车回收场进行了一项调查，[26] 以确定福特 T 型车是否有哪个部件从未失效过。他派出的检查员回来后报告说，几乎每个部件都出过故障：车轴、制动器、活塞。但是有一个例外，那就是汽车的主销轴：被淘汰的汽车的主销轴还可以用很多年。以冷酷无情的精明著称的亨利·福特认为，T 型车主销轴质量太好了，超过了实际所需，因此决定将来要使用质量稍差一点的主销轴……大自然作为一位"经济学家"，肯定至少与亨利·福特一样谨慎。

汉弗莱用这个例子来说明智力的进化，很显然，它也同样适用于骨骼或其他任何东西的进化。我们不妨解剖一下长臂猿的尸体，看看是否有一些骨头从来没有断裂或破碎过。长臂猿身体中的每一块骨头都会断裂，但是也有一个显著的例外：它们的股骨（大腿骨）从来没有断过（这个例外也许相当不可信）。毫无疑问，如果看到这种情况，亨利·福特肯定会说，未来应该把股骨的"制造"规格降低一点儿。

自然选择肯定会同意福特的观点。把股骨“制造”得轻一些、细一些的个体可以将节省下来的材料转用于其他目的，例如用于加强其他骨骼，使之不那么容易断裂，从而可以更好地生存下去。又比如说，雌性个体可能会将从股骨上省下来的钙转入乳液中，从而提高后代的生存能力，并为基因存续提供物质基础。

就一台机器或一只动物而言，最理想的“下场”是所有部件或身体构成都同时报废。如果有一个部件在其他部件已经完全磨损之后仍然可以继续使用多年，那么就是过度设计。因此，用于制造该部件的材料应该转用于其他部件。如果有某个部件总是在其他所有部件之前磨损殆尽，那就是设计不足，这时就应该从其他部件取一些材料来加强这个部件。自然选择倾向于维持平衡：“取强壮的骨头之余以补羸弱的骨头之不足，直到所有骨头都同样强壮。”

当然，以上只是一个过分简化的解释。原因在于，动物或机器的各个不同部件并不是同样重要的。这就是为什么飞机上的电影播放系统出故障的概率远远高于转向舵和喷气发动机出故障的概率（谢天谢地！）。对长臂猿来说，肱骨骨折可能比股骨骨折更糟糕，因为长臂猿的生活严重依赖于“臂跃”——用手臂挂在树枝上摆动着前行。断了一条腿的长臂猿也许能够生存下来并留下后代，而前臂断裂的长臂猿很可能无法存活。我在前面提到的平衡规则必须加以修正：“取强壮的骨头之余以补羸弱的骨头之不足，直到你的骨骼系统的每一块骨头断裂给你的生存带来的风险都相同。”

但是，在这个平衡规则中，“你”究竟是指谁呢？肯定不是长臂猿个体，单只长臂猿没有能力对自己的骨头进行互补性调整。“你”是一个抽象物，我们可以把它想象为一个谱系，它将长臂猿祖先与长臂猿后代联系起来，并由它们之间的共同基因代表。随着这个谱系的发展壮大，基因完成了正确调整的祖先生存了下来，留下了后代；后代则遗传了那些能够正确地实现上述平衡的基因。我们现在可以观察到的基因，通常都是实现了适当的平衡的基因。它们是通过一个长长的祖先谱系生存下来的，没有遭受过设计不足或设计过度的骨头带来的危害。

关于骨头，我们就说到这里吧。现在，我们需要在达尔文主义的框架下阐述清楚价值观能够给动植物带来什么。骨骼能够使四肢强健、撑起躯干，价值观又能为它们的拥有者做些什么？我在这里所说的价值观是指大脑中的一系列标准，动物根据这些标准来决定如何行动。

宇宙中的大部分事物都不会积极地采取行动去争取任何东西，它们只是一种存在。因此，我关心的是宇宙中确实在努力争取某种东西的少数事物，即那些看上去朝着一定目标而努力，然后在实现目标后停止的实体。我将这类少数事物称为价值驱动的实体，其中一些是动物和植物，一些是人造机器。

恒温器、热辐射自导的响尾蛇导弹，以及动物和植物内部的众多生理系统，都是由负反馈控制的。这种系统的工作原理是，系统先定义一个目标值，当感测到与目标值的差异后，就反馈到系统中，然后让系统朝着减小差异的方向改变自身状态。

其他追求价值的系统会随着经验的积累而改进。从学习系统中的价值的定义来看，关键概念是强化。强化分为正强化（“奖赏”）和负强化（“惩罚”）。奖赏是这样一类世界状态：当这种状态出现时，就会导致动物重复最近所做的事情。惩罚则是这样一类世界状态：当这种状态出现时，就会导致动物避免重复最近做过的事情。

被动物视为奖赏或惩罚的刺激，就可以看作价值观。心理学家还进一步区分出了初级强化物和次级强化物（无论是对奖赏还是对惩罚，均如此）。黑猩猩不但能够学会为获得作为初级强化物的食物而工作，而且也能学会为获得作为代币的塑料卡片——次级强化物而工作（在此之前，它们要先学会将塑料卡片插入机器插口以获得食物)。

一些理论心理学家认为，只有一种内置的初级奖赏（“内驱力降低”或“需要减弱”)，所有其他奖赏都建立在这种奖赏的基础上。其他一些人，例如资深的动物行为学家康拉德·洛伦兹（Konrad Lorenz）则认为，[27]达尔文的自然选择已经拥有了内置的复杂的奖赏机制，而且其细节是随物种而异的，以适应不同物种独特的生活方式。

关于初始价值观（primary values)，细节最清晰的一个例子是鸟儿们唱的歌。不同种类的鸟以不同的方式学会了不同的歌曲。其中，北美歌雀的歌曲是特别迷人的多种歌曲的混合物。年轻的北美歌雀是在完全独立的情况下长大的，它们自己学会了唱通常的“麻雀歌”。与其他鸟儿不同（比如灰腹红雀)，北美歌雀不是通过模仿来学会唱歌的，但它们确实也在学习。年轻的北美歌雀是“自学成才者”，它们会随意哼曲，然后重复那些与内置的“模板”相匹配的片段。这个模板是一种基因指定的先在概念，它说明了北美歌雀的歌听上去应该是什么样子的。你可以说这些信息是由基因内置的，当然它们是被内置在大脑中的感官部分的，因此必须通过学习过程才能转移到运动系统。而且，根据定义，模板所指定的感觉就是一种奖赏：北美歌雀是在重复提供这种奖赏的动作。作为回报，它要规定得非常详细和精确。

正是在一系列这样的例子的激发下，已经尝试了很久的洛伦兹才决定采用丰富多彩的术语“先天学校”（或“先天教学机制”）去解决长期以来的先天主义与环境主义之间的争议。他的观点是，无论学习有多么重要，都必定存在一种天生的内在指引，它会说明我们需要学习什么。具体地说，每一个物种都有一个先天的“说明书”，说明书上规定了什么是奖赏、什么是惩罚。因此，洛伦兹所说的初始价值观必定来自达尔文式的自然选择。

如果有足够的时间，我们应该能够通过人工选择培育出一种享受痛苦、憎恶快乐的动物。当然，从这种动物是新进化出来的动物这个定义的角度来说，这种说法是自相矛盾的，因此我要换种说法：通过人工选择，我们可以扭转动物对快乐和痛苦的定义。[28]

经过这种改造的动物，生存能力将会比它们的野生祖先更差。在自然选择中生存下来的野生祖先，能够享受那些最有可能提高它们的生存机会的刺激，同时把那些不太可能提高自己的生存机会——在统计学意义上会杀死它们的刺激视为痛苦。基于达尔文式的原因，身体遭受的伤害、皮肤被刺穿、骨头被打断，所有这些都会被认为是痛苦。相反，人工选择的动物却会因自己的皮肤被刺穿而觉得很享受、会千方百计去弄断自己的骨头、会故意待在温度极高或极低的环境中，尽管这些行为会危及动物自己的生存。

类似的人工选择甚至也可以在人类身上进行。你不仅可以“培育”自己的口味，还可以让自己变得冷酷无情、富有同情心、忠诚、懒惰、虔诚、谦虚，或者使自己拥有所谓的“新教工作伦理”。需要指出的是，这种说法并不如听上去那么激进，因为基因并不能决定性地固着行为，它们只是对统计上的趋势有一些定量的贡献。此外，正如我们在讨论科学的价值观时看到的那样，这也不意味着上面列出的每一种复杂的“人性”，都对应着一个单一的基因。这与培育专用的赛马不同，那意味着可能存在决定速度的单个基因。在没有任何人工培育因素的情况下，人类自己的价值观则可能主要受到了非洲更新世时代条件下进行的自然选择的影响。

人类在许多方面都是独一无二的，我们最显而易见的特征也许是语言。在动物界，眼睛已经独立进化了 40 ～ 60 遍，[29] 而语言只进化了一遍。[30] 语言似乎是习得的，但事实上基因对语言学习过程的“监督”非常强。每个人所用的某种（或几种）特定的语言是习得的，但学习语言的倾向是在人类的祖先谱系中遗传下来和进化而成的。我们还继承了语法的进化规则。这些规则的准确形式因不同语言而异，但它们的深层结构则是由基因奠定的，而且应该是通过自然选择进化而来的，就像我们的欲望和骨骼一样。大量有力的证据表明，人类的大脑包含了一个语言“模块”，这是一种计算机制，这种机制热衷于学习语言并积极地使用语法规则来构造语言。

根据仍然处于蓬勃发展阶段的新兴学科进化心理学的洞见，语言学习模块可以说是遗传来的专用型计算模块的一个经典案例。我们还可以期望，科学家应该还会发现性别和生殖模块，用于分析亲属关系（这对消除利他主义非常重要）的模块，用来计算债务和警告还款责任的模块，判断公平和正义的模块，将射弹准确地投射到遥远的目标的模块，对有用的动物和植物进行分类的模块，等等。所有这些模块应该都是由特定的、内置的价值观来介导的。[31]

如果我们要将达尔文式的眼光转向现代的、文明的自我和我们的偏见——美学价值观、享受快乐的能力，很重要的一点是，一定要戴上“精密”的镜片。不要去问一个中层管理人员对更大的办公桌和更柔软的办公室地毯的野心如何有助于他的自私的基因。相反，我们应该问的问题是，这种偏好是如何从某个心智模块产生出来的——自然女神选择该心智模块就是用于在不同的地方和时间做不同的事情的。对于办公室地毯，也许（注意，我说的是也许）看到它会令人联想到柔软和温暖的动物皮草，从而使人们联想到隐秘的狩猎成功的喜悦。将达尔文的思想应用于已经文明化的现代人性是一项整体性的艺术，它的重点是辨识出正确的重写规则。对于已经文明化、城市化的人性之谜，提出你自己的问题，然后重写它：时间上后退50万年，空间上回到非洲稀树草原。

进化心理学家为我们的野生祖先于其中进化的一整套环境条件创造了一个术语——进化适应性环境（environment of evolutionary adaptedness）。当然，对于进化适应性环境，我们目前了解的并不是太多，而且相关的化石记录也相当有限。我们现在猜测的一些东西是利用反向工程的方法得到的：考察人类自身的情况，并试图找出我们拥有的属性能够适应的环境。

我们知道，最早的进化适应性环境肯定位于非洲，具体位置很可能（不能完全肯定）是在稀树大草原。我们的祖先在这些条件下作为狩猎采集者谋生是完全有可能的，他们的生活方式也许与现代定居在卡拉哈里地区的狩猎采集者部落差不多，但是年代更早，技术也更落后。我们还知道，火是由直立人于距今 100 多万年前发现并利用的，这个物种很可能是人类在进化谱系上的直系祖先。不过，对于我们的祖先究竟是在什么时候从非洲走向世界各地的，人们仍有很大的争议。我们已经知道，在距今 100 万年前，亚洲曾经出现过直立人的踪迹，但是许多人类学家认为，现代人当中没有任何一个人是这些早期移民的后代。所有到今天仍然“幸存”于世的人，全都是在更晚近的年代第二次从非洲出走的智人的后代。[32]

无论我们的祖先是什么时候离开非洲的，显然都有充分的时间让人类适应非洲以外的环境。生活在北极的人与生活在热带的人有很大不同。北方人失去了非洲祖先可能拥有的黑色素沉着。为了应对饮食材料的变化，生物化学分殊也已经几度出现。一些群体——也许是那些具有放牧传统的人，成年后仍然保留了消化牛奶的能力；而在其他群体中，只有孩子才能消化牛奶，成年人则患上了通常所称的乳糖不耐症。也许这些差异是在不同文化决定的环境中通过自然选择进化出来的。如果在我们的祖先离开非洲之后，自然选择有足够的时间塑造我们的身体和生物化学机能，那么它应该也有时间塑造我们的大脑和价值观。所以，我们并不一定要将全部注意力都放在进化适应性环境的非洲因素上。然而，人属毕竟将自己约 1/9 的时间都花在了非洲，而智人则在非洲度过了自己 99%的时间，所以只要人类价值观确实是从人类祖先那里遗传下来的，那么非洲就肯定有非常大的影响。

来自很多学科的专家学者，包括著名的华盛顿大学的戈登·奥里恩斯（Gordon Orians），都研究过人们对各种各样的景观的审美偏好。我们会试图在花园中重建一个什么样的环境？显然，工人们将会努力把我们发现的有吸引力的地方与我们的野生祖先作为“游牧者”在进化适应性环境中从一个营地搬到另一个营地时遇到的那些地方联系起来。例如，工人可能会认为我们更喜欢相思树或类似的树种，我们则可能更喜欢那种低矮的树木点缀于其间的景观，而不是阴森茂密的森林或荒凉酷热的沙漠景观，因为后两者可能会给我们带来威胁性的信息。

对这类研究提出怀疑也是有一定理由的。不太合理的是那种普遍的怀疑主义——任何如此复杂或高级的东西（比如对某种景观的偏好）都不可能被编程到基因中。相反，对于这类价值观能够被遗传的论断，并不包含什么不可思议的东西在内。

再如恐高症。这种病的表现是一上到高处就会眩晕，以及经常梦见自己从高处坠落。在那些像我们的祖先一样，要花费大量时间待在高高的树木上的物种当中，恐高症可能是很自然的。害怕蜘蛛、蛇和蝎子，可能对任何非洲物种都有益。因此，如果你做了一个与蛇有关的噩梦，那么很可能你梦到的并不是阴茎的象征物，而是真真切切的蛇。生物学家经常会指出，人的恐惧反应通常会在看到蜘蛛和蛇的时候表现出来，而不会在看到电灯泡、插座和汽车的时候表现出来。在我们这个时代，在温带地区和城市中，蛇和蜘蛛已经不再构成危险源了，而插座和汽车却很可能带来致命的风险。

要说服驾驶员在大雾天气放慢车速，或者不要高速飙车，都是非常困难的。经济学家阿尔门·阿尔奇安（Armen Alchian）曾经突发奇想，建议去除安全带，并强制在所有汽车上安装一把锋利的矛，而且要让矛尖直指司机的心脏。我认为，无论阿尔奇安是出于何种离奇的原因才会提出这样的建议，都很有说服力。同样有说服力的还有下面这种计算。以每小时 130 千米的速度行驶的汽车突然停下来，那么冲力将相当于从一座很高的大厦顶上坠落。换句话说，当你开车开得很快的时候，面临的风险相当于你用一根纤细的绳子将自己悬挂在高层建筑的顶部。你前面的那个司机做傻事的概率，可能不亚于你所用的这根绳子断裂的概率。我知道，几乎没有人会兴高采烈地坐在摩天大楼的窗台上，也没有多少人很享受蹦极的乐趣。但几乎所有人都喜欢在高速公路上开快车，即使他们的大脑非常清楚这样做会使自己陷入危险的境地。因此我认为，人类是被基因编程为恐高和害怕尖锐之物的。这确实很有可能。另一方面，人类必须通过学习来学会害怕很快的速度（而且我们很不擅长这种学习）。

在社会生活中，有一些习惯是所有民族都普遍拥有的，例如大笑、微笑、哭泣以及宗教信仰，这些习惯也可能存在于我们共同的祖先身上。在一项研究中，汉斯·哈斯（Hans Hass）和艾雷尼厄斯·艾贝尔－埃贝斯菲尔德（Irenaeus Eibl-Eibesfeldt）偷偷地拍下了许多人的面部表情，然后得出了这样一个结论：人们在做出调情、威胁等行为时的腔调和模式，以及伴随着言辞的相当复杂的面部表情，都存在着明显的跨文化的共同点。他们还拍摄了一个天生就有视力障碍的孩子，他的笑容和伴随着各种情绪的表情都与正常人相同，尽管他从未见过其他人的脸。

孩子们还有一个众所周知的特点——他们天生就具有高度的正义感，“不公平”往往是觉得自己受到了不公待遇的孩子嘟着嘴唇说出的第一个词语。当然，这个事实并不能证明公平感是由基因内置的，但是我们确实可以认为，这与天生有视力障碍的孩子的微笑一样说明了很多东西。如果世界各地在不同文化传统下出生和成长的人都有同样的天然正义感，那么就将形成一个有力的证据。然而现实是，还存在一些令人不解的差异。参加这次讲座的大多数人应该都会认为，因为一个人的祖父的罪行而惩罚这个人是不公正的。但是，在某些文化中，隔代复仇却被认为是理所当然的，而且还被当作符合天然正义的。这可能意味着，至少在某些细节上，我们天然的正义感是相当灵活和可变的。

接下来我们将对人类祖先生活的世界——进化适应性环境进行猜测和描述。我们有理由认为，人类过着相当稳定的小型团体生活，或者像现代的狒狒一样四处走动寻找食物，也可能过着半定居的生活，就像当今的狩猎采集者群体，例如生活在亚马孙丛林中的雅诺马米人（Yanomamö）那样住在原始部落里。无论在哪一种情况下，人群分组的稳定性都意味着每个人都很可能会在生活中不断地遇到同一个人。从达尔文式的眼光来看，不难看出这个事实对人类价值观的演变可能有非常重要的影响。特别是，这可能有助于我们理解，为什么人们彼此之间会如此友好——从自私的基因的角度来看，对他人友好难道不是一种荒唐的做法吗？

然而，事实并不像表面看起来这么荒唐。基因当然是自私的，但是这并不意味着生物个体也必定是苛刻和自私的。自私的基因学说的最大的目的，就是解释基因水平上的自私是如何导致生物个体水平上的利他主义的。但这其实只是把利他主义视为一种伪装之下的自私：第一，对自己的"亲人"的利他（裙带主义）；第二，在数学期望的意义上存在互惠关系时给予的恩惠（你帮助我，我日后会报答你）。

人类祖先生活在村庄中或小型部落团体中，这个假设有利于我们进行解释。这种情况下可能会出现近亲繁殖，正如我的同事汉密尔顿所指出的那样。像许多其他哺乳动物一样，人类也要对抗极端的近亲繁殖（而且发展出了独特的方法），但是相邻的不同部落经常说着相互之间完全无法理解的语言、信奉完全不可相容的宗教，这些都不可避免地限制了"杂交式通婚"。通过假设不同村庄之间的迁移率很低，汉密尔顿计算出了部落内部的基因相似度，并对部落之间的预期水平进行了比较。他得到的结论是，与其他村庄的外部人士相比，同一个村子的村民实际上都可以互称兄弟姐妹。

进化适应性环境的这种条件很容易导致仇外心理的出现："不要对来自外村的陌生人好，因为他们在统计学上不太可能与你有共同的基因。"但是，如果直接得出结论说，发生在部族村庄内部的自然选择必定有利于一般利他主义，"对你遇到的任何人都要友好，因为你遇到的任何人在统计学上都可能与你有相同的一般利他主义的基因"，那么就过于草率了。[33] 不过，如果加入另外的条件就可能如此。这是汉密尔顿的结论。

部落生活的另一个后果可以从互惠利他主义理论推导出来。互惠利他主义理论的蓬勃发展，出现在罗伯特·阿克塞尔罗德（Robert Axelrod）于1984年出版《合作的进化》（*The Evolution of Cooperation*）一书之后。阿克塞尔罗德引入了博弈论思想（具体地说，是囚徒困境博弈），并且在汉密尔顿的思想的启发下，采用了进化的方法，利用了一个简单巧妙的计算机模型。[34] 这本著作现在已经广为人知，所以我不打算在这里详细讨论，但是我会在这里总结一些相关的结论。

在一个由“本质上自私”的实体组成的进化世界中，选择合作的人却变得多起来，这是一个令人感到惊奇的结果。合作不是以不分青红皂白的信任为基础的，而是以迅速识别和惩罚背叛者为基础的。阿克塞尔罗德首创了一个指数，他称之为“未来的影子”。平均来说，个体会预期在多久的未来彼此还会相遇。如果“未来的影子”很短，或者个体要识别非常困难，那么相互信任就不可能发展起来，普遍的背叛就会成为规则。如果“未来的影子”很长，那么初步信任的关系就很可能会伴随着对背叛的疑惑发展壮大起来。如果我们上面对人类祖先的部落村庄或游牧团体的生活方式的猜测是正确的，那么他们的进化适应性环境就属于“未来的影子”非常长这种情况。因此，我们就有可能在自己身上找到一种深层倾向，可以称之为“疑虑重重的信任”。

我们还应该期待，在自己大脑中可以找到负责计算债务和还款的专用模块。这个模块会计算谁欠谁多少钱，而且让人在得到收益时觉得快乐（同时也可能让人在遭受损失时觉得难过）。它可以发挥调节天然正义感的作用。

阿克塞尔罗德还将他的这种博弈论研究方法应用到了个体身上带着显眼的标签的特殊情况中。假设群体包含两种类型的个体，我们姑且称之为“红脸人”与“绿脸人”。阿克塞尔罗德指出，给定一组合理的条件，如下策略是进化稳定的：“如果自己是红脸人，对红脸人好，同时对绿脸人不好；如果自己是绿脸人，对绿脸人好，同时对红脸人不好。”无论“红脸人”和“绿脸人”的实际特征如何，也无论这两种类型的个体在其他方面是否存在差异，这个结论都成立。再考虑到我在前面提到的“疑虑重重的信任”，我们不应该对这种歧视觉得奇怪。

那么，“红脸人”与“绿脸人”在现实生活中对应着什么呢？对应着自己的部落与他人的部落。我们利用不同的理论都得到了与汉密尔顿的近亲繁殖计算结果相同的结论。这个“村庄模型”告诉我们，通过两个截然不同的理论应该得出这样的预测：群体内利他主义与仇外的心理倾向之间会出现“竞争”。

现在我们看到，自私的基因并不是有意识的、能够为自己的未来做出决策的迷你型行为主体。生存下来的无非这样一些基因：在人类祖先的大脑内部建立起关于适当的经验法则的连接。这里所说的适当的经验法则，是指在人类祖先生存的环境中有助于生存和繁殖的行为。现代人类生活的城市环境完全不同于人类祖先生存的环境，但是基因并没有完成相应的调整，因为自然选择的过程很缓慢，根本来不及，所以那些经验法则将继续发挥作用（就像环境没有发生过任何变化一样）。从自私的基因的角度来看，这当然是一个错误，就像现代人类生活在一个糖不再稀缺的世界中，却仍然喜欢吃糖，导致自己的牙齿受损一样。我们完全可以预料到，这种错误应该会发生。也许，当你走在街上，对一个行乞者大发怜悯之心并予以帮助时，你就已经错误地启动了一个达尔文式的经验法则。该经验法则形成于人类祖先生活的部落环境当中，而今天的情况已经变得完全不同了。当然，我在这里要赶快补充一句，我是在严格的达尔文主义的意义上这样说的，而不是表达我自己的价值观。

到目前为止似乎已经挺好的了，但是可能还有更好的。我们中的许多人似乎都比前面所说的“伪装的自私”更加慷慨，甚至当假定我们曾经生活在一个有理由期待一生都有机会相互馈赠的近亲婚配的小团体中也是如此。如果我生活在这样一个世界里，如果我建立了我是一个值得信赖的人的声誉，那么我将会终身受益，因为别人知道我不会背叛、都愿意与我交往。正如我的同事马特·里德利（Matt Ridley）在他那本非常出色的著作《美德的起源》（*The Origins of Virtue*）中指出的，“现在突然出现了一个新的、很强大的与人为善的理由：它能够说服别人与你交往”。他还引用了经济学家罗伯特·弗兰克（Robert Frank）① 的实验证据，证明人们很容易就可以组织起来（在实验中，一群陌生人聚集在一个房间，他们可能会背叛，同时也可能相互信任）。但是，即使是这种情况，在某种意义上也仍然是一种“伪装的自私”。不过，下面这种情况却可能真的不是。

我认为，人类在动物界是独一无二的，我们擅长利用远见的力量，那是一件无价之宝。与流行的各种误解相反，自然选择是没有远见的。它不可能有，因为 DNA 只是一个分子，分子不会思考。如果可以的话，它们应该能够看到避孕带来的危险，因此肯定会在很久以前就把这种行为倾向消灭在萌芽之中。但大脑是另外一回事儿。大脑如果足够大，就可以通过想象力去尝试各种各样的假设情景，并计算各种可选行动方案的结果。如果我这样做，我可能会在短期内获得一定收益。但是如果我那样做，虽然我必须等待一段时间才能获得收益，但是收益将会更大。通过自然选择进行的进化，虽然也是技术进步的巨大推动力量，却无法以这种方式展望未来。[35]

我们的大脑拥有构建目的和目标的能力。最初，这些目标都是严格地为基因的存活服务的。例如，杀死水牛、找到一个新的水源、生火，等等。如果能够使这些目标尽可能地灵活，那么将会更加有利，尽管仍然是为基因生存服务。这就好比大脑在原来的目标中部署了可“重新编程”的子目标，从而形成了一定的层次结构，于是新型的大脑机器开始进化出来。

---

① 康奈尔大学教授，畅销书作者，有全美最有趣的经济学课堂主讲教授之称，其讲述趣味经济学的《牛奶可乐经济学》《牛奶可乐经济学 2》《牛奶可乐经济学 3》已由湛庐文化策划、北京联合出版公司出版。——编者注

有意思的是，富有想象力的深谋远虑在一开始是有利于基因生存的，但是后来很快就失控了（在基因的“眼”中）。正如我在前面指出的那样，像人类这样大的大脑，可以有效地反抗构建它们的、自然选择出来的基因的命令。使用语言的能力，是人类不断变大的大脑的另一个独一无二的礼物。有了语言，我们就可以共同谋划政治制度、司法制度、税收体系、治安、公益、慈善，以及照顾弱势群体，等等。我们可以形成自己的价值观。自然选择在人类祖先第二次大迁移时通过使大脑变大引发了这些。从自私的基因的角度来看，我们的大脑带着涌现特征远远跑到了前面。从我的价值观出发，我认为这是非常明显的积极信号。

写在后面

虽然我没有义务为信教人士指路，但这确实引出了一个非常有意思的问题。人类在 21 世纪持有的价值观源于何处？它们与前几个世纪那些相当可憎的价值观可以说是截然不同的。不到 100 年前，即 20 世纪 20 年代，“妇女拥有选举权”还是一个非常大胆、激进的主张，甚至有可能导致街头暴乱；但是在今天，禁止妇女投票却足以令所有人都感到愤怒。到底什么东西发生了改变？史蒂芬·平克（Steven Pinker）[①] 的《人性中的善良天使》（*The Better Angels of Our Nature*）和迈克尔·舍默的《道德之弧》（*The Moral Arc*）都尝试到历史中寻找这个问题的答案。他们表明，人类的价值观经历了很多个世纪的进步。但是所谓“进步”的说法参照的是谁的标准？当然，他们必须参照“现代社会”的标准。这种推理似乎有种循环论证的味道，但这并不是一种不好的循环论证。

① 当代思想家、世界顶尖语言学家和认知心理学家，其重量级巨著“语言与人性四部曲”——《心智探奇》《白板》《语言本能》《思想本质》，以及讲述人类进步的英雄史诗《当下的启蒙》中文简体字版已由湛庐文化策划、浙江人民出版社出版。——编者注

想一想奴隶贸易，想一想把杀戮当成一种大众体育运动的罗马角斗，想一想逗熊游戏，想一想火刑，想一想虐待囚犯，想一想日内瓦公约问世之前的残杀战俘，再想一想战争本身，想一想 20 世纪 40 年代的地毯式轰炸，然后对比一下今天——空军偶尔失手误中平民目标就得郑重其事地道歉。道德之弧确实曾经有过反复、有过曲折，但总的趋势是确切无疑地朝着一个方向进步的。很显然，导致这种变化发生的肯定不是宗教，那么又是什么呢？

“这也许是一个无中生有的过程吧”，这种说法听上去有些神秘，但是其实也可以合理化。我可以把这个过程与摩尔定律做一个类比。摩尔定律指出，计算机的运算能力是按照幂律增长的，尽管没有人真的知道为什么会这样。是的，我们在一般的意义上理解这个定律，但我们并不知道为什么它的增长曲线会如此优美、如此符合幂律（取对数坐标时，那就是一条笔直的线）。出于某种我们说不清楚的原因，以及硬件和软件的进步——全世界规模各异的公司做出的数之不尽的局部改进的总和效应，最终形成了摩尔定律。那么，在道德领域是不是也一样，无数局部改进的总和效应导致了道德的“时代精神”（zeitgeist）的变迁，并形成了单一的总体方向（尽管可能比前几个世纪更加不稳定）？当然，我其实没有义务在这里把这些改进一一列举出来，但我还是愿意猜测一下：它可能是以下各项的某种组合：

法庭上的合法裁决；
议会中的演讲、辩论和投票；
道德哲学家和法学家的讲座、论文和著作；

记者的报道和报纸的社论；

宴会、酒吧中的对话，电台、电视上的讨论；

……

所有这些都将我们引向了另一个显而易见的问题：未来几十年、未来几个世纪，道德之弧又将会指向何方？我们在2017年认为理所当然的东西，在未来世界的人眼中，会不会像我们今天眼中的奴隶贸易或开往贝尔森（Belsen）和布痕瓦尔德（Buchenwald）的集中营的闷罐车一样？我认为，要想出这样一个东西并不需要太大的想象力。今天，当你开车行驶在高速公路上，看到一辆铁门紧锁的卡车，但铁栏杆里面有不知所措、惊恐不安的目光透出来时，你是不是会情不自禁地想起当年开往贝尔森的闷罐车？

SCIENCE IN THE SOUL

02 给查尔斯王子的公开信

尊敬的查尔斯王子殿下：

您在里斯演讲[1]中所说的内容让我感到了深深的悲哀。对于您的目标，我深表赞同；对于您的真诚，我也表示赞赏。但是，您对科学的敌意无疑无助于实现您的目标；而且您不恰当地对那些相互矛盾的“另类方法”不加区别地表示完全赞同，这肯定会影响别人对您的尊重——我认为您本应该得到别人的尊重。曾经有人对我说过一句话，那人的名字我忘记了，但那句话我想告诉您：“我们当然必须保持一个开放的头脑，但也不能开放到导致脑子掉出来不再思考的程度。”[2]

现在，我们来检视一下您秉持的那些“另类哲学观念”，您似乎喜欢它们胜过喜欢科学的理性。首先，您说直觉，即内心的智慧“自会带来好的结果，如同微风拂过树叶”。非常不幸，这取决于您选择的到底是谁的直觉。关于目标（如果不涉及方法的话），您的直觉与我的直觉完全一样，因此选择您的直觉，或者选择我的直觉，都没问题。我全心全意地支持您的目标：长期保护我们的行星及其多样而复杂的生物圈。[3]

但是，萨达姆·侯赛因（Saddam Hussein）的直觉，在那颗邪恶的心中的“本能的智慧”又是什么呢？[4] 当瓦格纳的微风拂过希特勒的扭曲的叶子时，付出的代价又是什么？“约克郡开膛手”（Yorkshire Ripper）也听到了他内心深处的宗教指令——快去杀人！[①] 我们如何决定哪一种直觉的内在声音才是值得听从的？

这是一个困境，而且不是一个科学能解决的困境——指出这一点很重要。我也热切关注着保护世界环境的事业，我的热诚一点儿也不亚于您。尽管我也允许自己的情感影响我的目标，但是到了考量什么才是最好的方法的时候，我选择的是依赖思考而不是依赖感觉。而且我这里所说的思考，只意味着科学思考，根本不存在更有效的方法。即使这样的方法真的存在，科学也早就将其吸收了。

其次，王子殿下，我认为您对“传统农业”或“有机农业”的天然程度的认识过于浪漫夸张了。农业从来都是“非天然”的。人类这个物种只不过是在大约 10 万年前才告别了狩猎采集的生活方式。10 万年在进化尺度上是一个短到无法测量的时期。

小麦，无论是粗面还是精面，对于智人来说，都不是一种天然的食物。除了用于哺育孩子的母乳之外，乳制品也不是天然的。我们吃下去的每一口食物几乎都是“转基因”的——尽管可能是通过人工选择而不是通过人工制造的突变实现的，但最终结果是相似的。小麦籽粒原本是“转基因”的草籽，正如狮子狗是转基因的狼一样。您说人类在扮演上帝？事实上，人类已经扮演了很多个世纪的上帝了！

我们现在拥有的庞大的、数不胜数的人口是从农业革命之后开始的。如果没有农业，能够生存下去的人与今天的人口数量相比只是极小一部分。庞大的人口规模

① 约克郡开膛手是 20 世纪 70 年代至 80 年代出现在英国的一个臭名昭著、异常凶残的连环杀手。——译者注

是农业（以及技术和医学）的产物。它远比被教皇定义为非天然的控制人口的方法更加不自然。不管我们喜不喜欢，我们都要依靠农业提供的食物生存，而农业大部分都是非天然的。要说背离自然，我们在一万年前就已经背离自然了。

那么，这个事实是否意味着，当我们需要保证地球的“可持续发展”时，我们无法在不同类型的农业之间做出选择？当然不是。某些类型的农业比其他类型的农业更具破坏性，但是在决定采用哪种类型的农业时，乞灵于“天然”或者“直觉”是没有用的。您应该严肃而理性地（即科学地）研究各种证据。刀耕火种（顺便说一句，应该没有任何农业系统比刀耕火种更接近“传统”了）毁坏了原始森林；过度放牧（这也是“传统”社会所广泛采用的）导致了土壤侵蚀，使得肥沃的草原变成了荒芜的沙漠。再看看现代社会，只栽种单一作物、过度使用化肥和农药对未来肯定不利，通过滥用抗生素促使牲畜快速长肉则更加糟糕。

现在，许多反对转基因农作物的潜在风险的人歇斯底里，这种态度和行为会产生一个令人担忧的后果，那就是，它分散了我们对已经了解得相当透彻的、同时又在很大程度上忽视掉的危险的注意力。耐药性细菌的进化是达尔文主义者在抗生素刚发明的时候就预见到的。然而不幸的是，警告的声音太小了，到现在更是已经被“转基因就是糟、转基因就是糟、转基因就是糟”的刺耳噪声淹没了！

再者，正如我预料的结果，如果转基因灾难的可怕预言未能变成现实，那么到时候失望（并大大放松）的情绪必定会四处蔓延，进而转变为对其他实际风险的忽视。我们今天关于转基因的争论会不会变成一个可怕的“狼来了”的故事？很有可能。

退一步说，就算我们真的能够把农业变成“天然”的，就算我们真的能够养成对天然方式的某种本能的亲善，天然就一定是一个好的样本吗？在这个问题上，我们必须细细思量。在某种意义上，我们确实可以认为生态系统是平衡和谐的，组成生态系统的各物种相互依存。这正是我们说那些破坏雨林的商业公司罪恶滔天的一个重要原因。

然而，我们必须特别注意，人们对于达尔文主义有一个很普遍的误解。阿尔弗雷德·丁尼生（Alfred Tennyson）在达尔文之前写下的诗句是正确的。大自然确实是弱肉强食的。与许多人所希望相信的截然不同，作用于每一个物种的自然选择并不钟爱长期利益。相反，它钟爱的是短期收益。现在的伐木者、捕鲸人和其他为了眼前的贪欲而挥霍未来的逐利者，他们的所作所为，只是在重复所有野生生物30亿年来所做的一切。

难怪赫胥黎在对达尔文主义的批判上形成了自己的伦理观。当然，赫胥黎的批评并不是对于作为一门科学的达尔文主义的批判，因为任何人都不能批判事实。然而，正因为达尔文主义是一个真正意义上的事实，我们与自私和剥削的天性做斗争才显得更加重要。只有人类能够做到这一点，任何其他动植物都做不到。我们之所以能够做到，是因为我们的大脑已经发达到了能够看清楚未来并谋划长远计划的程度（毫无疑问，是对达尔文式的短期利益的自然选择催生了现代人的大脑）。自然选择就像一个只能向上攀爬的机器人，尽管这会使它被困在某座微不足道的山丘顶上。自然选择没有下山的机制，或者说没有穿过峡谷到达高山的另一侧的缓坡的机制。自然不会深谋远虑，也没有什么机制来警告追求当前的自私收益将会导致物种的灭绝——事实上，99%曾经存在过的物种到现在都已经灭绝了。

人类的大脑在整个进化史上都是独一无二的，它能够看到峡谷对面并设想出免于灭绝、继续向远方的高地前进的办法。长远的计划，以及随之而来的保护地球的可能性，是我们这个星球上从来没有出现过的新生事物，甚至可以说是“异类”。它只存在于人类的大脑中。“未来”是进化过程中的新发明。它是宝贵的，也是脆弱的。我们必须利用所有的科学手段去保护它。

以下这个要点听起来也许有点儿悖谬：如果我们想把地球留给子孙后代，我们要做的第一件事就是立即停止听取来自“自然”的建议。“自然”是追求达尔文式的短期利益的投机者。达尔文自己就说过：“对于自然笨拙、浪费、粗陋且极其残忍的作品，魔鬼的牧师[5]又能写些什么呢？”

当然，这无疑令人有些沮丧，从来没有法律规定，事实必须是令人欢欣鼓舞的。我们没有任何理由射杀报告坏消息的信使——在这里，科学就是信使。仅仅是为了让自己感觉好一点儿，就选择另一种世界观，那就更加无意义了。更何况，科学绝不是只会令人沮丧的。当然，科学也不是傲慢的“万事通先生”。任何一位名副其实的科学家都会对您所引用的苏格拉底的那句名言怀有好感：“唯一的智慧就是自知无知。”除了这种自觉之外，还有什么能驱使我们不停地探索？

王子殿下，最让我感到悲哀的是，如果您拒斥科学，您将失去太多太多。我一直在尝试写出科学奇迹的诗意，[6]但在这里我想冒昧地向您推荐一本其他人写的书，那就是由已故的卡尔·萨根撰写的《魔鬼出没的世界》。我还特别提醒您注意这本书的副标题——“科学，黑暗中的烛光”（*Science as a Candle in the Dark*）。

写在后面

关于写给查尔斯王子的这封信，我在这里应该指出，它涉及一个重要原则——谨慎。查尔斯王子说，当新的、以往从未尝试过的技术出现时，我们应该适当地保守一点儿。这个观点当然不能说错。如果某个事物是未经证实的，我们不知道它会带来什么后果，尤其是它可能会对未来产生影响时，那我们确实应该谨慎一些，这是理所当然之举。正是基于这种谨慎原则，我们会要求药物（哪怕是非常有希望的抗癌药）在上市之前，必须先经过严格的临床试验和审查。这种风险规避的"安全坝"有的时候看上去似乎高得没有必要，例如癌症晚期患者一只脚已经踏进了鬼门关，恰好有某种试验性药物也许能够救他们一命，但是有关当局仍然以该药物没有获批为名，禁止他们使用。很显然，临终病人对"安全"的看法可能与常人截然不同。在一般意义上，我们很难否认谨慎原则的意义，但前提是，这个原则要与科学创新能够带来的巨大收益适当权衡。

我支持谨慎原则，但是请允许我借此机会离题讨论一下若干当代政治问题。通常来说，我会避免在书中讨论最热门的时髦话题，因为我担心在未来修订再版时会遇到"时代错置"的情况。例如，约翰·伯顿·桑德森·霍尔丹（J. B. S. Haldane）和兰斯洛特·霍格本（Lancelot Hogben）关于20世纪30年代的著作本来都可能成为杰作，可惜却被政治潮流逆转所累，而今天的人们已经很难理解那种潮流了。不幸的是，2016年发生的事件，使我如鲠在喉、不吐不快。这两个事件是，英国全民公决脱欧，以及美国决定退出气候变化国际公约。好在，这两个事件的后果不太可能是短期性的，因此我要在这里谈一下2016年的政治，而且相信不用为此道歉。

2016年，时任英国首相戴维·卡梅伦（David Cameron）未能顶住保守党后座议员的压力，决定就英国是否脱离欧盟举行公民公决。这是一个极其复杂的问题，涉及政治、经济的方方面面。晚些时候，当英国政府不得不组织一大堆律师和公职人员分析脱欧的行政成本和法律成本后，它的影响就变得非常清楚了。如果在付诸公投之前，业内专家能够畅所欲言，提供专业信息和建议，然后经由议会展开充分辩论、内阁进行深入讨论，那么留在欧盟无疑将成为不二之选。难道这不是一个不适于全民公投的议题吗？更何况，那些所谓的政治家还口口声声地告诉选民，不用相信专家（“因为作为选民的你们就是专家！”）。这样真的行吗？这些政客在动手术割阑尾时难道不相信外科医生吗？在乘坐飞机旅行时难道不相信专业飞行员吗？就这样，一个极其复杂的问题被交到了完全不具备相关专业知识的普通选民手上。要知道，有些选民在投票之前心里想的无非是这样一些东西，“改变一下也不错嘛”“是的呀，我就是喜欢原来蓝色封皮的护照，不喜欢欧盟的紫色封皮护照”。

英国的脱欧公投将带来巨大的变化，它的深远影响将持续几十年甚至更久。这也是一个重大的宪法性变革，对于这种变革，谨慎原则埋应发挥作用。在美国，如果要对宪法进行修正，那么首先必须由参众两院以 2/3 多数通过，然后还必须得到 3/4 以上的州立法机构批准。有人说，这个要求有点过高了，但是在这种场合下强调谨慎原则是合理的。相比之下，戴维·卡梅伦发动的这次全民公决，却只需要多数通过，而且选民也只能对一个简单的“是 / 不是”问题做出选择。他难道从来没有想过，如此重大的宪法性改革应该采用 2/3 多数决定制度吗？或者，至少也得有 60% 的选民通过吧？又或者，不是应该设定某个最低投票参与率，以保证如此重大的宪法性变革不会由全体选民中的一小部分人决定吗？他难道从来没有想到过，是不是应该举行第二次全民公决，比如在两个星期之后再来一次，以保证选民严肃对待自己的选票？又或者，在一年后再举行全民公决，那时脱欧的后果和代价肯定会变得更加清晰可见？不，不，不，全都不！卡梅伦所要求的一切，就是在一个简单的“是/不是”选择中，有50%多的人投下支持自己的一票。要知道，在投票日前后，民间调查结果时刻都在变化。据说，在英国普通法硕果仅存的若干法条中，其中有一条就规定“不得让白痴进入议会”（no idiot should be admitted to parliament）。

我还想要指出，谨慎原则的应用应该明智而适当，过犹不及，查尔斯王子对于科学的食品生产加工业怀有不必要的敌意，就是一个例子。正如我在前面提到过的，有人认为，美国对修改宪法设定的“门槛”太高了。从英美两国的历史和现实来看，对于那些有长远影响的重大决策，比如修改宪法，政治领域中适用谨慎原则的位置，应该定位于英美两国中间的某个适当的点上。

既然我将对谨慎原则的探讨放在了一封写给英国王位第一继承人的信的后面，也就自然而然地引出了这样一个问题：对于英国不成文宪法的历史遗迹，即英国的世袭君主制，又该怎样应用谨慎原则呢？当然，英国的世袭君主也是英国教会的首领。英国国王的众多头衔中有一个就是“信仰的捍卫者”。这个头衔的含义，任何人都不可能搞错，那只能是指保卫某种宗教，反对与它敌对的宗教或教派。毫无疑问，最初授予英国国王这个头衔时，没有人想过，王位继承人长大后可能成为一位无神论者（从现在的趋势来看，这种可能性是存在的）。

虽然英国国王曾经拥有的独裁权力随风而逝了，但其仍然拥有咨询建议权（现任女王伊丽莎白二世在这方面的经验可谓举世无双，因为在她座下来来去去的首相已经不止 15 位了）。在极端情况下，英国国王还可以行使解散议会的宪法权力，尽管这样做可能会引发危机并带来不稳定的、有害的结果。即使不考虑这些，现在英国也有许多人认为继续维持世袭君主制是没有道理的，有些人甚至主张世袭君主制应该体面地结束——在可预见的将来，让它随着当前在位的女王的离世而消失。当然，我希望这种事情不会在短期内发生。

无论什么时候，当我与那些热切的英国共和主义者交谈时，我都会提及谨慎原则。在英国，君主制历经 1 000 多年的风雨而不倒，为民众做出了不少贡献。如果它消失了，我们将用什么东西去填补空白？通过 Facebook 进行投票来选出一个国家元首？选王室游艇上“辣妹与小贝”吗？毫无疑问，除了像我这样觍着脸说着精英主义的俏皮话之外，肯定还有更好的选择。曾几何时，我认为美国是一个很好的榜样——在 2016 年之前，那时的美国告诉我们，高贵的民主理想是值得的。

SCIENCE IN THE SOUL

03 科学与感性

我发现，在这个系列讲座邀请的演讲者当中，我是唯一一名科学家。[1]这令我有些惶恐。奏响科学的“世纪回响”之曲、梳理我们的下一代应该继承的科学，这个任务难道真的只能依靠我一个人了吗？不可能。20 世纪是科学的黄金世纪。我们可以以各种方式给它命名：爱因斯坦、霍金和相对论的时代；普朗克、海森堡和量子理论的世纪；沃森、克里克、桑格和分子生物学的时代；图灵、冯·诺依曼和电子计算机的世纪；维纳、香农和控制论的时代；板块构造论和岩石年龄的放射性测定的年代；哈勃红移和哈勃望远镜的时代；弗莱明、弗洛雷和青霉素的年代；人类登上月球的世纪……在这里，我们暂且先不去揭开这个世纪黑暗的一面，不说它也是原子弹和氢弹的时代。正如乔治·斯坦纳（George Steiner）在这个系列讲座中指出的那样，在这个世纪，从事科学研究的科学家的人数比以往历史上所有世纪的总和还要多。从另一个角度来说，今天活着的人的总数也比有历史记录以来死去的人的总数还要多（后面这个数字可以视为一种警示）。

词典上对“感性”（sensibility）这个词的各种解释当中，

我选择的是"辨别（能力）""意识（能力）"和"对美学刺激做出反应的能力"。在新旧世纪之交，人们可能会希望，科学融入我们的文化，同时我们的审美意识提高到了欣赏"科学之诗篇"的程度。虽然我不想在公众中挑起像斯诺那样的中世纪式的悲观情绪，但我还是得非常不情愿地指出，这种希望并没有实现。科学引发的敌意比以往任何时候都更大，而且很多时候这种敌意来自不了解科学的人，他们（也许有他们自己的理由）以这种敌意为借口远离科学。更令人沮丧的是，许多人仍然在鼓吹这样一种陈词滥调，说科学解释肯定会侵蚀诗意的感性。占星学书籍比天文学科普著作更加畅销，电视为成堆的二三流的所谓通灵者和幻术大师打开了招摇撞骗的大门。邪教领袖们利用千禧年大做文章，诱骗了大量轻信的信徒，制造了"天堂之门教事件""韦科事件""东京地铁毒气事件"等。我们刚刚度过的千禧年，与上一个千禧年还有一个很大的区别，那就是民间科幻小说也加入了民间宗教的行列。

是的，这两个千禧年本来应该有所不同。1066年，哈雷彗星来袭，要是真有后见之明，人们会说哈雷彗星预见了黑斯廷斯的结局，锁定了哈罗德国王的命运和威廉公爵的胜利。而1997年出现的海尔－波普彗星的影响应该是不一样的吧？为什么当占星学大师在报纸上向读者保证，海尔－波普彗星并没有直接导致戴安娜王妃的死亡时，很多人都觉得不胜感激？在《星际迷航》和启示录神学的共同驱使下，39个人集体自杀，因为他们都相信，与海尔－波普彗星一起来的还有一艘宇宙飞船，它将会把他们"运送到一个新的生存空间去"。顺便说一句，就是这个"天堂之门教"，曾经组织过用天文望远镜观察海尔－波普彗星的活动。在海尔－波普彗星飞近地球的时候，他们撤回了观测小组，因为很显然他们无法观察到与海尔－波普彗星相伴而来的宇宙飞船。

公众被伪科学和坏科幻劫持，使得真正的科学奇迹面临着极大的威胁。来自那些"时尚学科"的世故的学者的敌意则是另一个威胁，我们到后面再回过头来讨论这个问题。第三个威胁则来自民粹主义者的"反智化"趋势。美国和英国的"推动公众对科学的理解”运动日渐式微（在美国，这个运动因苏联卫星率先上天被促发；在英国，这个运动则因各大学各科学学科入学申请人的急剧减少而兴起）。类似于“科学双周”闹剧这样的事件接连发生，暴露了科学家渴望受公众欢迎的焦虑心态。科学家在公众面前进行着千奇百怪的“个性展示”，他们故意戴着搞怪的帽子，说着狂放的言语，运用各种时髦的技巧，追求爆炸性效果，拼命想证明科学是有趣的、有趣的、有趣的（重要的事情说三遍！）。

我参加过一个宣讲会。会议的主讲者呼吁科学家们在商场里展示“科学事件”，以吸引人们进入科学领域，享受科学的乐趣。他告诫我们，不要做任何可能导致观众“转身而去”的事情；要始终把科学研究与普通人联系起来——告诉人们，厨房或浴室里发生的一切都与科学有关；如果可能的话，请选择您的观众最终可以吃的实验材料。在这位主讲者亲自组织的最后一个活动中，真正引起观众注意的“科学工具”是一个自动小便池——你一离开，它就会自动冲水。他甚至还建议，最好避免使用“科学”这个词，因为这会让“普通民众”觉得受到了威胁。[2]

我当场提出了抗议，结果是我被指责为具有浓厚的“精英主义”倾向，真是可怕的指控。“精英主义”这个词本身并没有那么可怕。盛气凌人、自认天下第一的精英，与尽心尽力帮助他人提高学识、扩大视野的精英，两者之间存在着天壤之别。没有人会谅解前者。相比之下，最糟糕的是那种精心算计好的故意弱智化，那是优越感和傲慢的极致。最近，当我在美国的一次演讲中说出了这样一些话的时候，最后一位提问者仍然坚定不移地强调，有意弱智化对于吸引“少数民族和妇女”进入科学殿堂来说是一个必要的手法。那是一位白人男子，也许他在这样说的时候还觉得自己的良心在发散着温情的光芒吧。

对于以媚俗方式来促进科学传播的手法，我深感担忧，因为现在的逗乐、现在的容易，到未来都会变成麻烦。基于同样的理由，招募军人的广告不应承诺从军就像野餐一样轻松有趣。真正的科学研究是非常艰难的，同时又像学习古典文学或练习小提琴一样，值得为之付出努力。如果通过一些虚幻承诺，引诱孩子们进入科学界或从事其他有价值的职业，那么他们最终不得不面对现实时又会发生什么？“有趣”会发出错误的信号，把不适合的“新兵”吸引进来。

文科研究也面临着同样的被掏空的风险。在各种诱惑之下，许多原本就懒散的学生进入了日益贬值的“文化研究”领域。在那里，他们将大量时间和精力花在了“解构”肥皂剧、小报消息和电视节目上面。科学就像真正意义上的文学研究一样，意味着艰巨的任务和巨大的挑战。同时，科学——再一次，像真正意义上的文学研究一样又是无比美好的。科学当然也是有用的，但有用性并不是科学的全部。科学确实可以带来回报，但就像伟大的艺术一样，科学不一定会带来回报。而且，科学家也不一定非得要夸张的个性和爆炸性的言辞来证明自身职业的价值。我们的目标是证明生命为什么会出现，这就足够了。

持有上述观点，也许是因为我还不够积极。在很多时候，如果钟摆摆得太远了，就需要有人向另一个方向推一下。我也承认现场演示可以使思想更生动地呈现出来，让观众更容易记住。从迈克尔·法拉第（Michael Faraday）在英国皇家学院的圣诞讲座，到理查德·格雷戈里（Richard Gregory）在布里斯托尔的探索性手术，孩子们一直在受到真正的科学实践经验的激发。我本人也举办过圣诞讲座，而且是通过电视这种现代形式进行的。在讲座中，我也加入了许多现场演示环节，法拉第的精神从未衰竭。我说这些，针对的是那些诋毁科学奇迹的民粹主义者。

伦敦每年都要举办一个大型的颁奖晚宴，颁发年度最佳科普著作奖，其中一个奖项是最佳儿童科普书籍奖。有一次，最佳儿童科普书籍奖颁给了一本描述昆虫和其他一些“丑陋的虫子”的书。我所用的这些词语当然不是精心揣摩过的，也不是最能唤醒公众对科学奇迹的激情的，但是这也没有关系。我无法谅解的是评奖委员会主席的言行，她是一位知名的电视节目主持人（她也曾拥有科学节目优秀解说者的名声，但那是在她将自己卖身给主推“超自然”的电视频道之前）。在游戏节目的喧嚣声中，她煽动观众与她一起做出可怕的鬼脸，以模仿那些“丑陋的虫子”。“咦……恶心！呸！咦……恶心！呸！呸！呸！”这种弱智化的行为不仅极大地贬低了科学的奇迹，而且还会把那些真正有资格欣赏科学奇迹并激发他人的科学创造激情的人——真正的诗人和真正的文学研究者挡在门外。

真正的科学，特别是20世纪的科学，堪称瑰丽诗篇，足以“引无数英雄竞折腰”。已故著名学者卡尔·萨根就是在这种瑰丽诗篇的激发下提出了以下这个尖锐的问题的。

> 几乎从来没有一个宗教真正认真审视过科学并得出结论：“这比我们一直以来想象的要好得多！宇宙比我们的先知所说的要大得多、壮丽得多、美妙得多、优雅得多！这种情况是怎么发生的？”事实上，无论是新出现的宗教，还是原来就存在的宗教，只要承认宇宙就像现代科学所揭示的那样伟大壮观，就完全有可能进一步发展出对科学的敬畏和尊重，而不会被传统的信仰所钳制。

如果有100个卡尔·萨根不停地呼吁，那么我们或许可以希望，各主要宗教对科学的态度可能会有一些改变。无论如何，我们遗憾地看到，尽管科学本身取得了惊人的、前所未有的成就，但是公众对科学的理解实在令人失望。[3]

那么，如果让我们的感性直接面对整个20世纪的科学又会如何？是不是有可能挑选出一个主题，一个科学的主旋律？“候选人”实在太多了，反而令我觉得无从下手。20世纪是数字的世纪。数字的不连续性主导了我们这个时代的工程学，而且还渗透进了生物学，甚至是物理学。

与数字相对的是模拟。想当年，由于人们预计西班牙无敌舰队随时可能入侵英国，因此设计了一个烽火信号系统，以便将消息迅速传播到整个英格兰南部地区。

人们在许多山峰上设置烽火台，任何一个海岸瞭望员一旦发现西班牙无敌舰队的踪迹，就立即点燃烽火；邻近的瞭望员看到后，也马上跟着点燃烽火，然后烽火就会以极快的速度在沿海各郡传播开来。

那么，我们是不是可以对这个“烽火电报系统”加以改进，以便传达更多信息呢？比如，不仅报告“西班牙人来了”这个消息，还要报告他们的舰队的规模。一种方法是，设法使烽火的大小与舰队的规模成比例。这就是一个模拟代码。但很显然，采用这种编码方法，不准确性将会逐渐累积。当信息最终到达王国的另一侧时，关于舰队规模的信号实际上就已经消失了。这是模拟代码的一般问题。

接下来我们再思考一个简单的数字代码。不用再去管烽火能烧多大，只需要保证它可以从远处看到，然后准备一个大围屏。抬起围屏再放下来，就可以向下一个山峰发出一个离散的闪光信号。重复这个闪光一定次数后，再用围屏把烽火遮住一段时间，然后重复上述过程。关键是，每一轮发出的闪光的次数，必须与西班牙无敌舰队的规模成比例。

与前面描述的模拟代码相比，这个数字代码有很多优点。如果某个山峰上的瞭望员发现了 8 艘军舰，然后向信号链条上的下一个山峰（的瞭望员）发出了 8 次闪光，那么这个信息就有很大的机会从普利茅斯一直传递到多佛，而不会发生严重的失真。不过，数字代码的优越性直到 20 世纪才被人们充分认识到。

神经细胞传递信息的方式与这种用来对无敌舰队的规模进行编码的数字代码很相似，它们会“发放”电位。沿着神经纤维传递的不是电流，而是像火焰沿着由撒在地面上的火药构成的线路蔓延燃烧。一颗火星点燃了一端，火焰就会向另一端迸发。

现在，我们已经知道神经纤维不可能使用纯粹的模拟代码。事实上，理论计算已表明它们不能使用模拟代码。神经纤维传递信号的方法更接近于以闪光次数表示舰队规模。神经脉冲是一列列电压尖峰“火车”，像机枪不停扫射时发出的声音的振动波形。强信号和弱信号之间的区别并不是由尖峰的高度来传递的——如果那样的话，那就是一个模拟代码了，而且信号将会失真。强弱信号的区别通过尖峰的模式来传递，特别是用“机枪”的发射速率来传递。当你看到黄色或听到中央C章的时候，当你闻到松节油的气味或触摸到绸缎的时候，当你感觉到热或冷的时候，差异就会通过不同速度的机枪扫射脉冲在你的神经系统的某个地方呈现出来。如果我们听得到大脑内部的声音，那听起来就会像第一次世界大战期间英国与德国之间的帕斯尚尔战役的模式。我们进行分析时可以说它是数字的；而在更全面的意义上，其中有部分仍然是模拟的：射击速率是一个连续变化的量。完全数字代码，例如莫尔斯电码（Morse）或计算机代码，其脉冲模式会形成一个离散的“字母表”，要更加可靠。

如果说神经携带了关于现在世界的信号，那么基因就可以说是对遥远的过去的编码描述。这种洞见源于以“自私的基因”为核心的进化观。

在有利于在特定环境中生存和繁殖的意义上，任何生物体的构造都是完美的。或者更准确地说，这是达尔文主义者会说的话。但这种说法并不完全准确。实际上，生物体是以它们的祖先环境为依托而精心构造的。恰恰因为它们的祖先生存下来了，即有了足够长的时间来传递它们的DNA，现代生物的构造才可能是完美的。它们继承了同样成功的DNA。一代接一代，生存下来的基因积累起来，在实际上构成了对当时生存所需的一切的完整描述。这就等于是说，现代DNA是对祖先得以幸存下来的环境的编码描述。这是一本世代传承的生存手册——遗传下来的“逝者的天书”。[4]

就像最长的烽火链条一样，基因传承的世代极多。因此，我们可以说基因是“数字化”的。从理论上说，古老的DNA之书也是模拟的。但是，由于与模拟式军事烽火信号系统相同，任何通过模拟语言复制和再复制的古代书籍，都会在很短的转录过程中迅速失真直至毫无意义。幸运的是，人类自身的“写作”是数字化的，至少在我们关注的方面是这样的。我们身体内部携带的、记载着祖传智慧的 DNA 之书也是一样。基因是数字化的，而且携带的信息与神经不同。

数字遗传学在 19 世纪时就已经出现了，但它的创立者格雷戈尔·孟德尔（Gregor Mendel）过于领先他的时代，因而在后来的一段时间内无人跟进。达尔文世界观中的唯一一个严重错误源于他那个时代的传统智慧：遗传是一种“融合”，因此达尔文的遗传学仍是模拟遗传学。在达尔文的时代，人们只是隐隐约约地意识到，模拟遗传学是与达尔文的整个自然选择理论无法相容的。当时人们也未能清楚地认识到，模拟遗传学与许多明显的遗传事实并不相符。[5] 解决办法直到进入 20 世纪之后才开始变得明了，特别是在 20 世纪 30 年代罗纳德·费希尔（Ronald Fisher）和其他一些人完成了新达尔文主义综合。古典达尔文主义（我们现在知道它不再有效了）和新达尔文主义（它是有效的）之间的本质区别就在于，数字遗传学取代了模拟遗传学。

但是，对于数字遗传学，费希尔和他的同事在进行新达尔文主义综合的时候，其实并不了解它的另一半。后来，沃森和克里克发现了 DNA 的双螺旋结构，开启了知识革命的大门——确实，无论以什么标准来衡量，这都无愧于一场极其壮观的知识革命。尽管彼得·梅达沃在写于 1968 年的评论中对沃森《双螺旋》① 一书的褒奖似乎有点儿太过了，“有的人就是无法认识到，这个复杂的发现是 20 世纪科学最大的成就，和这些人争辩毫无意义”。我对要不要再有意摆出这种傲慢的态度来有些疑虑，因为我曾经与那些声称相对论或量子力学才是 20 世纪最伟大的科学成就

① 诺贝尔奖得主詹姆斯·沃森里程碑式著作，300 余幅珍贵历史照片全景展示 DNA 双螺旋结构的发现历程，《双螺旋（插图注释本）》中文简体字版已由湛庐文化策划、浙江人民出版社出版。——编者注

的人进行过艰难的争辩。

沃森和克里克发动的是一场数字革命。自 1953 年以来，这场革命一直在以指数形式扩展。到今天，科学仪器可以读出一个基因，或把它准确地记录在一张纸上、放在图书馆里，然后在未来的任何一个时刻重建它，再把它放回动物或植物体内。2003 年前后[6]，"人类基因组计划"完成，我们就可以将整个人类基因组记录在两张标准格式的 CD 上，而且还有足够的空间用于记录一本大型教科书的解释。将这两张 CD 发射到外太空去，万一人类灭绝了，外星人也有机会依据这些资料重建人类——尽管这个机会可能是微乎其微的。事实上，我这种设想在一定意义上要比在地球上重建侏罗纪公园更加可信一些。而且，这两种设想都取决于 DNA 数字测序的准确性。

当然，对数字理论运用得最娴熟的并不是神经生物学家或遗传学家，而是电子工程师。在 20 世纪后期，数字电话、数字电视、数字音乐播放器和数字微波频谱仪……全都比它们的模拟版前身更快、更准确。一切的关键就在于数字化。数字电脑（电子计算机）是电子时代的最高成就，也是电话、卫星通信和数据传输的核心，当然也是互联网的心脏。已故著名学者克里斯托弗·埃文斯（Christopher Evans）在总结 20 世纪的数字革命的时候，将它的速度与汽车行业的发展速度进行了对比：

> 今天的汽车工业与第二次世界大战结束后那几年的汽车工业相比，在很多方面都发生了变化……现在我们暂且假设汽车工业的发展速度与电子计算机行业相同，再假设汽车行业也发展了这么长时间，那么将来汽车的价格又可以便宜多少、效能又可以提高多少呢？如果你还没有听别人做过这种对比，那么答案肯定会令你大吃一惊：将来你应该能够以每辆 1.35 英镑的价格购买劳斯莱斯，而且它的效能将会达到每加仑汽油行驶 300 万英里，并且能够为伊丽莎白女王二世号邮轮提供足够的动力。

如果你对另一个方向——小型化感兴趣，你估计可以将 6 辆汽车放在一个针头上。

正是电子计算机，让我们认识到 20 世纪确实是不折不扣的数字世纪。电子计算机引领了遗传学、神经生物学和物理学（尽管我对自己拥有的物理学知识的信心不是那么充足）的数字化。

我们还可以说 20 世纪最具特色的物理学理论——量子理论，从根本上说也是数字化的。苏格兰化学家格雷厄姆·凯恩斯–史密斯（Graham Cairns-Smith）这样描述他第一次接触量子力学时，那种明显的“颗粒状”给他带来的感受：

> 我想，那应该是我 8 岁那年的事情。有一天，我的父亲告诉我，没有人知道电到底是什么。第二天上学后，我把这个信息告诉了我所有的朋友。虽然这件事情引起了一个他爸爸在当地发电站工作的朋友的注意，但是我一开始并没有意识到自己可以通过这个途径去寻找答案。他的父亲既然在发电站工作，那么显然应该知道点儿什么。我的朋友告诉我，他会回去问一下他父亲然后告诉我答案。嗯，他确实这样做了，不过他带回来的答案并没有给我留下很深的印象。“那是极微小的颗粒状的东西”，他一边说，一边用拇指和食指揉搓一下，以强调那些颗粒有多么微小。但是他似乎无法进一步阐述清楚。

量子力学实验的预测可以准确到小数点后 10 位。毫无疑问，任何能够在这种精确程度上刻画现实的理论都是值得我们尊重的。但结论是什么——宇宙本身就是颗粒状的？或者这种非连续性只是我们试图测度更深层次的连续性时表现出来的一种假象？我不知道，而且物理学家也可能会觉得这个问题对我来说太深奥了。

当然，这令我有些不开心，这无须多说。可悲的是，在许多文章和新闻报道中，对科学的无知或不理解却被吹嘘成了一种值得自豪和高兴的“美德”。对于这种病态现象，我已经说得够多了，心中只剩下悲凉。在这里，我想引用一段当代最值得尊重的文化评论家梅尔文·布拉格（Melvyn Bragg）的话：

> 还有一些人受到的影响更深，他们竟然大声宣称自己对科学一无所知，就好像这样反而可以让他们高人一等。当然，这只能使他们变得非常愚蠢，并意味着他们把自己绑在了英国老派而无趣的传统势利知识分子阶层的队尾——这些人把所有知识，尤其是科学知识，都视为一种“交易”。

我在前面引用过的诺贝尔奖获得者彼得·梅达沃爵士也对这种将科学知识视为“交易”的做法表达了极大的不满（对于这种人，他一贯地“盛气凌人”）。

虽然我理解量子理论有困难，但这并不构成我不努力去尝试学习它的理由，更不可能成为我的自豪感的一个来源。作为一名进化论支持者，我赞同史蒂芬·平克的观点：达尔文式的自然选择已经使人类祖先的大脑能够理解非洲大草原上大型动物缓慢移动的模式。也许，我们可以设计一个电脑游戏，其中的蝙蝠和球可以根据投影屏幕上的影像来做出反应。在这种游戏环境中长大成人的孩子可能会发现现代物理学并不比羚羊的行动模式更加难以理解。

在理解不确定性原理时的这种个人不确定性，使我想起了 20 世纪科学的另一个标志性成就。人们可能会宣称，20 世纪将 19 世纪的确定性信心打破了。部分原因是量子理论，部分原因是混沌理论（在流行的意义上，而不是在日常语言的意义上），还有部分原因是相对论（指文化相对主义，而不是爱因斯坦的可理解的相对论）。

量子不确定性理论和混沌理论对流行文化产生了不可磨灭的影响，这对真正的理论爱好者来说非常不利，也令他们非常烦恼。这两种理论的支持者经常被反启蒙主义者利用，这里所说的反启蒙主义者既包括老谋深算的冒牌专家，也包括一味追踪时尚潮流的“新纪元人”，以及许多其他人。在美国，自助“治疗”行业欺骗了数百万人，而且它对量子理论强大的迷惑性的利用不可谓不神速。美国物理学家维克托·斯腾格（Victor Stenger）很早就注意到了这一点。一个敛财有道的治疗师甚至写了一系列关于他所谓的“量子治疗”的畅销书。我的书架上有一本书，它的各章分别讨论了量子心理学、量子责任、量子道德、量子美学、量子永生和量子神学！

混沌是更晚近出现的一种理论。对于那些擅长盗用、滥用、套用时髦理论的人来说，混沌理论又给他们提供了广阔的空间。这个理论的不幸之处在于，它的命名是不准确的，它用“混沌”一词来表示随机性。但是从理论的角度来说，“混沌”并不等于随机。混沌实际上是完全确定的，只是它在很大程度上以某种难以预测的方式敏感地依赖于初始条件的微小差异。毫无疑问，这类现象从数学的角度来看是很有意思的。如果将这种理论应用到现实世界，那么它意味着任何终极性的预测都是不可能的。如果天气从技术的角度上说是混沌的，那么天气预报就是不可能的。诸如飓风这样的重大气象事件，完全可能是由以往的某个非常细微的原因决定的，例如“一只蝴蝶扇动了一下翅膀”（现在已经成了一句谚语）。但是，这并不意味着，你抓一只蝴蝶来，让它扇动几下翅膀，就可以生成一场飓风。正如物理学家罗伯特·帕克（Robert Park）所指出的，这是对“混沌理论的彻底误解……尽管蝴蝶拍动翅膀可能引发飓风，但是即使把所有蝴蝶都消灭，也不太可能减少飓风的发生。”

归根到底，量子理论和混沌理论都以独特的方式对宇宙的可预测性提出了深层次的质疑。我们可以把这视为人类从 19 世纪那种自信的立场上的一种“撤退”。但是没有人会真的认为，在实践中预测时会要求那么高的准确度。即使是最自信的决定论者也都承认，在实践中，各种相互作用的因素的复杂性将会影响对天气或其他事件的准确预测。所以混沌效应在现实中并不一定总是很突出。事实上恰恰相反，量子事件在统计上会被“扼杀”，在大多数对我们的日常生活有影响的领域也是如此。因此，在实践的层面，预测的可能性是可以提升的。

到了20世纪末期，我们对未来事件的预测变得前所未有的自信和准确。在太空探索领域，这一点表现得尤其突出。以前，人类可以预测哈雷彗星何时归来，20世纪的科学则使得我们能够精确地计算出它的轨道，然后发射导弹，利用太阳系内的引力弹弓，将它拦截在半途中（如果真的有这种需要的话）。[7] 至于量子理论，无论其理论内核如何强调非决定性，它的预测在实验上的精确度都高得令人难以置信。对于这种精确度，已故的著名物理学家理查德·费曼（Richard Feynman）曾经做过一个比喻：相当于从洛杉矶到纽约的距离与人的头发丝的粗细之比。毫无疑问，量子理论绝不是那些只懂得赶时髦的冒牌知识分子为所欲为的许可证，无论他们给自己贩卖的东西起的名字是"量子神学""量子占星术"，还是量子什么。

在20世纪从维多利亚时代的自信向后退缩的各种表现形式中，又以文化相对主义这种迷思最为有害。这种时髦的观念看上去似乎很温和：它把科学视为诸多文化神话中的一种，认为其不比任何其他文化神话更真实、更有效。在学术界，有些人发明了一种新的反科学修辞，还美其名曰对科学的"后现代批判"。对这种所谓的学术研究，保罗·格罗斯（Paul Gross）和诺曼·莱维特（Norman Levitt）在他们的精彩著作《高级迷信》（*Higher Superstition*）中进行了摧枯拉朽式的揭露和批评。美国人类学家马特·卡特米尔（Matt Cartmill）总结了文化相对主义者的基本信条：

> 任何一个声称对任何事物都具有客观认识的人，都是在试图控制和统治其他人……根本不存在什么客观事实，所谓的"事实"都已经被理论污染了，而且所有理论都受到了道德观念和政治教条的侵入……当某个穿着实验室的白大褂的人告诉你，这个事情、那个东西是客观事实的时候……在他浆得挺阔的白大褂袖口里肯定藏着一份政治议程。

更糟糕的是，甚至科学界内部也隐藏着一些"第五纵队队员"，他们非常高调地持有这种文化相对主义观点，并且经常用夸夸其谈来浪费其他人的时间。

卡特米尔在他的论文中犀利地指出，在那些对科学一无所知的宗教激进主义右派与披着精致学术外衣的学术左派之间，其实存在着一个人们意想不到的、非常有害的联盟。这个联盟的一个稀奇古怪的表现是，他们都坚持反对进化论的共同立场。宗教激进主义者反对进化论的立场是显而易见的，而学术左派对进化论的反对则隐藏在他们对科学的一般性的一贯敌意、对部落创世神话的“尊重”和他们的各种政治信念当中。这一对奇怪的盟友都声称自己对“人类的尊严”深感忧虑，并反对将人类视为“动物”来对待。用卡特米尔的话来说：

> 这两个阵营的人都相信，这个世界上最大的真理就是道德的真理。他们以善恶的观念，而不是从真实或虚假的角度去看待宇宙。对于任何可能涉及的事实，他们问的第一个问题就是它是否服从于正义的法则。

有些所谓的女权主义者也在这里插上了一脚。这个事实尤其令我感到悲伤，因为我同情真正的女权主义。

> 他们不再劝勉年轻女性通过学习科学、逻辑和数学来为未来的学术研究做好准备……在女性研究领域，学生们现在被教导说，逻辑是一种统治工具……据说，科学研究的标准规范和方法充满了性别歧视的因素，因为它们与“女性认知事物的方式”不相容。[8]许多获奖图书的作者声称，他们访谈过的大部分女性都属于“主观认知者”这一类人，其特征集中表现在“对科学和科学家的强烈排斥”，这些“主观主义”的女性认为，逻辑、分析和抽象方法都是“属于男人的异己之物”；相比之下，“女性自己的价值直觉才是更加安全、更加有效地获得真理的方法”。

以上这段话引自科学史学家和哲学家诺雷塔·科特格（Noretta Koertge）的著作。

他非常担心女权主义这种颠覆性的主张可能会对妇女的教育产生极其恶劣的影响。他的这种担忧无疑是有道理的。事实上，这种女权主义思想中，隐藏着一种非常丑陋的东西，即对希望在科学研究中取得成功的女性的一贯威胁。芭芭拉·埃伦赖希（Barbara Ehrenreich）和珍妮特·麦金托什（Janet McIntosh）目睹了一位女性心理学家在一场跨学科会议上发言后受到的攻击。听众指责她运用了“压迫性的、性别歧视的、帝国主义和资本主义的科学方法”。这位心理学家试图通过一些伟大的发现来捍卫科学——她举了 DNA 的例子，对方的反击却是：“你竟然相信 DNA？”

幸运的是，仍然有许多聪慧坚定的年轻女性准备进入科学领域，我要对她们表示敬意，因为直面这种欺凌恐吓需要很大的勇气。

直到现在为止，我几乎完全没有提到达尔文。他的一生见证了 19 世纪的大部分时间。他应该死得很安心，因为他生前已经粉碎了人类最大的一个幻象。达尔文使得生命成为一种可以解释的现象。自他之后，生命就不再是一个令人困惑、需要超自然的解释的奥秘了。生活、复杂和优雅的生命，是在一些容易理解的规律的作用下，从最简单的起源成长起来、涌现出来的。这就是达尔文留给 20 世纪的遗产，他揭开了人类有史以来最大的奥秘。

那么，达尔文会对我们管理这个遗产的水平感到满意吗？我们又有什么遗产可以留给未来呢？我个人认为，他可能会觉得五味杂陈，既感到开心，又觉得愤怒。达尔文之所以会高兴，是因为我们对生命、对他的理论有了更加丰富的认识、更加全面的理解，他的理论设想也正在变成现实。达尔文之所以会愤怒，是因为对科学的无知和怀疑仍然存在，没有头脑的迷信者仍然随处可见。

在这里，“愤怒”表达的语义还太弱。考虑到我们所拥有的相对达尔文和他的同时代人的巨大信息优势，达尔文完全有理由感到悲伤。我们拥有了更多、更优秀的知识，但是我们的文化几乎没有反映。文明的发展已经进入了 20 世纪晚期，达尔文倘若在天有灵，应该会非常惊讶地注意到，虽然我们在利用科学知识和科学带来的副产品，却未能把科学与感性融合起来。自达尔文的共同发现者阿尔弗雷德·华莱士撰写了《美好世纪》(*Wonderful Century*)一书，对他那个时代的科学进行了出色的总结以来，我们甚至有了一种向后倒退的感觉，难道不是吗?

也许，在19世纪末期的科学界，对于已经实现了什么、预计还可以取得多大的进步，当时的人们可能有点儿过于自满了。威廉·汤姆森(William Thomson)是斯诺所称的科学素养的集大成者，他是第一代开尔文勋爵(Lord Kelvin)、英国皇家学会主席、跨大西洋电缆的提出者和实施者(那是维多利亚时代科技进步的象征)、热力学第二定律的先驱，没有人能想到，他信心满满地给出了三个日后变成天大笑话的预测："无线电没有前途""让比空气重的东西在天空中飞行是不可能的""X射线终将被证明是一个骗局"。

开尔文勋爵做的另一件令达尔文感到悲伤的事情是，他利用了大量高深的物理学知识，"证明"太阳太年轻了，没有给进化留下足够的时间。开尔文勋爵实际上是在说："物理学排斥进化，所以你的生物学必定是错的。"达尔文大可以这样反驳："生物学表明，进化是一个事实，所以你的物理学必定是错的。"不过，达尔文没有这么做，相反，他屈从于物理学优先于生物学的普遍假设，并为此感到担忧。20世纪的物理学研究证明，开尔文勋爵错得非常离谱。遗憾的是，达尔文并没有在活着时看到这一点。[9]而且，他从来没有足够的自信，直接告诉同时代的那位资深物理学家谁对谁错。

我对"新千年迷信"进行过猛烈的抨击。在这样做的时候，我也在极力避免重犯开尔文勋爵那种"过度自信"的错误。毫无疑问，当今世界还有许多未解之谜，我们留给未来的遗产的其中一个部分，必定就是这些现在还没有答案的问题，其中一些是非常重要的大问题。任何时代的科学都必须有被取代的准备。如果宣称现有的知识已经是人类所能掌握的全部知识，那无疑是极度傲慢和狂妄的。今天常见的物品，例如移动电话，在几个世纪之前几乎是纯粹的魔法。这是我们的成就，更是对我们的警告。对此，杰出的科幻小说家和科学局限性的热心传道人亚瑟·克拉克曾说过，“任何足够先进的技术都是与魔法无法区分的”。这就是著名的克拉克第三定律。

也许，在未来的某个时刻，物理学家在彻底了解重力之后能够制造出反重力机。到那一天，人们将可以悬浮在空中，我们的后代将对在空中漫步的人习以为常，就像我们今天对喷气式飞机习以为常一样。如果有人声称看见一块在尖塔上忽大忽小的魔毯，我们应该基于这样的理由而相信他吗——我们的祖先曾怀疑无线电没有任何用处。这种怀疑是错的，我们当然不应该相信他，但是为什么不呢？

因为克拉克第三定律的反命题不成立。给定“任何足够先进的技术，都是与魔法无法区分的”这个命题，并不能推导出“任何人在任何时候提出的任何奇思妙想，都会与将来某个时刻出现的某种技术进步无法区分”。

是的，确实有一些权威的学者在提出怀疑主义的观点后被事实打了脸。但更常见的情况是，无数魔法般的预测从未得到证实。我们在今天所想象的某些东西将来可能会变成现实，但是永远不能变成现实的想象更多。历史表明，令人惊讶的设想变成事实的总是少数。关键在于，如何将那些真正有潜力的东西从垃圾中分离出来，即从只能永远保留在小说和魔法世界的那些奇思妙想中分离出来。

我们应该表现得更为谦卑。开尔文勋爵正是因为在19世纪末未能做到这一点，给自己留下了污点。谦卑一些当然没有错，但是与此同时，对我们过去100年来所掌握的一切给予高度评价也没有错。数字世纪是我可以想到的一个最好的主题，不过它也只涵盖了20世纪科学遗产的一小部分。我们现在已经知道（达尔文和开尔文勋爵当年并不知道），世界非常古老，已经存在了大约46亿年。我们都知道阿尔弗雷德·魏格纳（Alfred Wegener）当年曾经被人冷嘲热讽，因为他认为大陆板块的形状并不总是保持不变的。南美洲不仅是看上去好像可以与非洲拼凑到一起，它以前确实是与非洲连成一体的，直至距今 1.25 亿年前才分开。马达加斯加的一端以前是与非洲相连的，另一方则连着印度——在印度板块撕裂海洋、俯冲到亚洲板块之下，导致喜马拉雅山隆起之前，一直如此。世界大陆的地图还有一个时间维度。我们有幸生活在“板块构造学说”成为主流的年代，因此知道了这一切是怎样进化、何时进化的，以及为什么会这样进化。

我们大体上还知道，宇宙到底有多古老。事实上，宇宙是有年龄的，它的年龄与时间本身一样大，都不到 200 亿年。在刚开始时，宇宙只是一个奇点，质量极大、温度极高、体积极小，在随后的时间里一直在膨胀。21 世纪，科学家最终可能会搞清楚，这种膨胀会不会永远进行下去，还是会出现逆转。宇宙中的事物的分布并不均匀，而是聚集在几千亿个星系中，每个星系平均有 1 000 亿颗恒星。我们可以通过将光线折射为美丽的彩虹，来分析每颗恒星的具体构成。在万千恒星当中，太阳可谓平平无奇。行星按一定的轨道围绕恒星运转是一个普遍现象。正如我们通过恒星光谱微弱的节奏变化可以了解到的那样，没有任何其他行星拥有能够证明生命存在的直接证据。[10] 即使某些行星上存在生命，由于这些“孤岛”的分布非常分散，这些生命很可能永远无法与对方相遇。

对于地球这个孤岛上的生命的进化规则，我们已经了解了一些相当详细的细节。我们在这里发现的生命最基本的原则——达尔文式的自然选择，也构成了其他孤岛上的生命存在的基础（如果其他地方有生命的话）。我们知道，地球物种是由细胞构成的，而细胞可能是一个细菌、也可能是一个细菌群落。物种的具体运作机制取决于蛋白质的由特殊分子构成的无限多样的形状。我们还知道，这些重要的三维结构是由一维代码，即在地质时间上不断复制的 DNA 分子携带的遗传密码编码的。我们理解为什么会有这么多不同的物种，但还不知道到底有多少种。尽管无法预测未来进化的细节，但我们能够预测可预期的一般模式。

那么，我们将传递给未来的“继承人”的有待解决的问题又有哪些呢？物理学家，比如史蒂文·温伯格（Steven Weinberg）肯定会提到他们梦想中的终极理论，或通常所称的大统一理论（grand universal theory，简称 GUT）或万有理论（theory of everything，简称 TOE）。理论物理学家对这个理论是否能够证明有着不同的意见。那些认为有可能的人，预计未来将会出现某个物理学天才解决这个问题。物理学家在讨论如此深层次的问题时，经常诉诸宗教式的语言，而且其中一些人是真的有宗教信仰，其他一些人则冒着被误解的风险——当他们使用宗教式的语言时，真正要表达的意思与宗教信仰的关系，不会超过我在说“上帝知道”的时候。

生物学家在 21 世纪初完成了对人类基因组的测序，但这并不是终点（尽管有些人希望是）。人类胚胎项目——研究通过基因与环境之间的相互作用（也包括基因之间的相互作用）来孕育一个生命，也要花费相当长的时间才能完成。

对于我来说（对于大多数生物学家来说也一样），有待解决的最重要的科学问题是，大脑到底是如何工作的？特别是主观意识的本质是什么？对于这个问题，我自问了解得并不深。20 世纪的最后 10 年，一大批著名学者都瞄准了这个问题，其中包括弗朗西斯·克里克、丹尼尔·丹尼特（Daniel Dennett）[①]、史蒂芬·平克和罗杰·彭罗斯爵士（Sir Roger Penrose），等等。这是一个很大、很深刻的问题，也值得这么多杰出的头脑为它殚精竭虑。但是显然我自己没有办法解决它。如果我能，我应该可以获得诺贝尔奖。事实上，我甚至不能清楚地描述这到底是一个什么问题，因此也不确定什么样的天才才能给出解决方案。有些人认为，意识问题只是一个幻象：这个问题实际上并不存在，因此也就不用去求解它。但是在 19 世纪，在达尔文解决生命之源的问题之前，也没有人能够明确地阐明那是一个什么样的问题。只有在达尔文解决了这个问题之后，大多数人才意识到这是

① 世界著名认知科学家，美国艺术与科学院院士。其最新力作《直觉泵和其他思考工具》中文简体字版已由湛庐文化策划、浙江教育出版社出版。——编者注

一个问题。我现在还不清楚意识会不会成为一个大问题，一个必须由天才人物来解决的问题。又或者，它也可能会（令人不快地）分解为一系列小问题，甚至是“非问题”。

我对于21世纪能否搞清楚人类心灵的问题没有信心。但如果真的解决了，就可能带来额外的副产品——那样的话，我们的继承者将可以解释20世纪的科学悖论。一方面，20世纪为人类知识宝库增加的知识，超过了前几个世纪的总和；另一方面，20世纪结束时，人们信仰各种超自然的东西的程度却仍然与19世纪结束时大致相同，而对科学则怀有更加彻底的敌意。无论如何，我期待21世纪可以教给我们很多。

SCIENCE IN THE SOUL

04 杜立德和达尔文[1]

我希望我可以吹嘘说，我孩童时在东非的生活经历点燃了我对博物学，特别是人类进化历史的兴趣。可惜的是，这并非事实。我进入科学殿堂的时间相当晚，而且我是通过阅读接触科学的。

我 7 岁就被送入了一所寄宿学校，所以你可以尽情想象我的童年生活多接近一首田园牧歌。我一步一个脚印地读完了小学、中学，经历与一般同龄男孩别无二致。这其实相当不错了（当然也有一些悲剧性的例外，但我在学校里并没有怎么被人欺凌过）。我的学业很优秀，最终使得我进入了牛津大学，在一个从少年逐渐成长为成人的人看来，牛津大学就是我的雅典。[2] 我的家庭生活才真正是田园牧歌式的，我们先是住在肯尼亚，然后搬到马拉维，接着又搬回了英国，住在牛津郡的家庭农场里。我们不是特别富裕，但也不至于太过贫穷。我们没有电视，不是因为买不起，而是因为我父母有其他更好的消磨时间的方法。他们也许是对的，我家有很多书。

孩童时期高强度的阅读，可能会使一个人终生受用，也可能有利于提高他日后的写作技巧。对我来说，我怀疑自己最终成为一名动物学家，可能源于一本儿童文学著作的启发：休·洛夫廷（Hugh Lofting）写的《怪医杜立德历险记》（*The Adventures of Doctor Dolittle*）。这本书和它的后续版本，我读了一遍又一遍。当然，我不能说是这些书直接引导我走入科学殿堂的，但是在当时的我眼中，杜立德医生不仅是一位科学家，还是世界上最伟大的博物学家，也是一位永远保持着旺盛好奇心的思想家。早在我熟知这些术语之前，他就已经成为我提高自我意识的榜样。

约翰·杜立德是一位杰出的乡村医生，原先治人，后来转为专治动物。他有一只名叫波利尼西亚的鹦鹉，鹦鹉教会了医生讲动物的语言。整个怪医杜立德系列十几本书都围绕着这个技能展开。一般的儿童文学书籍（包括今天的哈利·波特系列）都把超自然力量作为解决难题的“万灵丹”，与此不同，休·洛夫廷则严格地只允许现实发生一种变化，就像科幻小说一样。这唯一的变化就是，杜立德医生能够与动物说话，所有其他情节都由此生发而来。当他被任命为西非梵蒂波王国的邮政部部长后，他就招募候鸟在全世界范围内提供高速的“航空”邮件服务——小鸟负责寄送又小又轻的信件，而大鹳负责寄送包裹。当他的船需要加快速度超过邪恶的奴隶贩子戴维·博恩斯的船时，成千上万的海鸥用翅膀为他的船鼓风——讲到这里，任何孩子的想象力都会大增！[3] 当他进入与贩奴船对射的范围内时，一只燕子用它极高的视力帮助他瞄准，使他的大炮拥有了人类不可企及的准确性。当一名男子被谋杀时，杜立德医生说服法官允许被告的斗牛犬作为唯一可以证明无罪的证人出庭（在此之前，杜立德与法官的狗进行了对话，使得法官相信他确实能够翻译动物的语言，因为法官的狗对他透露了一些关于法官的尴尬的秘密，而那些秘密是只有那只狗才有可能得知的）。

由于拥有与动物交谈的能力，杜立德医生完成了很多不可思议的壮举，导致他的敌人经常误认为他拥有超自然力量。后来，杜立德医生被关进了非洲的一个水牢，他的敌人不给他任何吃的，试图通过这种手法令他屈服，但是杜立德医生变得更胖、更快乐了。成千上万的小老鼠为他带来了食物（每一只小老鼠衔一点儿）。他甚至还用核桃壳中的水和肥皂碎片洗脸、剃须。他的敌人对这种情况非常惊惧，于是把这一切归结为巫术，但是读这本书的人是知情的，而且能够给出简单合理的解释。同样有益的经验一次又一次地通过这些书传递给了小读者。杜立德医生的能力看起来很像巫术，坏人也认为那就是巫术，但它其实有一个合乎理性的解释。

很多孩子都有能力去想象，如果一个魔法师（或仙女、圣母、上帝）来帮助自己，会发生哪些有趣的事情。我在孩童时的梦想是拥有与动物交谈的能力，将它们组织起来反抗人类对它们的不公正行为（在热爱动物的母亲和杜立德医生的影响下，我自小就有动物保护主义者的精神）。杜立德医生在我身上播下了一颗种子——反对我们现在所称的“物种歧视”（人类因为是人类而理应优于所有其他动物）。例如，反堕胎主义者就是不折不扣的物种歧视者，他们冲击施行堕胎手术的诊所、谋杀仁心仁术的医生。那些反堕胎主义者口口声声地指责堕胎医生“谋杀！”，回家后却大快朵颐地享受牛排晚餐。读《怪医杜立德历险记》长大的孩子，不可能犯这种双重标准的错误。

除了道德哲学之外，杜立德医生还引导我领会了，要理解进化，不能仅从进化本身入手，还要先理解一个前提：动物的连续性中人类物种的非唯一性。为了这个目的，达尔文本人也曾付出过巨大的努力。达尔文的《人类的由来》（*The Descent of Man*）和《人和动物的感情表达》（*The Expression of the Emotions in Man and Animals*）这两本书都致力于缩小人类与动物之间的鸿沟。达尔文为维多利亚的成年读者所做的，也正是杜立德博士在20世纪40年代和50年代为孩子们（至少是我这个小男孩）所做的。后来，当我读到了达尔文的《“贝格尔号”航海志》（*The Voyage of the Beagle*）之后，我发现达尔文和杜立德医生有许多相似之处。杜立德医生头上戴的高高的大礼帽，身上穿的苏格兰衣裙，以及他所驾驶的那艘船的样式（他的驾船技术太过糟糕，经常失事），都让他简直像“达尔文再世”。除了形似，他们还很神似。他们都对大自然无比热爱、都对所有生物充满了温情和关怀、都拥有渊博的博物学知识，而且都会在笔记本上用草图描摹在异国他乡发现的各种令人啧啧称奇的生物和矿石……很显然，如果杜立德医生和“贝格尔号”上的哲学家曾经在南美洲或波普西皮托尔的浮岛（那是板块构造留下的影子）上相遇过，他们肯定会成为最好的兄弟。杜立德医生所画的“拉拉扯扯羊”（Pushmi-Pullyu，一种有两个头、每个头上都长角的羚羊），在同时代人眼中并不比年轻的达尔文发现的化石和标本更令人难以置信。[4] 当杜立德医生需要横跨非洲的一个峡谷时，一群猴子为他搭成了一座动物之桥。达尔文对此不会陌生，因为他也在巴西观察过蚂蚁搭成的动物之桥。达尔文后来还发现，蚁群中存在着一个令人震惊的习惯：宰杀“奴隶”。同时他也像杜立德医生一样，极力反对人类的奴隶制，这种立场明显超前于他的时代。这也是唯一会令这两位温和的博物学家勃然大怒的事情。达尔文为此还与罗伯特·菲茨罗伊（Robert Fitzroy）船长争执了一番。

所有儿童文学作品中，最令人孩子们震撼的其中一个场面发生在《杜立德医生的邮局》一书中：一个名为祖赞娜的西非女子，在丈夫被万恶的奴隶贩子戴维·博恩斯抓走后，划着一艘小小的独木舟，孤身一人闯进了茫茫大海，最终在耗尽了力气、流干了眼泪后，不得不放弃。正当她怀抱木桨黯然神伤之际，杜立德医生发现了她。一开始，祖赞娜不肯搭理这位善良的医生，因为她以为所有白人都像戴维·博恩斯那样邪恶入骨。但是，杜立德医生设法赢得了祖赞娜的信任，然后发动了一场追逐战，在一群动物的热情帮助下，战胜了那个奴隶贩子，救出了祖赞娜的丈夫。但在今天，休·洛夫廷的书却被一些假装圣洁的公共图书馆馆员禁止儿童借阅了。他们说休·洛夫廷是一个种族主义者，这是何等的讽刺！从表面上看，这种指控似乎有点儿道理——例如，杜立德医生画的非洲人像的臀部总是非常大。乔里金奇王国的继承人布姆波王子沉迷于童话故事，一方面强调自己是一个极有魅力的王子，另一方面又认为自己的黑脸会吓倒日后要通过亲吻唤醒的睡美人，所以拼命说服了杜立德医生，帮助他把脸变成白色。放在今天，从事后诸葛亮的角度来看，吹毛求疵者确实可以说这里有一些不太好的意识。但是不要忘记，休·洛夫廷生活在20世纪20年代，从今天的标准来看，当时根本就是种族主义盛行的时代。[5] 在这种后见之明的眼光下，达尔文也难逃种族主义的指责，就像所有生活在维多利亚女王时代的人一样，尽管他实际上对奴隶制深恶痛绝。我们应该反省一下这种以“今日之心度往昔之腹”的做法。我们还应该检视一下一些不假思索地接受下来的所谓准则。到底哪一种“主义”将会受到未来几代人的谴责？肯定是物种（歧视）主义。毫无疑问，休·洛夫廷的积极影响远远超过了这种莫须有的种族主义倾向。

杜立德医生勇于“破坏偶像”的精神也与达尔文类似。他们两人都是科学家，都在不断地对所谓的古老智慧和传统知识提出质疑，这不仅是因为他们这种特有的精神气质，也是因为他们都是动物的“知心人”。质疑权威的习惯是一本书或一位老师可以送给一个年轻科学家最宝贵的礼物。不要不加辨别地接受别人告诉你的东西——你得有自己的思考。我相信，我的童年阅读经历为我日后爱上达尔文打下了基础。在长大成人后，研究达尔文成了我一生的事业。

SCIENCE IN THE SOUL

SELECTED WRITINGS OF A PASSIONATE RATIONALIST

第二辑

全然无情的荣耀

如果说本书的第一辑关注的问题是科学是什么的话，那么第二辑要讨论的就是科学是怎样发展起来的，特别是，达尔文的进化论自诞生以来是如何发展和完善，直到今天成为无可置疑的科学事实的。达尔文强调的是经历自然选择的进化，在有些地方，理查德·道金斯把自然选择学说称为“全然无情的荣耀”。[1] 在本辑接下来的文章中，道金斯娓娓道来，叙述了这个理论是如何在一场极具绅士风度的、由科学家主演的“双簧”中向大众提出来的；它在何时有效、何时又会失效；它是怎样被推进，又是怎样被误解的；它的解释力和有效性能延伸多远。在这些文章背后，贯穿始终的是这样一种动机：改进、澄清和发展这种有史以来最强大的科学思想，并扩展它的应用范围。

第一篇文章是道金斯在林奈学会（Linnean Society）发表的一篇讲话，纪念达尔文和阿尔弗雷德·华莱士于 1858 年联袂发表了他们石破天惊的论文。他们的论文揭示了令世界震惊的发现，宣告了一种最彻底、最深刻的科学，以及科学的价值观的诞生。本文集第一辑阐明了这种价值观并进行了论证。在将这两位伟大的维多利亚式科学家的论文联系起来加以分析之后，道金斯提出了一个大胆的假说：达尔文式自然选择理论是唯一充分的解释：不仅可以解释生命是如何进化的，而且可以解释生命可能如何进化。前辈的荣耀，后人的挑战。这些正是道金斯式的“科学话语”的标志性特征。

后人的挑战，也是自我挑战。《普适达尔文主义》一文在系统地评述了伟大的德国－美国进化生物学家恩斯特·迈尔（Ernst Mayr）所指出的6种有可能作为备选方案的进化理论（进化论只是其中一种）的基础上，大胆假设、严格求证，提出了普适达尔文主义学说。更进一步来说，这一举奠定了全新的“进化太空生物学”的学科基础。对自己充满激情的事业展现出雄心壮志，这也许不算罕见；对科学理论永远坚持严格求证的态度，也许也不太罕见。但对自己从事的事业进行客观的、批判性的审视，或许就比较罕见了。像道金斯这样无比苛刻地对自己最热爱的事业进行求证更是极其罕见。那么，这样做有什么回报吗？无疑是拥有辩护律师式的绝对自信，即相信自己已经极其有力地证明了：

> 从原则上说，达尔文主义……是我所知道的唯一力量，可以指导复杂适应性（adaptive complexity）方向上的进化。它在我们这个星球上是有效的。困扰其他五种理论的那些缺点不会影响它，我们也没有任何理由怀疑它在整个宇宙中的有效性。

当然，在达尔文提出进化论的时候，人类还没有发现基因，更别说确定自然选择的对象了。本辑中的《复制者生态学》一文最先发表于一本向迈尔致敬的文集，它在20世纪关于自然选择的层次的大辩论的背景下讨论了进化问题，证明基因就是生命系统中唯一的复制者。这篇论文的阐述极其清晰，堪称典范。而且，引人注目的是，这篇论文的核心在于通过剖析（迈尔与道金斯之间的）一个明显的分歧来确定什么是真实的、什么是虚幻的。道金斯经常这样做，目的是提出一个对于增进和细化理解非常重要的关键区别，从而在术语或表达方面存在差异的情况下揭示出至关重要的共同点。

本辑各篇论文反复强调的一个主题是：群体选择是绝对不可接受的。群体选择是指达尔文的理论可以应用于家庭、部落，甚至物种层次上的一种观念。《对亲缘选择理论的 12 种误解》一文是这场争论中的一篇杰作，也是学术上的“牧羊犬比赛”的产物。道金斯耐心而高效地用他的笔描绘了正确的学术道路所经历的一系列曲折。这篇论文是道金斯为一份专业期刊撰写的，涵盖的领域非常广泛，有人可能会担心它的内容非常枯燥乏味，但事实绝非如此。道金斯在这篇论文中的文笔神似道格拉斯·亚当斯（Douglas Adams），例如以下几句：“亲缘选择在今天的情况也是如此。我们不难想象这样一个画面：某个感觉敏锐的动物行为学家俯下身子、耳朵贴地，听到了某只动物发出的一声鸣叫，随后立即站起来，喜不自胜地昭告天下。早先，当这种新理论在解决新问题初获成功时，那些自以为大获全胜的人也是如此沾沾自喜。”当今有多少个撰写科学论文的科学家敢于这样写？同样极具“道金斯特色”的是这篇论文最后的“致歉”，道金斯在那里强调了他在文中表达的批判性解释的动机不是压倒别人的必胜之心，而是增进共同理解的渴望之情。科学的进步重于个人的胜利，从无例外。

吉莉恩·萨默斯凯尔斯

SCIENCE IN THE SOUL

05 论达尔文与华莱士携手发表的论文[1]

科学真理的性质决定了，要等有能力发现它们的人出现之后，它们才会被发现。而且，如果两个人分别独立地发现了某个科学真理，那么其内容必定是同样的。与艺术作品不同，科学真理不会随发现者的个性特征而改变。这既是科学的荣耀，也是科学的限制。如果这个世界上从来没有出现过莎士比亚，那么没有人会写出《麦克白》。与此相反，即使世界上从无达尔文，别人也会发现自然选择定律。事实上，历史上确实有这样的人，那就是阿尔弗雷德·华莱士。我们今天聚在这里，也正是因为这个原因。

1858 年 7 月 1 日，就是在这个演讲厅里，基于自然选择学说的进化论问世。毫无疑问，这是人类思想史上最有力、最深刻的思想。而且，提出这个思想的并不是一个人，而是同时有两个人。待会儿等我们休会后，我还会更加详细地说明这个过程。在这里，我想强调的是，达尔文和华莱士的伟大，不仅在于他们分别独立地提出了进化论，而且还因为他们在面对和协商发现优先权时共同展现出来的慷慨大度和光辉人性。在我看来，达尔文和华莱士不仅是带来伟大的科学发现的卓越智力的象征，也是最能够促进科学进步友好合作精神的象征。

哲学家丹尼尔·丹尼特曾经这样写道："如果要我决定向科学史上做出了伟大的思想贡献的那个人颁奖，我会选择达尔文，他的排名领先于牛顿和爱因斯坦等人。"我自己也说过类似的话，虽然我还不敢拿牛顿和爱因斯坦来做对比。我们在这里说的这种思想，就是基于自然选择的进化论。进化论不仅可以对生活的复杂性和优雅性给出人们普遍接受的解释，而且我还强烈地感觉到，从原则上看，它是唯一能够提供这种解释的思想。

不过，达尔文并不是唯一提出进化论的人。丹尼特教授和我说那番话时，应该用"达尔文和华莱士"来取代"达尔文"（我有强烈的理由这样做，而且我认为丹尼特也会同意）。我猜测，华莱士经常会遇到这类情况：从是否有利于自己的后代的基因的角度来说，他得到的结果不太有利。这部分是因为他一直非常慷慨大方。事实上，"达尔文主义"这个术语本身就是华莱士创造的，而且他经常用它来指称达尔文的理论。现在很多人之所以知道有达尔文而不知道有华莱士，一个重要的原因是达尔文在林奈学会的论文报告会结束一年后又出版了《物种起源》这部不朽名著。《物种起源》不仅阐述了达尔文和华莱士的（作为进化机制的）自然选择理论，它还为进化这个事实本身提供了各种各样的证据——后者必须通过一部篇幅不小的著作才能完成。

1858 年 6 月 17 日，收到华莱士的来信后，达尔文陷入了犹豫不决和痛苦的焦虑中，这个著名的故事想必大家都耳熟能详，我就不在这里复述了。我认为，在整个科学发展史上，当涉及科学发现优先权的争议时，这个例子是最值得赞赏、最值得效仿的一个榜样。这恰恰因为它没有真的发展成为一个争议。达尔文和华莱士非常友好地化解了争议，不得不说，这要归功于双方的慷慨大度，特别是华莱士的高风亮节。正如达尔文在他的自传中描述的：

早在1856年，莱尔（Lyell）就建议我把自己的观点完整地写出来，于是我马上开始动手写作，准备写一本书——它的篇幅比后来出版的《物种起源》还要长三四倍，可那也只是我以往收集到的材料的一个摘要。进展还算顺利，两年之后我完成了一半的内容。1858年夏天，当时身在马来群岛的华莱士先生给我寄来了他的一篇论文，题为《论物种的变种无限偏离其初始类型的趋势》。华莱士在这篇论文中提出了和我完全一样的理论，我不得不中途改变我的写作计划。华莱士先生说，如果我觉得他的论文还不错的话，请我把它送给莱尔去审阅发表。

在这种情况下，我同意了莱尔和胡克（Hooker）提出的建议，把我正在写的书稿的摘要和我于1857年9月写给阿萨·格雷（Asa Gray）的一封信，与华莱士先生的论文一起，发表在1858年的《林奈学会会刊》上（从第45页起）。我一开始不太愿意这样做，因为我认为华莱士先生可能会觉得这样做对他不公平。当时我还不知道他是多么大度和尊贵。我的书稿的摘要以及那封信都不是为了尽快出版而撰写的，所以内容并不是很成熟。华莱士先生的文章则写得非常好，对理论的表述非常清晰。我们一同发表的这些论文并没有引起多大的反响。我记得，只有都柏林大学的豪夫顿（Haughton）教授写了一篇评论，宣称我们的论文中所有新颖的地方都是错的，而没有错的地方则都是老生常谈。这说明，任何新的观点要想引起公众的注意，都必须用更长的篇幅加以解释不可。

达尔文显然过于谦虚了。他那两篇文章都在这个房间里被宣读过，它们都堪称阐释理论的文章的典范。华莱士的论文的论证也非常清晰，而且他的观点确实与达尔文的观点非常相像。没有人有任何异议，说华莱士的理论不是他自己独立得到的。在我看来，华莱士的论文需要结合他早前于1855年发表在《博物学年鉴和杂志》（*The Annals and Magazine of Natural History*）杂志上的另一篇论文来阅读。达尔文在那篇文章发表时就读过它了。事实上，也正是因为那篇论文，华莱士才进入了达尔文的“通信圈”，达尔文还曾让华莱士帮他收集一些标本。但奇怪的是，达尔文并没有在华莱士 1855 发表的那篇文章里看出华莱士已经成长为一个十足的达尔文式的进化论者了。我这样说的意思是，华莱士关于进化的观点与拉马克先生关于进化的观点相反。拉马克认为，所有现代物种都好比站立在同一架梯子的不同梯级上，当某个物种从较低的梯级上升到较高的梯级时，就变成了另一个物种。与此相反，早在 1855 年，华莱士就已经得到了一个清晰的树状进化图景，它与后来达尔文给出的那张著名的图解，也是后来的《物种起源》一书中唯一的一张插图非常相似。不过，华莱士在 1855 年发表的那篇文章中还没有谈到自然选择和生存竞争。

华莱士在 1858 年的那篇论文中讨论了自然选择和生存竞争，这些论述像闪电一般击中了达尔文。在这篇论文中，华莱士甚至也直接使用了“生存竞争”这个术语。华莱士还用了相当大的篇幅去阐明生物个体数量的指数型增长（这也是达尔文的另一个主要观点）。华莱士这样写道：

> 一种动物的生殖能力经常被认为是其种群数量繁多或稀少的主要原因，但是只要仔细观察各种事实，我们就会发现这两者之间没太大关系。即使是那些繁殖能力很弱的动物，如果没有什么限制的话，它们的个体数量的增加也是极其迅速的；但另一方面，我们这个星球上的动物的数量很显然是稳定的，或者……甚至还在不断减少。

华莱士由此推导出：

> 每年死去的个体的数量一定是极其多的，而且，既然每个个体的生存都必须依靠它自己，所以死去的那些个体一定是最弱的……

华莱士那篇论文的结语如果换作达尔文来写，可能也不会有什么两样：

> 猎鹰强有力的、伸缩自如的利爪——猫的爪子也类似——不是因为这

种动物有意愿就能长出来或变得更加强大的，而是来源于该物种中更早的、也许组织得还不太好的群体中已经存在的不同变种。那些拥有这些性状的个体总是能活得更长……即使是动物的躯体颜色也可以用同样的原理来解释。许多动物，特别是昆虫的躯体颜色，都非常接近它们栖息地附近的土壤、树叶、树枝等的颜色，这是因为，尽管某种昆虫可能在无数世代里产生各种各样的颜色，但是只有那些拥有适合躲避天敌的颜色的种群才能存活得最久。在这里，我们还发现了一个关于自然界中普遍存在的一种平衡的解释——动物在某些器官上的不足，总是能够通过其他器官的强大而有所弥补。例如，强有力的翅膀可以补腿脚虚弱无力之不足；行动敏捷快速可以补没有防卫武器之不足。事实证明，那些只有不足没有长处的动物是无法生存下去的。这个规律的作用，与蒸汽机中的高速离心控制器类似，能够检测出任何反常的性状，然后在它们还没有变得明显之前进行修正。

这个高速离心控制器的类比非常有力。我不禁想，达尔文说不定还会妒忌呢。

有的科学史专家说，与达尔文自己所持的达尔文主义相比，华莱士的自然选择学说并不那么“达尔文主义”。华莱士在谈到自然选择时，一直在使用“变种”这个术语，认为自然选择是在变种这个层次上起作用的。在前面引用的那一长段话里，他就采用了这种说法。还有一些科学史专家说，很显然，达尔文认为自然选择发生在个体层面，而华莱士则不同，他讨论的其实是今天的理论家们所抛弃的“群体选择”。如果华莱士所说的“变种”指的是地理上相互分隔开来的动物群体或种族，那么确实如此。在一开始的时候，我也这样怀疑过，但是在仔细地阅读了华莱士的论文之后，我发现事实并不是这样的。我认为华莱士所说的“变种”，和我们今天所说的“基因型”一样，等价于现代进化论者笔下的基因。因此，我认为在这篇论文中，华莱士所说的“变种”指的并不是（例如）猎鹰的一个地方性种群，而是指“拥有在遗传学意义上比通常的猎鹰更加锋利的爪子的那些鹰”。

如果我的看法是对的，那么达尔文也受到了同样的误解。达尔文在《物种起源》一书的副标题中用了“种族”这个术语，导致许多人错误地认定他支持种族主义。(《物种起源》的副标题是“生存竞争中优势种族之存留”，其实可以说是该书的另一个标题。）事实上，达尔文在这里所说“种族”，仍然是指“带有某种遗传特征的那些个体”，比如拥有强有力的利爪的猎鹰，而不是指地理位置上的不同的种群（例如印度冠鹰）。如果达尔文指的是后者，那么他也难逃支持群体选择的嫌疑。但我确信，达尔文和华莱士都不赞同群体选择理论。基于同样的理由，我也不认同“华莱士的自然选择学说不支持达尔文”的说法。

至于说达尔文剽窃华莱士的指控，则完全是胡扯。有充分的证据可以证明，达尔文确实早在华莱士之前就开始思考自然选择理论了，尽管他并不是最先公开发表关于自然选择学说的论文的那个人。我们有他 1842 年的论文摘要、1844 年的长篇论文，这两者与 1857 年他写给阿萨·格雷的信（这封信在 1858 年在林奈学会上宣读过，我们今天在这里集会就是为了纪念那一天）有力地证明了他的优先权。至于达尔文为什么要耽搁这么长时间，一直都不发表他的观点，则是科学史上的难解之谜之一。有的科学史专家说是达尔文怕因此受到宗教迫害，还有的科学史专家则说达尔文担心政治后果。或许，一切只是因为达尔文是一个完美主义者。

在收到华莱士的来信的那一刻，达尔文非常吃惊——站在今天的角度看，我们可能会认为并没什么道理。在写给莱尔的那封信中，达尔文这样说道：“我从来没见过如此令人震惊的巧合：如果华莱士曾经看过我写于 1842 年的手稿，那么他这篇短文可以说是好得不能再好的一个浓缩版。他所用的术语竟然是我文章中的章节的标题。”

这种巧合还表现在，他们两人都受到了马尔萨斯的《人口论》的启发。达尔文自己曾解释过，马尔萨斯对人口过多和竞争的强调对他产生了直接影响。在自传中，达尔文这样写道：

> 那是1838年的10月，也是我开始进行系统研究之后的第15个月，出于消遣的目的，我偶然读到了马尔萨斯的著作《人口论》。长期以来，我一直在持续观察动物和植物的习性，对于无处不在的生存竞争非常了解，因此马尔萨斯的理论马上触动了我，我想到，在这些条件下，更适合的变种更可能被保留下来，而不适合的则会被淘汰。结果将会是新物种的形成。就这样，在那个时候，我终于有一个理论可以入手了。

华莱士阅读马尔萨斯的著作后获得“顿悟”的时间则要更久一些，但也更有戏剧性。当时，华莱士滞留在马六甲群岛的特内特岛（Ternate）上，他患了疟疾，发着高烧，然后突然如醍醐灌顶：

> 我当时正忍受着一阵接一阵的高烧的打击，在冷热交替之际不得不在床上连躺几个小时。在那种情况下，我心思飘荡，只能想一些自己觉得特别有趣的东西……
>
> 有一天，我忽然想起了马尔萨斯的《人口论》，想到了他对那些“限制人口增长的因素”的透彻分析——疾病、意外事故、战争以及饥荒。这些因素使得野蛮社会的人口数量大大低于文明社会的平均人口。然后，我就想到了……

在此基础上，华莱士给出了他自己关于自然选择的清晰透彻的分析。

除了达尔文和华莱士之外，还有一些人似乎也有资格成为争夺基于自然选择学说的进化论的优先提出者的候选人。当然，我在这里说的并不是进化思想本身。有进化思想的先驱者太多了，例如伊拉斯莫斯·达尔文（Erasmus Darwin）就是其中一位。仅就自然选择学说而言，在维多利亚女王时代，许多人都声称还有两个人有资格参加这场发现优先权争夺赛。这种情况也不难理解，就像当莎士比亚作品的著作权出现争议时，培根主义者往往会变得特别亢奋一样。这两个人一个是帕特里克·马修（Patrick Matthew），另一个是爱德华·布莱斯（Edward Blyth）。此外，查尔斯·达尔文还提到了 W. C. 韦尔斯（W. C. Wells）。马修曾抱怨达尔文忽视了他，而且达尔文在《物种起源》后来的版本中也真的提到了他。以下这段话引自《物种起源》第五版的序言：

> 1831 年，帕特里克·马修先生出版了一本题为《船用木材和树木栽培》（*Naval Timber and Arboriculture*）的著作。在这篇著作中，他提出的关于物种起源的观点……与华莱士先生和我在《林奈学会会刊》上提出，并在本书中扩展的思想相同。不幸的是，马修先生的上述观点分散在一篇关于不同主题的论文附录的多个段落中，因此直到马修先生本人后来直接在《园丁纪事》（*Gardener's Chronicle*）一书中提到了这一点，才引起了我的注意……

与爱德华·布莱斯（由洛伦·艾斯利为之张目）的情况一样，我认为马修并不是真的理解自然选择的重要性。我在这方面拥有很多证据，可以证明如下观点：在达尔文和华莱士之前的这些所谓的先驱，都将自然选择视为一种纯粹的负面力量，其作用是清除掉无法适应环境的弱者，而不是完成生命的进化（事实上，这种错误观念的背后不难窥见现代创造主义思想的影子）。因此，我很怀疑：如果马修真的清楚自己发现的理论有可能是人类有史以来最伟大的思想，又怎么可能将其散乱地“埋藏”在一本讨论船用树木栽培的书中？在面临优先权争议的时候，有谁会选择像《园丁纪事》这样的书来声明自己的权利呢？毫无疑问的是，华莱士非常清楚自己的发现的重大意义。

当然，达尔文和华莱士也不是在所有问题上都能保持一致。进入耄耋之年后，华莱士一度痴迷于唯灵论（尽管达尔文体格健壮，但他没能活到华莱士那么大的岁数），而且从相当早的时候开始，华莱士就怀疑自然选择理论是否可以解释人类特殊的心智能力。不过，他们之间更主要的冲突体现在对“性选择”问题的看法上，而且这种冲突直到今天仍在产生影响——正如赫莲娜·克罗宁（Helena Cronin）在她的著作《蚂蚁和孔雀》（*The Ant and the Peacock*）中所描述的。华莱士曾经说过这样一句话："我比达尔文本人更'达尔文'。"在华莱士看来，自然选择是一个无情的"功利主义者"，他不能忍受达尔文用性选择去解释鸟类拥有漂亮尾羽和艳丽毛色的进化。华莱士认为，达尔文的这种做法并不是无懈可击的。华莱士说："我每次看到孔雀尾巴上的羽毛时都会觉得恶心。"与华莱士不同，达尔文则接受了性选择理论，并且成为它的热情拥护者。雌性动物在选择雄性伴侣时在"美学"方面的奇思妙想或心血来潮的冲动，足以解释孔雀的尾巴和类似的"奢侈"装饰。华莱士讨厌这种性选择，事实上，除了达尔文之外，几乎所有人都与华莱士持有同样的看法。不过坦白地说，在许多时候，这完全是对于女性的歧视。在这里，不妨引用一句赫莲娜·克罗宁的话：

> 有几个权威学者更甚，他们直接强调了女性"臭名昭著"的性情，说她们喜怒无常。例如，米瓦特（Mivart）说："这就是说，女性（雌性动物）的任性和不稳定性决定了，它们的选择行动不会导致恒定的变化。"戈德斯（Geddes）和汤姆森同样持有阴暗的歧视女性的观点，他们认为，"从人类经验来看，女性偏好的持久性几乎是不可验证的"。

当然，华莱士不接受性选择理论并不是因为他歧视女性。华莱士只是强烈地感觉到，女性的心血来潮并不构成对进化变化的恰当解释。在克罗宁看来，自华莱士以来已经形成了一个以华莱士的名字命名的思想流派，其余脉直到今天仍然绵延不绝。"华莱士主义者"偏好对明亮色彩的功利化解释，而"达尔文主义者"则认为女性的心血来潮可以作为一种解释。现代的华莱士主义者同意，可以把孔雀尾巴以及其他类似的亮丽的器官视为吸引雌性动物的广告，但他们认为雄性动物所发出的是关于自身品质的广告。一只拥有硕大的漂亮尾羽的雄性鸟类动物可以向雌性同类表明，自己是"品质很高"的雄性。相比之下，达尔文主义的性选择理论的观点则是，硕大的漂亮尾羽是雌性鸟类动物所珍视的，除了明艳的色彩、漂亮的外形之外，并不具有额外的目的。雄性拥有它，就是因为雌性喜欢它。选择有外表吸引力的雄性鸟类动物的雌性鸟类动物会生出有吸引力的“雄性”，从而又能吸引下一代“雌性”。而华莱士主义者更严格地坚持着色必定意味着某种有用的东西的假设。

我在牛津大学的同事汉密尔顿就是一个典型的华莱士主义者。他认为，性选择中涉及的性状本身就是身体状态的标志，因为它们能够显示雄性动物的健康状况是好还是坏。

对于汉密尔顿所持的华莱士主义思想，我们可以这样表述：选择有利于那些变成了熟练的“兽医诊断专家”的雌性，同时也有利于那些使自己更容易被偏爱的雄性（或者说身上长出了更加醒目的“温度计”和“血压计”的雄性）。对于汉密尔顿来说，极乐鸟的长尾巴是这样一种适应——更便于雌性对雄性的健康状况做出判断（好还是坏？）。良好的一般诊断的一个例子是腹泻的易感性。长长的、肮脏的尾巴是一种健康状况不佳的信号，而一条干干净净的尾巴则相反。尾巴越长，卫生“徽章”就越显眼——无论身体状况是好是坏。很显然，只有当雄性的健康状况良好时，这种诚实才能使特定的雄性个体受益。但是，汉密尔顿和其他新华莱士主义者都找到了一些巧妙的论证方法和论据，[2] 证明自然选择一般来说有利于佩戴诚实徽章的动物，尽管在特殊情况下，诚实也会带来痛苦的后果。新华莱士主义者认为，自然选择之所以有利于长尾巴，就是因为这是身体健康状况的标志：无论是健康还是不健康（后者看上去似乎有矛盾，但是理论性的数学模型确实成立）。

达尔文学派——性选择论者在现代也大有人在，而且有着自己的代表人物。20世纪上半叶，现代达尔文主义性选择论者沿着费希尔开辟的道路，构建了许多数学模型，证明了（同样颇具悖谬性）雌性的心血来潮支配的性选择可能导致一个失控的结果，即尾巴或其他性选择的特征偏离其功利主义的最佳状态。这一类理论的关键在于现代遗传学家所称的“连锁非均衡”（linkage disequilibrium）。当雌性选择了拥有长尾巴特征的雄性时，它们的后代就会继承母亲的“心血来潮”基因和父亲的长尾巴基因。雌性心血来潮式的冲动无论如何任意，两性的联合选择都会导致（至少在你利用数学模型进行理论推理时）雄性长尾巴的进化和雌性对长尾巴的偏好的进化失控，所以一些物种的尾巴可能会变得非常长，甚至长得荒谬。

克罗宁优雅精练的历史分析表明，在性选择这个领域，达尔文（主义）和华莱士（主义）的对立，在两位主角离开人世之后仍然延续到了今天。特别令人欣喜的一点是——这一点应该可以让这两位伟人都觉得欣慰，性选择理论中的达尔文主义一派和华莱士主义一派，特别是它们的现代形式，都包含了一个强大的悖论因素。两者都能够预测令人惊讶的、甚至是令人觉得荒谬可笑的“性广告”。我们在大自然中也观察到了这些，孔雀的长尾巴只是其中一个著名的例子。

我认为，达尔文和华莱士分别独立提出的思想是人类思想史上的伟大成就之一。接下来，我将讨论这个思想的普适性，并以此结束本文。在我的第一本书的开头，我这样写道：

> 一个星球上的智慧生物，只有它开始思索自身存在的原因时，才能算为成熟。假设来自外太空的高级生物莅临地球，为了评估人类文明的水平，他们可能会提出的第一个问题是：“他们有没有发现进化规律？”30多亿年以来，我们这个星球上始终存在着各种各样的活生物体，但是对于生命为什么会存在，从来没有人知道。直到后来，终于有一个人搞清楚了真相，他的名字叫达尔文。

更准确的说法是“两个人”，即华莱士与达尔文，这样更公平一些（虽然戏剧性的程度要低一些）。不过，无论如何，在这里且容我阐述一下普适的进化论观点。

我认为，达尔文和华莱士的基于自然选择的进化论不仅是对我们这个星球上的生命的解释，而且还可以用来解释一般的生命。我愿意给出如下“预测”：如果我们在宇宙的其他地方发现了生命，那么无论这种生命在细节上与地球上的生命有何差异，最重要的那个原则都不会不同，那就是，任何生命的进化机制都大致相当于达尔文和华莱士的自然选择机制。

但是我不太确定，究竟怎样才能将这个较强的观点恰到好处地表达出来。[3]不过我完全有信心，较弱的版本肯定成立，那就是，在自然选择理论之外，再也没有其他可行的理论被提出来过。更强的形式则是，除了自然选择理论之外，我们再也不可能提出其他可行的理论。今天在这里，我先围绕较简单的形式展开讨论，它仍然有着惊人的影响力。

自然选择理论不仅解释了我们所知的生命的方方面面，它还是如此有力、优雅和经济。这是一个反映了人类思想的最高成就的理论，一个真正配得上它所针对的问题的重要程度的理论。

达尔文和华莱士也许不是第一个提出这种思想的人，但他们确实是最早全面深刻地理解了进化问题的人，也是最早理解与这个问题相对应的答案的重要性的人。他们“独立地共同提出了”进化论。这个理论彰显了他们作为科学家的最高成就。他们在协商优先权时表现出来的慷慨大度，则彰显了他们作为人类的最高品质。今天有幸来帮助庆祝他们的共同成就，是我最大的荣幸。

SCIENCE IN THE SOUL

06 普适达尔文主义[1]

基于统计学上的证据，人类普遍相信，在浩瀚宇宙之中，生命已经出现过很多次了。无论来自外太空的生命的外在形式如何千差万别，仍然可能存在某些对所有地方的所有生命来说都至关重要的共同原则。我认为，其中最突出的一个原则，应该就是达尔文主义。达尔文的基于自然选择的进化论不只是一种仅能解释地球上的生命的存在和形式的“地方性理论”；相反，它很有可能是唯一能够对我们认为与生活有关的一切现象都给出充分解释的理论。

在这篇论文中，我关注的不是其他行星的各种细节。我不会推测，构成外星生命的基本生物化学物质是不是基于硅链结构的，也不会推测它们的神经生理学特征如何。我在这里所采用的普适的宇宙视角，核心就是将达尔文主义对地球上的生物学的重要意义加以戏剧化的扩展，而且选取的例子也主要来自地球生物学。当然，同时我还认为，“外太空生物学家”在对外星生命进行猜测时，应该更多地采用进化推理。他们的论著大多汲汲于推测“外星人”怎样生活，却很少去推想外星生命可能会怎样进化。因此，你可以将我这篇论文视为对达尔文主义自然选择理论对宇宙中的生命的普遍意义的一个论证，也可以将其视为对“进化太空生物学”这门新学科的一个初步论证。

说到底，恩斯特·迈尔所说的“生物学思想的成长”，其实主要是达尔文主义战胜其他关于生命存在的备选解释的一连串故事。保证这种胜利的主要武器通常被认为是证据。拉马克主义理论之所以被认为是错误的，主要是因为它的假设从事实角度看是错误的。用迈尔本人的话来说：“如果接受拉马克的前提假设，那么作为一个关于适应性的理论，拉马克的理论与达尔文的理论同样合理。然而不幸的是，事实证明，这些前提假设是无效的。”不过，我认为我们还可以说得更绝对一些：即使接受拉马克的前提假设，作为一个关于适应性的理论，拉马克的理论也不像达尔文那样合理。与达尔文的理论不同，拉马克的理论从原则上说无法完成我们认为一个关于适应性的理论应该有能力完成的任务——解释有组织的、适应性的复杂生命体的进化。我还认为，除了自然选择理论之外，所有关于进化机制的理论都没有比拉马克的理论好到哪里去，因为达尔文主义是建立在一个更安全的基座上的，那不是仅仅依靠事实就能实现的。

刚才我说到，各种关于进化的理论都要面临能不能完成我们要求它们完成的解释任务的考验，你可能会问，这里所说的任务是什么？每个人心目中的答案都可能不一样。例如，有些生物学家对“物种问题”感到兴奋，而我自己从来没有产生过把这个问题当作一个“奥秘”来看待的热情。对于有些人来说，任何一个关于进化的理论的主要内容都必定是对生命多样性的解释，即所谓的分支进化学。而其他人则致力于提出理论去解释观察到的基因组分子结构的变化。我不会试图让所有人都放弃自己的观点，转而支持我的观点。我所能做的，就是明确地摆出我的观点，然后给出清晰的论证。

我同意约翰·梅纳德·史密斯的观点，即任何关于进化的理论的“主要任务都是解释复杂适应性，即解释威廉·佩利（William Paley）用来论证一定存在一个创造者的证据的一系列事实”。我有时候会想，像我这样的人也许会被贴上“新佩利主义者”的标签，又或者会被称为“改宗的佩利主义者”。因为我们同意佩利的观点，即复杂适应性需要一种非常特殊的解释：或者是佩利所说的那个大写的设计者，或者是引入自然选择，让它来完成设计者的工作。[2] 事实上，复杂适应性很可能就是生命本身是否存在的最佳鉴别性状。

作为生命的鉴别性状的复杂适应性

如果你在宇宙的任何一个地方发现了这样一种东西——它的结构非常复杂，外观呈现出为某个特定的目的而设计出来的强烈特征，那么我们就可以判断这种东西是活着的（有生命的），或者是曾经活过的，又或者是由活着的其他东西制造出来的。化石和文物就应当包括在内，因为无论在哪个星球上发现它们，我们都可以把它们视为生命（曾经）存在的证据。

复杂性原本是一个统计学上的概念。一个复杂的事物，等同于一件在统计学上不可能发生的事情，即成为现实的先验概率极低的事物。一个人全身有 10^{27} 个原子，将这么多的原子组成一个东西的可能方式显然多得不可思议。在所有这些可能的方式中，只有极少数会被认为是组成人体的正确方式。但是，这种极低的先验可能性并不是根本所在。任何已经存在的原子的配置都是后验的、唯一的，从事后来看是“不可能的”。因此，在所有可能的组织这 10^{27} 个原子的方式中，仅有极小一部分有可能构成保持自身存在并复制自身的那类机器。那些活着的东西，不仅从事后的角度来看在统计上是不可能的，而且这种统计上的不可能还受到了设计的先验约束的限制，因此，它们是“自适应地”复杂的。

“适应主义者”这个术语最初是一个贬义词。用理查德·路翁亭的话来说，“适应主义者”是指这样一种人，他们“在没有进一步的证据的情况下，就直接假定生物体在形态、生理和行为上的所有方面的特征都是对它们面临的问题的‘自适应最优解’”。我在其他地方已经对路翁亭的这个定义给出了回应。在这里，我暂且将自己当成一个更弱意义上的适应主义者：我认为生物体在形态、生理和行为上的所有特征都是它们解决问题的适应性方法。这一点是无可争议的。同样的道理，一位动物学家可以专门从事脊椎动物研究，那并不会剥夺无脊椎动物生存的权利。我之所以只关注这种无可争议的适应性，是因为我将它们定义为我们在宇宙中任何地方可能发现的一切生命的工作鉴别性状，就像脊椎动物学家会特别关注脊骨一样，因为脊髓是所有脊椎动物的鉴别性状。我还需要一个无可争议的适应性的例子，在这里，我选择了“久经考验且备受尊崇”的眼睛，它将一如既往地为我的论证服务，就像它曾经为达尔文和佩利的论证服务一样。佩利曾说过：“就像我们通过对钟表的分析能够了解的一样，眼睛也提供了完全相同的证据：眼睛就是为了视物而创造出来的，正如望远镜是为了协助眼睛视物而创造出来的一样。它们都依托于同样的规律——光线的透射和折射。”

如果在另一个星球上发现了类似的仪器，则需要一些特别的解释。要么必须用存在一个神来解释这个宇宙，要么必须用存在某种“盲眼”的物理力量来解释宇宙，而且这种“盲眼”的物理力量还必须以某种特殊的方式进行配置，而无生命物体则不需要如此。

经过海水的不断冲刷而抛光成形的透明鹅卵石，也可以作为镜头来使用，帮我们观察真实的物体。但是，它成为一种有效的光学设备这个事实并不是特别有趣，因为与眼睛或望远镜不同，它太简单了。要解释它，我们不会觉得需要援引任何类似于设计概念的东西。眼睛和望远镜都有很多个组成部分，而且所有的组成部分都需要相互配合，以便实现特定的最终功能。抛光的鹅卵石所拥有的相互适应的特征则要少得多：只要有透明度、高折射率和将石头表面抛光成适当的曲面形状的物理力量的偶然组合，也就足够了。反对这种观点的力量可能并不是特别强大，因此不需要什么特别的解释。

这里我们不妨比较一下统计学家对"*P*值"的处理。[3]对于实验中观察到的某种效应，何种*P*值水平下的证据是可以接受的？这个问题一定意义上是一个主观判断题，其中的争议很大程度上取决于不同统计学家的不同口味——巧合程度要恰到好处，太大太小都会招致"不舒服"。但是，无论你是一个谨慎的统计学家还是一个大胆的统计学家，都会存在某种复杂适应性，它们的"*P*值"，它们的巧合程度之低，给人留下的印象非常深刻，以至没有任何人在做出存在生命（或者存在由活着的生物设计的文物）的判断时会有任何的迟疑。因此，我对生命复杂性的定义是，"这种程度的复杂性不可能仅因为单纯的巧合而出现"。就本文的目的而言，任何一个关于进化的理论都必须解决的问题可以表述为：生命的复杂适应性是如何出现的。

在出版于1982年的著作《生物学思想发展的历史》(*The Growth of Biological Thought*)一书中，恩斯特·迈尔列出了生物学史上曾经出现过的六个彼此有明确区别的关于进化的理论，这对我们的讨论非常有益。在本文中，我将用迈尔列出的这六个理论的名称来作为一些小节的标题。对于这六个理论中的每一个，我都不会问它有什么证据（无论是支持该理论的证据，还是证伪该理论的证据），相反，我只会问这样一个问题：这个理论从原则上来说能不能解释复杂适应性的存在。我将按顺序分别讨论这六个理论，然后得出结论：只有第六个理论，即达尔文主义的自然选择理论，能够完成上述任务。

理论1：日臻完善的内在能力或动力

对于现代人来说，这根本算不上一个真正的理论，因此我也不会花费笔墨讨论它。它完全是神秘主义的，没有解释任何东西，也没有假定要从什么假设开始解释。

理论 2：用进废退，再加上获得性状遗传

为了便于讨论，我将把这个理论分解为两个部分来剖析。

（1）用进废退

用进废退是人们观察到的一个事实：在这个星球上，生命体有时会因为不断的训练而变得能够更好地适应环境。例如，经常锻炼的话，肌肉往往会更发达、更强健；热切地朝着树梢生长的枝条可能会变得更修长。我们不难想象，如果这种后天获得的改进在某个星球上可以被纳入遗传信息，那么就有可能导致适应性进化。人们经常将这种理论与拉马克的观点联系起来，在本节和下一节中，我将对拉马克主义给出两个一般性的理论上的反对意见。由于我之前就已经阐述过这两种反对意见了，因此在这里只对它们进行简单的概括。首先，所谓的用进废退原则是有很大的缺点的。

问题在于，用进废退原则所能提供的适应是简陋和不精确的。例如，眼睛这样的器官在进化过程中必定会发生进化改进，但它们的改进真的能够通过“用进废退”实现吗？“使用”能提升透镜的透明度吗？不能，在你使用眼睛的时候，光子不会把它“清洗”干净。透镜和其他光学部件必须在进化过程中逐步减小其球面和色差，这能够通过增加使用来实现吗？当然不能。不断重复使用可能会强化虹膜的肌肉细胞，但是不能建立起控制这些肌肉的精密反馈控制系统。一味地用彩色光束对视网膜进行轰击，并不能促进敏感于各种色彩的锥体的形成，也不能将它们的输出连接起来，从而产生色觉。

达尔文主义自然选择理论则可以充分解释所有这些改进。视觉准确度的任何改善，都会显著地影响个体的生存机会。对于一只快速飞行的鸟儿来说，球面像差的任何微小的变动都可能救它一命，因为错误地判断障碍物的位置将是致命的。眼睛

的分辨率对锐化的色彩细节的任何细微改善，都可能极大地增加鸟儿发现擅长伪装的猎物的机会。遗传基础的任何改善，无论多么微小，都将在基因库中占据主导地位。选择与适应之间的关系是直接、紧密的。而拉马克主义者的理论依赖于一种非常粗糙的耦合规则：一个动物对自身的某个部分的使用越频繁，那么这个部分就应该长得越大。这个规则只在某些情况下有效，在一般情况下则不然。如果用雕塑家手中的工具来做比喻，我们可以将自然选择比作一只锋利精密的凿子，而用进废退则最多可以比作一把钝斧。这个结论是普遍成立的，不依赖于我们这个星球上的生命的某种具体事实。对于获得性状遗传论，我们同样可以提出类似的质疑。

（2）获得性状遗传论

获得性状遗传论的首要问题在于，获得的性状并不总是一种改进。我们确实没有理由认为所有获得性状都能带来改进，事实上，绝大多数获得性状都是不利的。这不仅是地球生命面对的事实，更是一个普遍的"真理"。如果你已经有了一个复杂的、适应性很高的系统，那么你做的可能会导致它运行得不怎么好的事情的数量，必定远远大于你做的可能会导致它改进的事情的数量。拉马克式的进化，只有在存在某种可以有效地将那些改进性的获得性状与其他获得性状区分开来的机制的情况下，才可能朝着适应的方向前进。而这种机制只能是选择，只有改进才能被印刻（imprint）于种系当中。

康拉德·洛伦兹曾经强调过学习行为的一个特点——它也许是最重要的一种获得适应，尽管他当时并不是在讨论拉马克主义。动物在自己的一生中能够学会变得更好，比如它能学会吃甜食，从而提升自身的生存机会。[4]但甜味本身并没有什么营养，因此必定要有某种东西——自然选择，在神经系统内建立这样一个规则：将甜味当成一种奖赏。这个规则是有效的，因为自然界不存在糖精，而存在糖。

这类原则也适用于形态特征。经常受到磨损的脚会变得更加坚韧、更加厚实。

皮肤的增厚是一种获得性适应，但是变化为什么会发生在这个方向上？原因并不直观。在人造机器中，容易受到磨损的部件会变薄而不是变厚，为什么脚部皮肤的变化却相反？从根本上说这是因为过去的自然选择已然发挥作用，确保了脚的皮肤对这种磨损的适应性反应，而不是不利于适应的反应。

这种情况与所谓的拉马克式进化的相关性表现在，即使真的存在一个拉马克式进化的表面结构，其下也必定存在一个深层的达尔文式的根基：在所有可以获得的潜在性状当中，关于哪一个性状是真的获得并遗传下去的，必须进行达尔文式的选择。拉马克式的进化机制是无法“承担”起自适应进化的“根本责任”的。即使获得的性状在某个星球上能够被遗传下去，进化仍然依赖于达尔文式的选择来指明适应方向。

理论 3：环境直接诱导了进化

正如我们在上文中已经看到的，适应是有机体与环境之间的契合。毫无疑问，可以想象的有机体的集合要比实际存在的有机体的集合更大。同样，可以想象的环境的集合也要比实际存在的环境的集合更大。这两个子集在某种程度上是相互匹配的，这种匹配就是适应。我们也可以说环境中的信息被表达在了有机体之内。在一些情况下，这种说法在字面意义上也成立，例如，我们说一只青蛙的背上有它自己的环境的“照片”。当然，动物携带环境信息这种说法通常不能在字面意义上理解：一个训练有素的观察者通过解剖新发现的动物，就可以重建它生存的自然环境中的诸多细节。[5]

现在的问题是，信息是怎样从环境进入有机体的？洛伦兹认为有两种方式，一是通过自然选择，二是通过强化学习。但这两种方式都属于广义上的选择过程。[6]在理论上，还有另一种方式：环境可以通过直接发出“指令”将信息印刻到生物体内。有人认为，关于免疫系统如何工作的一些理论对此很有“启发性”：据悉，抗体分子是直接以自己周围的抗原分子为模板来确定自己的形状的。目前来看，最有根据的理论仍然是自然选择。在这里，我把“指令”（instruction）与迈尔所说的“环境的直接诱导”（理论3）视为同义。显然，在这一点上，理论3与理论2并不总是能明确区分开来。

发出“指令”也是信息直接从环境流入生物体的过程。我们可以将模仿学习（imitation learning）、潜在学习（latent learning，或称内隐学习）和印刻视为这种“指令”的一些实例。不过，为了保证清晰明白，我们最好还是运用一个假想的例子来说明。请想象一下，某个星球上有这样一种动物，它能够用类似于老虎的条纹来伪装自己。假设这种动物生活在该星球的干燥地区，那里有长长的干草，当地草叶的厚度和间距与这种动物的条纹相吻合。在地球上，这种适应是通过随机遗传变异的选择来实现的，但是在假想的星球上，它是通过直接的“指令”来实现的。这种动物的肤色在“太阳”下会变成黄褐色，除非它们的皮肤因为被草叶所遮蔽而有所变色。因此，这种动物的身体表面的条纹对环境的适应必须非常准确：不仅要适应原先的古老栖息地，而且要适应它们当前的、会受到“太阳”光照射的栖息地，后者也就是它们必须生存于其中的栖息地。这种动物的种群能够自动根据当地的草地的情况实现这种伪装。因此，与栖息地有关的信息——草叶的间隔模式，就这样流入了动物体内，并且以皮肤的色彩间隔图案的形式体现了出来。

这种“指令”型适应如果要引发永久性或渐进性的进化，就要求获得性状必须是可遗传的。这就是说，某一代动物收到的“指令”必须被动物牢牢“记住”，存入遗传信息（或等价的某种信息）。这个过程原则上是累积性和渐进性的。然而，我们必须保证这种“遗传仓库”不会因为世世代代的积累而过载，因而也就必定存在某种机制，以丢弃不需要的“指令”、保留所需要的“指令”。我认为，这一点必定会引导我们得出这样的结论：某种选择过程依然是必不可少的。

假设存在这样一种类似于哺乳动物的生物，它有一条粗壮的“脐带神经”，使得“母亲”能够将自己的全部记忆都“注入”胎儿的大脑。（这种技术甚至有可能应用于人类的神经系统：胼胝体可以从右半球向左半球分流大量信息。）有了这种脐带神经，每一代生物就可以将自己的经验和智慧自动传递给下一代，这似乎是一个非常可取的安排。但如果不存在某种选择性的过滤器，信息负载很快就会变得难以承受——只需要几代人，信息就会爆炸。我们不得不再一次依赖于某种选择机制。关于这一点，相信我已经阐述得非常充分了。接下来，我想再指出“指令”型适应的另一个问题（我的论述同样适用于所有拉马克式的深化理论）。

这个问题的要点在于，关于自适应的两大主要进化理论（自然选择理论和“指令”进化理论），分别与关于胚胎发育的两个主要理论——渐成论（epigenesis，或译“后成论”）和预成论（preformationism）存在着逻辑联系。[7]“指令”型进化学说只有在接受预成论胚胎学的前提下才能成立。如果胚胎的发展是“后天渐成”的——在我们这个星球上就是如此，那么“指令”型进化就无法进行。

简单地说，如果获得性状是可遗传的，那么胚胎发育过程就必定是可逆的：表现型的变化必定能够被回读到基因中（或某种等价的东西中）。如果胚胎发育是预成性的，即基因是一张真正的蓝图，那么它就可能是可逆的，就好比将一幢房子重新还原成一张蓝图。但如果胚胎发育是一种表观遗传现象，就像我们这个星球上这样，那么遗传信息更像是一份食谱（例如如何制作蛋糕），而不像一幢房子的蓝图，这是不可逆的。在基因组和表现型之间不存在一对一映射——它们之间的映射会比蛋糕碎片和菜谱的字词之间的映射更加整齐。菜谱不是蓝图，是不能用蛋糕重建的。我们可以根据食谱制作出蛋糕，但是这个过程不能倒转过来。身体发育的过程也是一样。因此，在胚胎发育是一种表观遗传现象的任何一个星球上，获得的适应性不可能被回读成“基因”。

当然，这样说并不意味着，在某个星球上不可能存在胚胎发育是预成性的生命形态。这完全是另外一个独立的问题。这种可能性有多大？如果是真的，那么这种生命形式与地球上的生命形式必定有很大的不同，所以我们现在很难想象它到底是什么样的。至于可逆的胚胎发育过程，那就更加难以设想了。也许会有这样一种机制：对成年生命体的身体进行巨细无遗的扫描，把所有信息都记录下来。例如，在上面那个假想例子中，这可能是这样一种机制：把皮肤上所有因受阳光照射而形成的条纹的确切位置都记录下来，然后将之转换成线性的代码流，正如现在的电视和摄像机的工作原理那样。胚胎发育过程中会再次将这些扫描结果读取出来，就像电视接收机一样。我有一个直观的预感：我们可以从原则上对于这种胚胎学提出有力的反驳，但是我在这里无法给出详细的阐述。[8]就目前而言，我只需指出一点就足够了：如果所有行星都被分成了两类，一类是胚胎发育是预成性的，另一类是胚胎发育是静观遗传性的（像地球上这样），那么达尔文式的进化在这两类行星上都可能发生；而拉马克式的进化，即使暂且不考虑所有怀疑其可行性的原因，也只能在胚胎发育预成的行星上发生——如果这种行星真的存在的话。

理论 4：跃变论

进化论的伟大之处在于，它用“盲目”的物理力量，而不用诉诸超自然力量或神秘力量，就解释了适应性的无可争议的存在，尽管这种适应性的统计不可能性是极其显著的。有人可能会问，既然我们将一个无可争议的适应定义为一个太过复杂因而不能基于偶然原因而出现的适应，那么进化论又怎么可以仅援引这种“盲目”的物理力量呢？答案——达尔文主义的答案，简单得令人震惊。事实上，佩利的“神圣的钟表匠”理论对他的同时代人有多么不言自明，我们这个理论对当代人就有多么不言自明。关键在于，配套的各个部件不必一次全部组装完毕，它们可以分成若干个阶段依次组装起来，事实上也确实要分多个小阶段。否则，我们就会再一次回到开始时的问题上去：复杂性如此之高的东西，不可能是偶然创造出来的，但它们究竟是怎么创造出来的？

还是以眼睛为例。眼睛是一个包含了大量必须相互适应的独立部件的器官，我们现在不妨假设它的部件的数量为 N。N 个部件的任何一个，因偶然原因而出现的先验概率都很低，但并不一定非常低——大体上与透明的鹅卵石在海水的冲刷下变成透镜的概率相当。因此，在这 N 个适应中，任何一个适应本身都有可能是在盲目的物理力量的作用下形成的。如果这 N 个相互适应的部件自身都具有某种轻微的优势，那么这个由大量分散的部件组成的器官在长时间的进化过程中是有可能组装起来的。对于眼睛这个器官来说，这似乎尤其合理——考虑到这个器官在创造主义者的万神殿中的荣耀地位，这一点颇有讽刺意味。眼睛是一个特别优异的器官，也是器官的一部分优于完全没有器官的很好的例子。即使没有水晶体，甚至没有瞳孔，眼睛仍然可以察觉到捕食者的阴影。

达尔文主义对复杂适应性的解释的关键在于，用逐分逐寸的、边际扩展的运气代替瞬间发生的、偶然巧合的、所有维度的运气。运气当然非常重要，这一点不用怀疑。但将运气视为主要步骤的理论，肯定比认为运气在若干个小阶段上分散地逐步扩展的理论更加难以置信。这样也就引出了普遍适用于宇宙生物学的一般原则。无论宇宙的复杂适应性出现在什么地方，都必定是通过一系列小的改变逐渐形成的，而从来不会是通过巨大的、突然增加的复杂适应性实现的。[9] 因此，我们必须拒斥迈尔列出的第四个理论——跃变论，它不是解释复杂适应性的进化的适合候选者。

对这种理论的拒斥几乎不可能引发任何争议。事实上，复杂适应性的定义本身就隐含了，有可能替代渐进式进化的只能是超自然的魔法。当然，这样说并不意味着，有利于渐变主义的论证只是毫无价值的同义反复、一种不可否认的教条。（创造主义者和哲学家很喜欢下这种断语。）一只全新的眼睛由一小片从未裸露在外的皮肤从头进化而来，绝对不是逻辑上行不通的事情，只不过这种可能性在统计上可以忽略不计。

经常有人重复宣称，许多现代进化论者已经拒绝了“渐变主义”，他们还强调说，这些现代进化论者支持约翰·特纳（John Turner）所称的跃变式进化论（theories of evolution by jerks）。需要指出的是，这些人都是没有神秘主义倾向、懂得合理推理的人，全都属于我在这里所说的渐变主义者，因此，他们所反对的“渐变主义”的定义必定有所不同。事实上，这里出现了双重的语言混淆，我在下面将依次进行澄清。第一重混淆是间断均衡论（punctuated equilibrium）与真正的跃变论之间的一般性混淆。[10] 第二重混淆是，没有搞清楚两种在理论上明显不同的跃变论之间的区别。

间断均衡论不同于大突变论（macro-mutation），与传统意义上的跃变论更是两回事。在这里还是有必要专门提出来讨论一下，因为很多人都误以为它是跃变论的一个变体，而且持这种观点的那些人援引了赫胥黎对坚持“自然从不飞跃”（Natura non facit saltum）原则的达尔文的批评。[11] 因此，间断均衡论往往被描述为激进的和革命性的，与达尔文主义和新达尔文综合的“渐变论”假设相反。事实却是，间断均衡最初只是正统新达尔文综合理论针对古生物学时代做出的一个预测而已。只要我们认真考虑一下它的嵌入式异域物种形成的思想，就不难看出这一点。它采纳了新达尔文综合所说的“庄严的展开”，然后插入了长时间的停滞（这种停滞与渐进性的、快速完成的进化的短暂爆发间隔出现），从而实现了“跃变”。

这种“快速渐变主义”的合理性，戏剧性地通过莱迪亚德·斯特宾斯（Ledyard Stebbins）构造的一个思想实验得到了验证。[12] 他假设存在这样一种老鼠：以不可思议的缓慢速度逐渐进化出了较大的体形，但是在连续两个世代之间，体形大小的差异被抽样误差完全“淹没”了。然而，即使是在如此缓慢的速度之下，按照斯特宾斯的方法估计，这种老鼠的体形也将在大约 6 万年内增大到与大象一样。而在古生物学中，6 万年其实是一段非常短的时间，通常会被古生物学家认为是“一瞬间”。某种特定的进化变化，微观进化论者可能因为它发生得太慢而无法观察到，宏观进化论者则可能因为它发生得太快而无法观察到。[13] 古生物学家认定的一个“跃变”，实际上很可能是一种平缓的、渐进的变化，它是如此缓慢，以至于对微进化者来说根本无法察觉。这种古生物学上的跃变与发生在同一代内的大突变毫无关系——我认为，赫胥黎和达尔文在争论“自然到底是不是从来不会飞跃”的时候，所指的其实是后者。之所以会出现这种混淆，很可能是因为某些支持间断均衡论的人，同时也支持大突变（这是顺理成章之事），于是导致其他间断均衡论者或者将自己的理论与大灾变论混淆起来，或者明确地将大灾变当成间断均衡的其中一个机制。

我们后面再讨论大灾变论或真正的跃变论。我想澄清的第二重混淆就发生在有些人可能会想到的两类大突变之间。我可以直接将它们命名为“跃变（1）”和“跃变（2）”，但是这样会很难记，因而我还是采用以前很喜欢用的飞机型号隐喻，将它们分别称为“波音 747 型跃变”和“加长麦道 DC-8 型跃变”。“波音 747 型跃变”是一种不可思议的跃变，这个名字源于弗雷德·霍伊尔爵士（Sir Fred Hoyle）的一个被广泛引用的隐喻，尽管他是出于对达尔文主义的误解而给出这个隐喻的。霍伊尔爵士将达尔文主义的自然选择与龙卷风进行了类比：一场龙卷风过后，垃圾场上堆着的各种部件被组装成了一架波音 747（霍伊尔爵士所忽略的当然是在各个小步骤中被“抹掉”的运气——详见上文）。相比之下，“加长麦道 DC-8 型跃变”则完全不同：从原则上说，它一点儿也不难以置信。它指的是某些生物指标大幅度的突然变化，同时适应性信息并没有发生伴随性的大幅增加。这个名字源于这样一种飞机：它是通过直接延长原有机型的机身而不是增加新的复杂性而建造的。[14] 从麦道 DC-8 客机到加长麦道 DC-8 客机可以说是一个巨大的变化，这是一种跃变，而不是渐进的一系列微小的变化。但是，与前面那种从垃圾堆到波音 747 客机的变化不同，这种变化的信息内容或复杂性并没有大幅增加。我这个类比要强调的就是这一点。

“加长麦道 DC-8 型跃变”的一个例子可以这样表述。假设长颈鹿的脖子是在一个特别“壮观”的突变步骤中突然长出来的。在上一代，父母双方都只拥有标准鹿类长度的脖子，然后它们生下了一个长有现代长颈鹿那样的超长脖子的怪胎，然后所有的长颈鹿都是从这个怪胎繁衍而来的。这种事情在地球上不太可能真的发生过，[15] 但是宇宙之大，无奇不有，这样的事情确实有可能发生在宇宙中的某个地方。从原则上说，我们不能否认这种可能性。在这个意义上，它构成了对上述波音747客机隐喻（像眼睛这样复杂的器官，也可能通过一次突变就直接从皮肤变化而来）的一个深刻的反对意见，关键的区别在于何种复杂性。

我们假设，从羚羊的短脖子到长颈鹿的长脖子的变化并不意味着复杂性的增加。可以肯定的是，这两种脖子本身都是非常复杂的结构。你不可能一步就从没有脖子走到有脖子（任何一种脖子），那是一种“波音747型跃变”。但是，一旦羚羊的脖子这种复杂组织存在，那么长颈鹿的脖子就只是一种延伸：在胚胎发育的某个阶段，所有各种东西都必须要发育得很快，而原有的复杂性则得以保留。当然，在现实中，如此剧烈的变化很可能会产生有害的结果，从而导致这类大突变无法存续下去。现有的羚羊的心脏可能无法将血液泵到新出现的长颈鹿的头部。对于“加长麦道DC-8型跃变”的这种反对意见，显然有利于我所支持的渐变主义。尽管如此，我仍然想提出一个独立的、更一般的证伪“加长麦道DC-8型跃变”的证明。

我们或许可以说，对“波音747型跃变”与“加长麦道DC-8型跃变”进行区分在实践中是不可能实现的。说到底，“加长麦道DC-8型跃变”，例如，导致长颈鹿的脖子突然变长的大突变，其实可能非常复杂，所涉及的肌群、椎骨、神经、血管等所有组织都必须同时大幅延长。那么，为什么不能把“加长麦道DC-8型跃变”也视为“波音747型跃变”，从而将它排除掉呢？尽管这种“共同适应”确实经常被认为是任何一种进化论都要面对的问题，而不仅是强调大突变的进化论的问题，但是只有当我们对发育机制采取一种过于僵化的、毫无想象力的观点时，才会是这样。我们都知道，单一的突变就可以协调器官的许多不同部件的生长速度发生变化，只要我们思考一下发育过程，就会发现这一点并不算非常令人惊讶。突变会导致果蝇在本应该长出触须的地方长出一条腿，而且这条腿带着所有应有的复杂性。这种情况既不神秘，也不令人惊讶，它不是一个“波音747型跃变”，因为在这个突变发生之前，腿的组织就已经存在于体内了。无论在哪里（就像在胚胎发育过程中），我们都有一个分层分支的因果关系树，这颗“树”的一个高级节点的一个微小的变化就可能会对“树枝”的尖端产生很大和很复杂的影响。尽管变化的幅度可能很大，但是自适应信息并不一定会有很大、很突然的增加。如果你认为你在实践中发现了一个自适应复杂信息有很大、很突然的增加的特例，那么可以确定的是，自适应信息早就存在了，即使它是对较早的祖先的一种隔代遗传的“倒退”。

原则上说，对于跃变式的进化论，我们不能给出任何反对意见，即使是“有希望的怪物”理论（只要它属于“加长麦道 DC-8 型跃变”，而不是“波音 747 型跃变”），也是如此。受过良好训练的生物学家不会相信“波音 747 型跃变”，但并不是所有人都非常了解“加长麦道 DC-8 型跃变”与“波音 747 型跃变”的区别。由此导致的一个不幸后果是，创造主义者和他们在新闻界的同盟开始利用一些备受尊重的生物学家给出类似于跃变论者的观点。这些生物学家原本想讨论的可能是我在上面说的“加长麦道 DC-8 型跃变”（甚至是非跃变的间断均衡），但创造主义者所指的是我在上面说的“波音 747 型跃变”，而“波音 747 型跃变”确实是一个不折不扣的“幸运的奇迹”。

我还很怀疑，由于许多人不能很好地理解“加长麦道 DC-8 型跃变”与“波音 747 型跃变”的区别，导致达尔文本人也遭到了不公正的待遇。经常有人声称，达尔文过分拘泥于渐变主义；他们还说，如果可以证明跃变式进化确实存在，那么就可以证明达尔文是错的，这无疑是间断均衡理论被广为宣扬的一个重要原因。但是，达尔文真的反对一切“飞跃”吗？或者真相如我怀疑的一样，达尔文强烈反对的只是“波音 747 型跃变”？

正如我们在上面看到的那样，间断均衡与跃变无关。我认为有待澄清的是，达尔文会不会像有些人说得那样，因为对化石记录的间断均衡解释而觉得“不自在”。下面这段话出自《物种起源》的修订版本，看上去与现在的《古生物学》（*Paleobiology*）杂志上的论文没有什么区别：“物种发生改变所经历的时间以年来衡量的话非常漫长，但是与这些物种保持不变、不发生任何变化的时期相比，则可能非常短暂。”

我相信，如果我们充分考虑了“加长麦道 DC-8 型跃变”与“波音 747 型跃变”的区别，那么就能够更好地理解达尔文对渐变主义的偏爱。

也许这个问题的一部分还在于，达尔文本人并没有做出这种区分。在某些批驳跃变论的段落中，达尔文所针对的似乎是“加长麦道 DC-8 型跃变”。但是在那些段落中，他的反对意见并不是特别强烈。“关于突然的跃变，”他在写于 1860 年的一封信中这样写道：“我不反对它们，它们在某些情形下还会助我一臂之力。我可以说的无非是，我研究过这个课题，但是没有发现任何证据表明我应该相信跃变（可以作为新物种的一个来源）。而且，许多证据都指向了另一个方向。”从这段话来看，达尔文在原则上似乎并没有强烈反对“突然的跃变”。当然，如果他考虑的只是“加长麦道 DC-8 型跃变”，那么他本来就没有什么理由强烈反对。

但是在其他一些地方，达尔文对“突然的跃变”的反对非常激烈。我认为，在这些场合下，他考虑的是“波音 747 型跃变”。正如历史学家尼尔·吉莱斯皮（Neal Gillespie）所指出的：“在达尔文看来，‘怪物的诞生’作为钱伯斯（Chambers）、欧文（Owen）、阿盖尔（Argyll）、米瓦特等人从明确的神学和科学动机出发提出的一种学说，虽然同样旨在解释新物种如何出现、解释高级分类阶元如何产出，但是这种解释并没有比‘奇迹论’更好：对于有机体彼此之间的共同适应，有机体维持生命的物理条件，这种理论完全没有讨论过，也没有给出解释。”因此，这种学说实际上并没有解释任何东西，其科学价值不比声称一切都是用“地球上的尘土”创造出来的创造主义更高。

我认为，假设达尔文所针对的是“波音 747 型跃变”，那么他对“巨大的跃变”的明显敌意就不难理解了。很可能，这就是当时他正在考虑的，因为这正是他的许多对手所持的观点。跃变论者，如阿盖尔公爵（尽管可能不是赫胥黎！）之所以愿意相信“波音 747 型跃变”，正是因为它需要超自然的干预。而达尔文之所以不相信，也恰恰是出于同样的理由。

我认为，只有通过这种解读，达尔文的这句非常有名的话才可以被正确理解：“如果有人发现了任何一个不可能经过大量连续的、微小的变化得到的复杂器官，那么我的理论肯定就是错的。”这并不是在乞灵于渐变主义（在许多现代古生物学家使用这个术语的意义上）。达尔文的理论当然是具备可证伪性的，但是以他的聪明才智，怎么可能让自己的理论如此容易被证伪！说到底，达尔文为什么要信奉这样一种有极大限制性的进化论呢？我认为，他显然不是信奉这种进化论。达尔文对“复杂”这个术语的用法似乎有点儿作茧自缚。对于达尔文这段文字，古尔德说它“明显是无效的”。是的，如果达尔文所说的连续的、微小的变化的对立面是“加长麦道 DC-8 型跃变”，那么这段话确实是无效的。但是，如果达尔文脑海中的对立面是“波音 747 型跃变”，那么他这段话就有效和明智的。达尔文的理论确实是可证伪的，而且在我们引用的这段话中，他押注在了可能会被证伪的一种进化方式上。

总之，我们可以说存在两种可以想象的跃变，一种是“加长麦道 DC-8 型跃变”，另一种是“波音 747 型跃变”。“加长麦道 DC-8 型跃变”是完全可能的，而且正在实验室和农场中发生，它可能已经对进化做出了重要贡献。[16]“波音 747 型跃变”则不同，除非有超自然力量的干预，否则“波音 747 型跃变”在统计上是完全可以排除的。在达尔文那个时代，跃变论的支持者和反对者在争论时，都会将“波音 747 型跃变”考虑在内，因为他们相信或反对“神的干预”的存在。达尔文强烈反对“波音 747 型跃变”，因为他看到了，对于复杂适应性的解释，自然选择论是神创奇迹论的唯一替代者。而在当下，人们所说的跃变或意味着间断均衡（这其实根本不是跃变），或意味着“加长麦道 DC-8 型跃变”，而对于这两者，达尔文原则上都不会强烈反对，最多只是对相关的事实心存疑虑。因此，如果放在现代语境中，我认为达尔文应该不会被归类为强硬的渐变主义者，他肯定会表现得相当开明。

正是在强烈反对“波音 747 型跃变”的意义上，达尔文是一个充满激情的渐变主义者；也正是在同样的意义上，我们必定都是渐变主义者。不仅对地球上的生命来说是如此，而且对整个宇宙中的所有生命来说也是如此。在这个意义上，渐变主义本质上与进化同义。我们可能是非渐变主义者这种说法的含义也不再那么激进了，但仍然值得一提。在电视以及其他一些地方，通过“跃变”实现进化的理论被大张旗鼓地宣扬为激进的和革命式的，还被说成了“范式转变”，但事实并非如此。一方面，如果说它是革命性的，其实这种“革命”（支持“波音 747 型跃变”）是错误的，而且显然不是最初支持通过“跃变”实现进化的理论的那些人所持有的观点。另一方面，如果说这种理论是正确，那么它并不具备太多“革命性”的意义。在“跃变式”进化这个领域，你必须做出选择：或者支持“革命性”的理论，或者支持“正确”的理论，但是你不能同时选择两者。

理论 5：随机进化

随机进化理论其实是一组理论，这个家族的不同成员会在不同时期流行起来。20 世纪早期，一批“突变论者”——德·弗里斯（De Vries）、W. 贝特森（W. Bateson）和他们的同事们认为，自然选择只能清除有害的“怪物”，进化的真正动力来自突变压力。除非你认为突变是由某种神秘的“生命力量”所引导的，否则就非常明显，你只有在完全忘记复杂适应性的情况下才可能是一个突变论者。换句话说，你只有忘记了进化的大部分有意义的后果时才可能是一个突变论者！而且，对于历史学家来说，这可以说是一个令人疑惑的谜团——为什么像德·弗里斯、W. 贝特森、T. H. 摩根（T. H. Morgan）这样的杰出生物学家，也会热衷于这个明显无法自足的理论呢？仅说德·弗里斯被他自己对月见草的研究蒙蔽了双眼显然是不够的。他只需要看看自己身体的复杂适应性，就会发现“突变论”是一个错误的理论，毫无成功的机会。

这些后达尔文主义时代的突变论者，同时也是跃变论者和反渐变主义者。尽管迈尔把它们归到了“随机进化理论”这个类别下面，但我在这里批驳的观点则更为根本。这些突变论者实际上认为，不需要任何选择，突变本身就足以解释进化。如果不借助神秘化的突变观念，这就是不可能成立的，无论是渐变论者还是跃变论者都不例外。如果突变是没有方向的，我们显然无法解释进化的适应方向。如果突变以适应性为方向，那么我们就有权追问这究竟是如何发生的。拉马克主义的用进废退学说尽管不正确，但还是在解释如何引导变异的方向上进行了勇敢的尝试。“突变论者”甚至没能看到这里面存在问题，这也许是因为他们严重低估了适应的重要性——当然，他们并不是最后一批这样做的人。今天，我们在重读贝特森否定达尔文主义的话语时，仍然可以感到一阵阵刺痛：“大多数人现在都看到了，在自然选择引导下通过某些不可想象的步骤完成大多数种群的转变，这完全不符合事实，以至于我们只能……对这种理论主张的倡导者表现出来的糊涂惊叹不已。”

如今，某些种群遗传学家称自己为“非达尔文主义进化论”的支持者。他们认为，进化过程中发生的基因替代，有许多是彼此无关的等位基因之间的非适应性替代。这在宇宙的某个地方可能是真的，但是很显然，即使真的如此，也对解决复杂适应性的进化问题没有任何帮助。至于现代的中立主义者，他们已经承认，他们的理论不能解释适应，但奇怪的是他们似乎仍然认为这种不能解释适应的理论是有意义的。真是萝卜白菜各有所爱！

“随机遗传漂变”（random genetic drift）这个术语通常与休厄尔·赖特（Sewall Wright）这个名字联系在一起。事实上，赖特对于随机遗传漂变与适应之间的关系的看法比我之前提到过的其他人还要微妙得多。赖特的理论不属于迈尔所列的第五类理论，因为他明确地指出，（自然）选择是适应性进化的动力。随机遗传漂变可能会使得自然选择更加容易完成自己的使命（因为随机遗传漂变有助于脱离局部最优解），但是决定复杂适应性出现的仍然是自然选择。[17]

古生物学家在对“随机种系发生”进行计算机模拟时，已经得到了一系列令人着迷的结果。在模拟实验中，进化时间上的随机游走所产生的趋势，与真实的趋势惊人地相似，而且很容易诱使我们把它们解读为随机种系发生的适应性趋势，尽管它们并不存在，这是令人不安的。然而，这并不意味着我们可以直接用随机遗传漂变来解释实际的适应趋势。相反，这可能意味着，在我们认为是适应性趋势的那些过程中，其中一部分是太过草率和可笑的。当然，这并不会改变有些趋势确实具有适应性的事实——我们在实践中并不一定能正确地将它们识别出来，而且这些真实存在的适应性趋势是不能通过随机遗传漂变产生的。它们必须通过一种非随机力量而产生，那很可能是选择。

现在，我们终于可以讨论迈尔列出的第六种关于进化的理论了。

理论 6：通过自然选择对随机变异施加方向（确定其顺序）

据我所知，达尔文主义自然选择是唯一可以指导复杂适应性方向上的进化的力量——它们的“表现型”效应，对随机变异的复制实体的非随机选择。它在我们这个星球上始终有效，而且不会受到困扰其他五种理论的缺陷的困扰。我们也没有理由怀疑它在整个宇宙中的有效性。

达尔文式进化的一般方法中的“主成分”是这样的：复制某种实体，并在复制成功中发挥某种表现型的“力量”。我把这些必要的实体称为“活跃的种系复制者”或“最优解”。在概念上将它们的复制与它们的表现型效应区分开来是很重要的，尽管在某些行星上，这两者在可能会出现混同。我们可以把表现型适应性视为复制者传播的工具。

古尔德贬低了这种复制者视角下的进化论，而过分地强调了“记账”的重要性。他这个隐喻从表面看上去赏心悦目：把伴随着进化的遗传变化看作记账条目，即“会计师”对外界真正有意思的表现型事件的记录。然而，在深入思考之后，我们就会发现事实恰恰相反。对于达尔文式（而不是拉马克式）的进化来说，最核心和必不可少的一点是，必须存在从基因型到表现型（而不是方向相反）的因果逻辑。基因频率的变化不是表现型变化的被动记账记录：恰恰是因为它们积极地引发了表现型变化（并且在这个范围内），才有可能出现表现型的进化。如果无法理解这种单向流动的重要性，[18] 或者将这种单向流动过度诠释为没有弹性的、不会偏离的“遗传决定论”，都会导致严重的错误。

在适用于整个宇宙的普适视角下，我还要强调“一次性选择”和“累积性选择”之间的区别。在非生命世界，秩序可能来自一些可以被描述为“退化的选择”的过程。海边的鹅卵石在海浪冲刷下完成了分类——较大的鹅卵石会与较小的鹅卵石分开。我们可以认为，这是从最初随机的无序状态中“选择”出了一种稳定的配置。同样，对于行星沿着各自的轨道“和谐”围绕着恒星运转、电子围绕着原子核运转、晶体的稳定形状、气泡和液滴的平衡……甚至可能是我们所在的宇宙的多维性，都可以给出同样的解释。但是，这种选择全都是一次性的，不会产生累进性进化，因为不存在复制，也不存在世代之间的遗传。复杂适应性需要许多世代的累积选择，每一代发生的变化都建立在以前发生的变化的基础之上。在一次性选择中，稳定状态可能出现并得以保持，但是它不会繁殖，没有后代。

而在有生命的世界里，任何一代之内的选择都是一次性的，类似于沙滩上的鹅卵石的排序。生命的特殊性在于，连续多代的选择是可以渐进性地、累积性地构建出各种结构的，当这些结构最终变得足够复杂时，就会使观察者产生“一定存在某种设计”的强烈错觉。一次性选择是物理世界中最常见的，无法产生复杂适应性。累积选择则是生物世界的标志，我认为它是一切复杂适应性背后的根本动力。

未来普适达尔文主义的其他科学课题

活跃的种系复制者及其表现型后果，构成了生命普适性的“总菜谱”，但是系统的具体形式则可能在不同行星之间呈现出很大的差异——无论是对于复制实体本身，还是对于它们赖以保证自身生存的“表现型”，都是如此。事实上，正如莱斯利·奥格尔（Leslie Orgel）所指出的，“基因型”和“表现型”之间的区别有时是模糊不清的。

复制实体也不一定是DNA或RNA，甚至不一定非得是有机分子。即使是在我们这个星球上，DNA本身也可能是较晚才出现的“篡权者”，取代了无机晶体复制者。我们或许还可以说，今天的选择是在几个层次上同时进行的，例如，在基因的层次上、物种的层次上或谱系的层次上，以及在文化传播单位的层次上。[19]

普适达尔文主义的完整科学可能还会考虑到复制者超越了它们的具体性质和被复制的时间尺度的某些方面。例如，它们“微粒化”（与“混合”相对）的程度对进化的影响，可能比它们具体的分子性质或物理性质更加重要。同样，对全宇宙的复制者进行分类时，我们凭借的可能更多的是它们的维度和编码规则，而不是它们的大小和结构。DNA是一个由数字编码的一维数组。我们还可以想象二维矩阵形式的“遗传”代码，甚至可以想象三维代码，尽管学习普适达尔文主义的学生可能会搞不清楚这样的代码应该如何“读”取。（当然，作为一个分子，DNA的三维结构决定了它如何复制和转录，但是这一点并不能使它成为三维代码，因为DNA的含义取决于符号的一维有序排列，而不是它们在细胞中相对于彼此的三维位置。）除数字代码之外，模拟代码也值得在理论上加以研究，这类似于纯粹模拟的神经系统会引发的理论问题。[20]

至于复制者影响自身生存的力量的表现型“杠杆”，我们已经过分习惯于将它们与离散的生物体或“工具”捆绑在一起进行处理，以至于忘记了存在着更发散的体外表现型或扩展表现型的可能性。事实上，即使是在我们这个星球上，也存在着大量可以解释为扩展表现型的有趣适应。从一般的理论角度来说，我们还是应该讨论离散的有机体，它们有着周而复始的生命周期，这是任何高级复杂适应性进化过程的必要条件。这个课题在普适达尔文主义的完整阐述中理应占有一席之地。

另一个值得充分讨论的候选课题可能是我所称的复制者谱系的分化、趋同或重组。就地球上的 DNA 的情况而言，趋同是由性过程以及其他相关的过程造成的。在这种情况下，在物种内趋同的 DNA 是在最近的分化之后发生的。现在学界还提出了另一种不同的趋同，它可能发生在很久以前就分化的谱系之间。例如，有证据表明，鱼和细菌之间存在着基因转移。在地球之外的其他行星上，复制谱系可能会允许在不同的时间尺度上出现多样化的重组。在地球上，种系发生的“河流”则几乎是完全分化的。即使某些主要的支流在分化后又出现了重新配对，也只能通过涓涓细流实现交叉流动，就像鱼和细菌的例子那样。当然，在物种内部，性重组促成了大量分化和趋同组成的“三角洲”——需要强调的是，这种情况只能发生在物种内部。也许，宇宙中存在一些行星，在那里，“遗传”系统允许在所有层次上发生更多的“串联”，从而形成一个巨大的、肥沃的“三角洲”。

前面几段也许有幻想成分，我还没有充分考虑它们对合理性的影响。但是我的一般立场很明确：对宇宙中的生命的任何猜测都必须有一个限制。如果某种生命形式呈现出了复杂适应性，那么就说明其必定拥有能够产生复杂适应性的进化机制。无论具体的进化机制如何千差万别，如果不存在关于整个宇宙的生命的其他一般性理论，那么我敢打赌，宇宙生命将总是可以被识别为达尔文式的生命。达尔文主义的规律可能与物理学的伟大规律一样普遍适用于整个宇宙。

写在后面

在这篇文章一个尾注中，我承诺将会回过头来讨论所谓的“诗意的科学”(poetic science)。斯蒂芬·古尔德沉溺于自己的修辞手法，听任读者将三种完全不同的不连续性混淆在一起：大突变、大灭绝和快速渐变。它们之间没有什么共同之处，暗示它们彼此相关除了误导读者之外没有任何好处。同样，所谓的“诗意的科学”也存在类似的危险。古尔德的“诗意的科学修辞”的误导性造成的一个极端例子（甚至误导了专业的科学家），请参见本文集《评“亚拉巴马州插页”》一文的脚注。

我还怀疑，在一定程度上，这种“温和的食物”（mild gentle food）也困扰着医学。许多年前，我父亲患上了十二指肠溃疡，医生告诉他，要多吃牛奶布丁和其他“清淡、绵软的”食物，而后来的医嘱并没有提到这些。我怀疑，较早的那种医嘱很可能源于牛奶与“清淡”“绵软”“温和”这些特质的某种“诗意的联系”，并没有什么实质性证据的支持。直到今天，如果你想减肥，人们还是会建议你不要吃黄油、冰激凌和其他脂肪含量高的食物，这种建议真的有扎实的证据支持吗？或者只是因为这些东西与“肥胖”一词有某种“诗意的联系”？

我喜欢积极意义上的“诗意的科学”，但是不要忘记，这个世界上有许多好诗，也有不少烂诗。

SCIENCE IN THE SOUL

07 复制者生态学[1]

今天，那些受过良好教育的人已经不再怀疑进化论（在美国，还有少数地方性学校的董事会要求学校给学生讲授神创论），也没有多少人怀疑自然选择的力量。自然选择不是进化的唯一动力和向导。至少在分子水平上，随机遗传漂变也是很重要的，但自然选择确实是唯一能够产生适应的力量。而当涉及会令人产生惊叹的“这不可能不是一种设计”的错觉的性质时，也没有什么能够替代自然选择。[2] 如果一个生物学家否认自然选择在进化中的重要性，那么我们就可以认定，这并不是因为他提出或支持另外的理论，而只是因为他低估了适应的重要性（作为一种需要解释的生命的主要属性）。这个判断无疑是不大可能出错的。也许，这位生物学家从未踏入过热带雨林，也从来没有在珊瑚礁上采集过标本，也没有观看过戴维·阿滕伯勒（David Attenborough）解说的纪录片。

当今世界，野外生物学家都非常重视适应。不过，历史并非总是如此。我的老师尼古拉斯·廷伯根（Nikolaas Tinbergen）在回忆自己年轻时候的经历时曾经这样写道：“我现在还清楚地记得，一位动物学教授提了这样一个问题：

‘有谁能够告诉我，为什么在受到天敌的攻击时，鸟儿反而会更加密集地聚集到一起？’我回答说，这对它们的生存有价值，但那个教授狠狠地斥责了我一顿，别提我当时有多不解了！”今天的学生感到困惑的更可能是，这位教授为什么会说自己的问题与生存价值无关呢？在廷伯根自己的学术领域——动物行为学，人们抱怨的是发生在另一个方向上的一面倒：对达尔文主义的生存价值的压倒性关注，抢占了对行为机制的研究的注意力。

我在大学里学习生物学的时候，每个学生都会收到警告：不要沉沦于一种被称为“目的论”的可怕罪恶当中。当然，这其实是在警告我们，必须反对的是亚里士多德的终极因（目的论），而不是达尔文主义的生存价值。然而这个警告仍然令我感到困惑不解，因为我从来不认为寻找终极因有什么吸引人的地方。任何人，即使是一个智力障碍者，也可以看出“终极因”根本不是一个原因，[3]那只是达尔文解决的那个问题的另一个名字。达尔文证明了如何通过可理解的有效原因产生终极因的错觉。他提出的解决方案，经过现代综合进化论各位巨匠（包括恩斯特·迈尔在内）的提炼，已经揭示了生物学中最深层的奥秘，也即弥漫于整个生命世界的（但不是非生命世界的）设计幻象的源头。

最强形式的设计幻象是针对身体形态和行为模式而发的，包括组织和器官、生物个体的细胞和分子。这在每个物种的个体身上都无一例外地表现了出来。但是我们在更高的层次——生态上，还可以注意到另一种设计幻象。设计似乎重新出现在了物种本身的“倾向”上，即在物种组织成群落和生态系统时、物种与物种在它们共同生活的栖息地中相互合作时。在热带雨林中、在珊瑚礁上……这些错综复杂的拼图中都出现了一种模式，它导致许多浮夸成性的学者大肆宣扬，如果一个组成部分被不合时宜地从整体上移除时就会发生灾难。

在极端情况下，这样的论调是带着浓厚的神秘色彩的。我们这个星球是地球女神的子宫，[4]所有的生命组成了“她”的身体，每个物种都是“她”的一部分。然而，抛开这种夸张修辞的蛊惑，可以想见群落层次的设计幻象也会很强，尽管不如生物个体内的那么引人注目，但也同样值得关注。在同一个地区生活的动物和植物会像手套适合于手那样相互适应——其相互契合的程度不亚于一只动物的某些器官与其他器官的关联。

猎豹拥有食肉动物的牙齿、食肉动物的爪子，还有食肉动物的眼睛、耳朵、鼻子和大脑，适合追逐猎物的腿部肌肉和适合消化肉类的肠胃。它的身体的各个组成部分就是为了“跳一场肉食者之舞”而被安排到一起的。这种大型猫科动物的每一条肌腱、每一个细胞都带着肉食者的印迹，我们可以肯定这种印迹一直深入到了它的生物化学构成中。羚羊身体的各个部分也是彼此统一的，但服务于与猎豹截然不同的生存路线。设计用来消化植物性粗粮的肠胃，与设计用来抓捕猎物的爪子和牙齿是不匹配的，反过来也是一样。假如存在混合了猎豹和羚羊的特点的某种动物，那么它肯定会在进化女神面前一败涂地。遗传技巧无法从一种动物身上剪切出来，粘贴到另一种动物身上去。只有在同一物种之内，不同的遗传技巧才可能兼容。

对于物种群落，我们也可以给出类似的说法。生态学家所用的语言就反映了这一点。植物是主要的生产者，它们从太阳中吸收能量，并通过一个由初级消费者、次级消费者，甚至三级消费者，以及最后的“食腐者”组成的链条，向群落中的其他生物提供服务。“食腐者”在群落中发挥的是“回收利用”功能。在这种生命景观中，每个物种都有自己的“角色”。在某些情况下，如果承担某个角色的“表演者”（例如“食腐者”）被清理出去了，那么整个群落都会崩溃。或者它的“平衡”会遭到破坏，整个群落出现大幅波动，出现“失控”状态，直到新的平衡重新建立起来。有时这种平衡需要通过让不同的物种扮演同样的角色来实现。沙漠群落与雨林群落有很大的不同，它们各自的组成部分不适合其他群落，正如食草动物的结肠与食肉动物的牙齿或狩猎本能无法很好地配合一样。珊瑚礁群落与海底群落不同，各自的组成部分不能互换。物种适应的是自己的群落，而不是直接适应特定的物理区域和气候。同一群落中的不同物种也会变得互相适应。群落中的其他物种是每个物种适应的环境的一个重要（也许是最重要的）特征。在某种意义上，生态系统中的其他物种就是另一种“天气”。但是，不同于温度和降雨量，其他物种本身也在进化。生态系统中的设计幻象是这种共生进化的一个非主观后果。

群落中各物种分别扮演各自的角色的和谐，类似于单个生物体的各组成部分之间的和谐。但这种相似性也带有一定的欺骗性，我们必须谨慎对待。我们不能因为诸如“谨慎的捕食者”之类可疑的概念，就坠入群体选择主义过分乐观的陷阱。[5]考虑到我的理论偏好，这样的说法令我齿根发酸，不过对有机体与群落进行这种类比并非完全没有根据。在这篇论文中，证明生物个体内存在一个“生态”正是我要实现的目的之一。我这样说并不是在重复现在常见的一种观点，即大型后生（多细胞）动物的体内存在一个细菌群落，包括线粒体和其他修饰细菌。事实上，我提出的是一个更加激进的主张：我们应该认识到，一个物种的整个基因库本身就是一个基因的生态群落。促使生物体各组成部分之间和谐共处的力量，与促使生物群落中出现不同物种之间和谐共处的力量，两者之间不无相似之处。就前者而言，热带雨林中存在着平衡，礁石生物群落中存在着结构。就后者而言，动物体内存在着各个组成部分之间的啮合，它们共生进化、相互适应。当然，在这两种情况下，平衡的单位都不是达尔文主义的选择单位，平衡都源于更低层级上的选择。并不是自然选择珍爱一个和谐的整体，相反，是各部分在彼此和谐共存的情况下蓬勃发展起来，于是整体和谐的表象也随之涌现了出来。

对于发生在个体层次上的事情，我想用前面提到的遗传学的例子来说明。表达食肉性牙齿的基因，会在一个包含了表达食肉性肠道和食肉性大脑的基因的基因库中“蓬勃发展”起来，不会在一个包含了表达食草性肠道和食草性大脑的基因的基因库中“蓬勃发展”起来。在群落层次上，缺乏食肉动物物种的地区可能会遇到类似于人类经济中的“市场空白”的情况。在这种情况下，进入该地区的食肉动物物种就会蓬勃发展起来。如果这个地区是一个没有食肉动物物种的偏远孤岛，或者最近一次大规模灭绝已经破坏了土地，造成了类似的“市场空白”，那么在没有外来食肉动物物种的情况下，自然选择将偏好那些能够改变习性的非食肉动物物种，随后，它们的身体也会改变，最终成为食肉动物。经过漫长的进化，部分杂食性动物或食草动物会进化为食肉动物。

食肉动物的“兴旺发达”依赖于食草动物的存在，而食草动物的“繁荣昌盛”依赖于植物的存在。反过来看，如果给定食草动物，植物能否“蓬勃发展”起来？给定食肉动物，食草动物能否“繁荣昌盛”？动物和植物的“兴旺发达”是不是依赖于以它们为食物的物种的存在？这种情况不会以某些生态活动家所说的那种直截了当的方式发生。没有生物会直接因自己被吃掉而受益。但是，比与自己竞争生存空间的植物更有生命力的植物确实能够因为食草动物的存在而受益。在这里起作用的是“敌人的敌人就是朋友”法则。同样的逻辑也可能适用于寄生虫的宿主和捕食者，虽然作用方式更加迂回一些。直接说群落“需要”寄生虫和捕食者就像北极熊需要肝脏或牙齿一样，仍然是有误导性的。不过，“敌人的敌人就是朋友”法则确实会带来同样的结果。在这个意义上，将物种群落视为一个平衡的实体可能是正确的——这种实体有可能因任何一个组成部分的消失而受到威胁。

这种意义上的群落——由因受益于彼此的存在而“兴旺发达”的更低层级的单位组成，在生物界非常普遍。但是，正如我在前面已经指出过的，我不想过多重复人们熟悉的观点——动物细胞是一个由数百种甚至数千种细菌组成的群落。我希望超越这种观点，这并不是在刻意淡化细菌共生的重要性。线粒体和叶绿体已经彻底整合到了细胞的日常机能当中，尽管我们才刚刚开始了解它们的细菌起源。线粒体对我们的细胞非常重要，我们的细胞对线粒体也非常重要。相关的基因是在我们存在的情况下蓬勃发展起来的，正如我们的基因是在线粒体存在的情况下蓬勃发展起来的一样。植物细胞本身是不能进行光合作用的。这种“化学魔术”是由细胞内的“移民工人”完成的，它们原来是细菌，现在则被称为叶绿体。以植物为食的动物（例如反刍动物和白蚁）自身在很大程度上无法消化纤维素，但是它们擅长发现和咀嚼植物。这样一来我们就可以说，这些动物充满了植物的肠胃中存在一个“市场空白”，而共生的微生物填补了这个空白。共生微生物拥有能够有效消化植物性食物所必需的生物化学“知识”，它们的寄生增进了宿主的利益。拥有互补技能的生物在彼此共存中蓬勃发展。

以上观点你也许早就耳熟能详了。我想表达的核心思想是，上述过程在每个物种自己的基因层次上也有镜像。一只北极熊、一只企鹅、一只鬣蜥或一只鳄鱼的完整基因组是一系列在彼此存在的前提下蓬勃发展的基因，而且这个让基因蓬勃发展的即时竞技场就在个体细胞的内部。而长期竞技场则是物种的基因库。给定有性生殖，基因库就是每个基因的“栖息地”，因为基因会一代一代地被重新复制并编码。

这也给了物种在生物分类层级中一个奇异的地位。没有人知道世界上有多少个独立的物种，但我们至少知道物种这个术语是什么意思——这在很大程度上源于恩斯特·迈尔的贡献。有人估计，地球上存在 3 000 万个独立的物种，对此人们有着很大的争议。也有人认为地球上的物种的总数只有 500 万个左右，目前也找到一些真实依据。答案到底是多少很重要。关于地球上有多少个属的争论，或者说是关于有多少个目、多少个纲、多少个门或界的争议，也许不会比地球上有多少个高个子的争论更有意义。因为这取决于你如何定义“高”“属”或“目”。但只要给定有性生殖，那么物种的定义就是超越了“个人品位”的，因而是有真正重要的含义的。根据物种的定义，同一个物种的成员可以交配，因此是同一个共享基因库的构建者。这就是说，一个物种可以被定义为一个群落，它们的基因共享最亲密的共栖场所——细胞核。世代交替，细胞核却可以长久流传下去。当一个亲代物种产生一个子代物种时（这通常发生在一段时间的意外隔离之后），新的基因库就形成了，它构成了一个新的竞技场，让基因间的合作得以发展。地球上一切的生物多样性都是通过这种分裂出现的。每个物种都是一个独一无二的实体、一个独一无二的相互适应的基因的集合——所有基因相互合作、构建出该物种的生物个体。

一个物种的基因库是通过一个独特的历史建立起来的供和谐合作者共栖的大厦。正如我在其他地方已经指出过的，任何一个基因库都是关于其祖先历史的独一无二的书面记录。这个结论看上去也许有点儿幻想的成分，但它是直接从达尔文主义的自然选择理论推导出来的。一个适应性强的动物的所有细节（包括生物化学细节）都反映了它的祖先的生存环境。通过一代代的自然选择，基因库不断被雕琢、不断被刻削，以便适应环境。从理论上说，任何一位知识渊博的动物学家，只要掌握了一个基因组的完整副本，就能够重建其祖先环境。在这个意义上，DNA就是对祖先环境的编码描述，一本“死者的传记”。也正因为如此，乔治·威廉斯（George Williams）对基因库下了一个非常简洁的定义：“一个基因库就是某个空间中长期存在的选择压力的移动平均水平的不完美记录，这个空间通常远远大于个体的扩散距离。”

一个物种的基因库就像一片热带雨林，在这个生态系统中，各种基因蓬勃发展。但是，为什么我要把这篇文章的标题定为“复制者生态学”呢？要回答这个问题，我需要回顾一下进化论发展历史上的一场论争，那也是雄辩的恩斯特·迈尔曾经卷入过的一场论争。论争的核心是自然选择的单位是什么，即自然选择是在生命层级的哪一个层次上发挥作用的？用理查德·亚历山大（Richard Alexander）的话来说：“适者生存中的适者究竟指什么？”恩斯特·迈尔和我都参加了这场论争，我们还分别选择了一个特定的术语——在他，是 Selecton；在我，是 Optimon，唯一的目的是提出这样一个问题：“我们会判断一种适应是否对某种实体有好处，那到底是什么实体？是对群体、个体、基因或整个生命体有好处，还是对别的什么东西有好处？”我的答案是基因，而恩斯特·迈尔的答案是有机体。正如我将证明的，这种分歧只是表面上的，而不是实质性的。只要排除术语方面的差异，这种分歧就会消失。当然，这只是一个猜测，但你不能说是我拉大旗当虎皮。接下来我将兑现我的承诺。

这场论争用了一种错误的开启方式——让人们在一架梯子的不同梯级之间做出

选择——最低一级是基因，从下往上依次为基因、细胞、生物体、群体、物种、生态系统。这个梯子隐喻的错误在于，与其他各个层次不同，基因其实属于一个完全不同的范畴。只有基因才是我所说的复制者，其他都只是复制者的工具或搭载的载体。对于必须给予基因特殊待遇的理由，威廉斯在1966年发表的论文中已经阐述得很清楚了：

> 表现型的自然选择本身不会产生累积性的变化，因为表现型只是极端临时性的表现。基因型也是一样……苏格拉底的基因也许仍然与我们在一起，但他的基因型不可能，因为减数分裂和重组会破坏基因型，就像死亡一样……只有通过有性繁殖过程传播的、减数分裂出来的基因型片段才有可能，并且这些片段在下一代还会因为减数分裂进一步碎片化。如果存在一个最终的、不可分割的片段，那么根据定义，它就是群体遗传学的抽象讨论中所称的“基因”。

现在，哲学家把这种立场称为“基因选择主义”，但是我很怀疑那种说威廉斯认为这是对正统新达尔文主义的个人选择的一种完全偏离的说法。他不会这么认为，我也不会。10年后，我在《自私的基因》和《延伸的表现型》这两本书中重申了威廉斯的上述立场并扩展了这个观念。我认为我们只是在澄清正统的新达尔文主义的真正含义。然而，许多批评者和支持者都误解了我们的观点，认为这是对达尔文本人的观点（生物个体是自然选择的单位）的一种攻击。我觉得，之所以会发生这种情况，是因为我们没有清晰地阐明复制者与载体之间的区别。当然，如果你所指的选择单位就是载体意义上的选择单位，那么选择单位就是生物个体（或至少是一个非常重要的选择单位），但它无论如何都不会是复制者。

复制者就是用来制作副本的东西。在这个意义上，生物个体不可能是复制者，个体的繁殖不是复制。即使是无性繁殖——克隆，也不是复制。这不是一个事实问题，而是一个定义问题。如果你对此有所怀疑，你就没有真正理解“复制者”这个术语的含义。

判断一个实体到底是不是真正的复制者有什么可衡量的标准吗？只需要搞清楚这类实体的缺陷的“命运”如何即可。一个生物个体，比如通过克隆繁殖的蚜虫或棒虫，只有当表现型中的缺陷（例如断肢）在下一代能够被表达出来时，才可能是一个真正的复制者。当然，克隆繁殖的蚜虫或棒虫都不是复制者。需要提醒读者注意的是，基因型中的缺陷，即突变，在下一代中会被复制。这种缺陷也可能直接在表现型中表现出来，但是被复制并不是表现型的缺陷本身。这一点与我们熟悉的性状的非遗传性原理别无二致——这个原理在分子层次上的版本就是人们所称的“克里克中心法则”（Crick’s Central Dogma）。

如果与某个复制者的性质相关的某种事物会影响复制的“熟练程度”，那么我就称该复制者是“活跃的”，这意味着这个有瑕疵的复制者与原型相比可能更加熟练或更加不熟练（在实践中，这是因为我们通常所称的“表现型效应”）。在任何一个星球上，达尔文式的真正的选择单位，都必定是一个活跃的种系复制者。在这个星球上，复制者恰好是DNA。

威廉斯在他的《自然选择》（*Natural Selection*）中又重新讨论了这个问题。他也认为基因与有机体不属于同一个层级：“对于这些复杂问题，最好是这样处理：不要把个体选择视为基因层次的选择之外的另一个选择层次，而要将之视为基因层次的选择的主要机制。”

威廉斯在这里所说的“基因层次的选择的主要机制”，其实就是他对我所称的“载体”的描述，而戴维·赫尔（David Hull）称之为“交互者”（interactor）。威廉斯对我所称的“复制者”的处理方法（也就是他把基因与所有“载体”区分开来的方法），是创造了一个新的术语“编码域”（codical domain），以区别于“物质域”（material domain）。编码域的一个例子是基因词典。基因所编码的信息无疑属于编码域，而基因的 DNA 分子中的原子则属于物质域。我可以想到的编码域的唯一候选人是“模因”（meme），例如能够自我复制的计算机程序，以及文化遗传单位。这也就是说，这两者都是活跃的种系复制者的候选人，以及假想的达尔文式的选择过程中作为基本选择单位的候选人。在任何一个达尔文式的选择过程中（无论是假设的还是真实的），生物个体都不可能是复制者的候选人。

到目前为止，我还没有就那些针对基因选择主义思想的批评给出适当的回应。在这些批评中，最令人担忧的批评恰恰来自恩斯特·迈尔本人。事实上，迈尔的这种批评在他对“豆袋遗传学”（beanbag genetics）[6]——“豆袋遗传学”是迈尔本人首创的一个挑衅性的名词，以及他在《动物物种与进化》（*Animal Species and Evolution*）一书中“论基因型的统一”那一章中的攻击中早有先兆。[8] 例如，在《动物物种与进化》一书中，迈尔声称：“无论从生理学的角度还是从进化论的角度来看，把基因作为独立的选择单位都毫无意义。”

迈尔的《动物物种与进化》文辞精美，向来是我的最爱，而且我也赞同“论基因型的统一”那一章的每一个字，上面引的那句话除外。对于那句话，我完全不能同意！

特别重要的一点是，我们必须将基因在胚胎发育中的作用与基因在进化中的作用区分清楚。不可否认，基因在胚胎发育中也有重要作用，但这与关于选择层次的辩论无关：在胚胎发育过程中，不同基因以不可分割的复杂方式彼此相互作用，不过，并不是所有的胚胎学家都会像迈尔那样夸张地强调：“生物体的每个性状都受所有基因的影响，同时每个基因都会影响所有性状。”

迈尔自己也承认，这种说法过于夸张了。我很高兴以同样夸张的姿态来引用它，因为即使这种说法是真的，也不会影响（哪怕在最低的程度上）基因作为选择单位的地位。复制者意义上的选择单位只能是基因。这听起来像是一个悖论，而解决方案实际上已经由迈尔自己给出了：“一个给定的基因的遗传环境不仅是给定的受精卵（那是基因的载体）的遗传背景，而且还是基因所属的当地种群的整个基因库。”

这确实是关键所在。每个基因都是因为它在环境中生存下去的能力而被选中的，我们自然会首先考虑外部环境，但是基因环境中最重要的元素是其他基因。这种“基因的生态”正是造成“统一的基因型”错觉的原因，尽管每个基因都是因为它自己（在其他基因存在的情况下）在性重组基因库中繁殖的能力而被选择的。我们绝不能因为基因组在胚胎发育中的作用是统一的，就说它在进化中的作用也是统一的，这是不正确的。迈尔的观点在胚胎学上是正确的，威廉斯的观点在进化论中是正确的，这里其实并不存在意见分歧。

SCIENCE IN THE SOUL

08 对亲缘选择理论的12种误解[1]

引言

亲缘选择理论现在已经成为一种时尚潮流。一般来说，当一种潮流兴起时，人们对这种潮流的态度往往会变得极端化。许多人急于跃上潮头，也有许多人反潮流而行之，这些都是正常的反应。亲缘选择在今天的情况也是如此。我们不难想象这样一个画面：某个感觉敏锐的动物行为学家俯下身子、耳朵贴地，听到了某只动物发出的一声喊叫，就立即站起来，喜不自胜地昭告天下。早先，当亲缘选择理论在解决新问题初获成功时，那些自以为大获全胜的人也是如此沾沾自喜。这种极端化状况的出现令人感到非常遗憾。许多人——无论是支持亲缘选择理论的人，还是反对亲缘选择理论的人，对亲缘选择理论都存在着一系列误解，这种状况进一步恶化了。在这些误解中，许多都源于对汉密尔顿的思想进行再阐释的尝试，而非源

> 于他原来的数学公式。我在这里列出了对亲缘选择理论的 12 种常见的误解。这些误解，我在其他人那里全都接触过，甚至我自己也曾产生过。接下来，我将用非数学语言描述这 12 种误解，并一一加以解释和回应。需要说明的是，这 12 种误解并未穷尽对亲缘选择理论的全部误解。例如，艾伦·格拉芬（Alan Grafen）已经撰文揭示了另外两个比较微妙的误解。对于下面列出的这 12 种误解，读者可以按任何顺序阅读。①

误解 1：亲缘选择是一种特殊的、复杂的自然选择，只有当“个体选择”被证明不够充分时才会被援引。

这种误解其实是一种逻辑谬误，但是我在上面提到的对亲缘选择理论的严重怀疑和强烈反对，大部分都可以归因于它。这种误解源于对自然选择理论的历史优先性与理论简约性之间的关系的混乱认识：“亲缘选择是我们最近获得的一种理论武器。多年以来，虽然没有这种理论，但我们在很多方面也一直干得相当不错，只有当仍然很不错的更老式的个体选择理论无法胜任时，我们才应该转而应用亲缘选择理论。”

需要强调的是，那个仍然很不错的更老式的个体选择理论向来都是把亲代对子代的照料包括在内的——那是为了提高个体的适合度的选择行为的一个显著后果。亲缘选择理论所补充的是，亲代对子代的抚育只是近亲照料的一种特殊情况。如果对自然选择的基因基础进行更加细致的研究，我们可以发现，个体选择是很简单的，而亲缘选择则是基因的差别化生存的简单的、不可避免的后果——从根本上说，基因的差异化生存就是自然选择。照料近亲（以放弃对远亲的照料为代价）这

① 本文标题为《对亲缘选择理论的 12 个误解》，但正文中缺失误解 8、误解 9 和误解 11，道金斯在本文注释中解释了相关原因，故详情参见注释部分。——编者注

种行为是完全可以从以下事实中预测到的：近亲有很高的机会传播“懂得”这种照料的基因，即基因会关心自己的副本。照顾自己和自己的孩子，而对旁系近亲则采用亲疏有别的照顾，这是很难通过一个简单的遗传模型来预测的。我们必须援引额外的因素，例如，假定后代比旁系亲属更易于识别或更容易施以援手。这些附加因素是完全合理的，但必须加入基本理论中。

大多数动物都更关心自己的后代，而不是它们的“兄弟姐妹”，这是事实；进化理论家理解亲代照料子代的行为，早于理解照料兄弟姐妹的行为，这也是事实。但是，这两个事实并不意味着亲缘选择的一般理论就肯定是拖泥带水的。正如现在所有严肃的生物学家所做的那样，只要你接受自然选择的理论，那么你必定会接受亲缘选择的原则。对它的合理怀疑仅限于相信（这是完全合乎情理的），在实践中，有利于照料近亲而不照料后代的选择压力不太可能产生明显的进化后果。[2]

爱德华·威尔逊大力传播的一个颇具影响力的对亲缘选择的定义，很可能在不经意间强化了这个误解。这个定义是这样的：“亲缘选择是这样一种基因选择，一个或多个生物个体喜欢或不喜欢拥有由共同祖先遗传下来的相同基因的近亲（而不是自己的后代）的生存和繁殖”。威尔逊在后来给出的定义中省略了“而不是自己的后代”这个短语，重新把亲缘选择表述为：“虽然近亲的定义也包括后代，但是亲缘选择理论通常仅限于还有若干其他的近亲（如兄弟姐妹、父母等）也会受到影响的情况。”不可否认，这种说法是对的，但我仍然认为这是一个令人感到遗憾的定义。我们为什么要把亲代抚育子代视为一种特殊情况？仅仅因为它是我们很久以来理解的唯一一种亲缘选择的利他主义吗？我们从来不会因为人类在几个世纪之前不知道海王星和冥王星的存在，就认定它们不是太阳系的行星，将它们与其他行星区别看待。我们之所以把所有行星都称为行星，只是因为它们都是行星。

在于 1975 年给出定义之后，威尔逊还补充说，亲缘选择是“群体选择的极端形式之一”。在他于 1978 年给出的定义中，这一句话也被删掉了。[3]事实上，这正是我在这里列出的 12 个误解中的第二个。

> 误解 2：群体选择是整个生物群组的差别化生存（differential survival）或灭绝。

根据群体选择理论，当生物体以家庭群组形式活动时，这种情况就会发生；而且有差别的群组灭绝可以被视为等同于家庭选择或亲缘群体选择。但是，这其实与汉密尔顿的理论的基本要旨完全无关：被选中的基因是那些倾向于使个体对特别有可能携带了相同的基因拷贝的其他个体施以优待的基因。要让这种情况发生，并不需要将种群先划分为家庭群组。至于以整个家庭群组为生存或灭绝的单位，那就更加不必了。

在认知的意义上，动物不可能知道它们的近亲是谁（见下面要分析的“误解3”）。在现实世界中，自然选择偏好的行为可以说是由一些很粗略的经验法则决定的，例如，“与在你自己所属的巢穴内走来走去的生物个体分享食物”。如果多个家庭以群体形式外出活动，那么这个事实就会为亲缘选择提供一个有用的经验法则：“照顾你经常看到的任何个体。”但是，这里要再一次强调，这些都与真正意义上的群体选择无关，推理时根本不需要考虑整个群体的有差别的生存和灭绝。只要种群内部存在某种“黏性”，使得个体在统计学上有可能遇到自己的近亲，那么经验法则就可以发挥作用，根本不需要家庭组成离散的群组这个条件。

从汉密尔顿本人的立场来说，他也许有理由认为“亲缘选择”这个术语本身就有一定的误导性。颇具讽刺意味的是，梅纳德·史密斯创造“亲缘选择”这个术语，目的就是要强调其与群体选择的区别。汉密尔顿本人并没有使用这个术语，他更强调的核心概念是内含适合度（inclusive fitness）[4]——对任何类型的（从遗传的角度来看）不随机的利他主义的重要意义，而不管是否涉及近亲关系。假设一个物种内部存在栖息地选择的遗传变异，而有助于这种变异发生的一个基因拥有多效性

（pleiotropic effect）[5]，即它还会使得个体与所遇到的同种个体分享食物。由于拥有对栖息地选择的多效性，这个利他主义的基因能够有效地识别自己的副本并加以优待，因为拥有这个基因的个体更有可能聚集到相同的栖息地上，从而遇见彼此，两者不一定是近亲。

利他主义基因用来识别其他拥有自身基因副本的个体的任何一种方式，都可以成为构建一个类似模型的基础。在我所举的那个不太可能在现实世界中发生、但极具启发意义的"绿胡子效应"（Green Beard Effect）例子中，这个原则的根本要素体现得特别清楚：选择理论上有利于这样一个多效基因，它既会导致生物个体长出绿胡子，也会使个体倾向于对长着绿胡子的个体采取利他行为。再强调一次，这些个体不一定是近亲。[6]

误解 3：亲缘选择理论要求动物拥有强大的认知推理能力。

著名人类学家萨林斯（Sahlins）的论文《人类学角度对社会生物学的批评》（*Anthropological Critique of Sociobiology*）发表后引起了较大反响，引用率也很高。在文中，萨林斯[7]这样说道：

> 对亲缘系数的计算是严重缺少语言学证据的支持的，这就向人们提出了一个认识论问题，它成为亲缘选择理论的一个严重的缺陷。在全世界范围内，只有极少数语言中有分数的概念。分数概念只出现在了印欧语系以及近东和远东有着悠久历史的语言中。而所谓的原始人类根本没有这个概念。一般而言，狩猎采集社会不需要超出 1、2、3 的计数系统。我要忍住对以下问题发表评论的冲动：动物们怎样才能计算清楚亲缘系数 r（自己，第一代堂兄弟）= 1/8。社会生物学家未能解决这个问题，导致他们不得不在自己的理论中引入了相当一部分神秘主义。

实在可惜，萨林斯言不由衷，他还是没有抵挡住诱惑，一边说自己将“不作评论”，一边却又冷嘲热讽。事实上，他试图嘲笑的这种思想没有任何荒谬之处，它的作用恰恰应该是敲响他头脑里的警钟。按照他的思路，我们难道要去追问：蜗牛壳的纹路呈现出优雅的对数螺旋线，那蜗牛参照的是什么对数表呢？蜗牛眼睛的晶体显然缺少对计算折射系数μ的“语言支持”，那么它又怎么能看清那个对数表呢？同样，绿色植物又怎样才能搞清楚叶绿素的配方呢？够了，让我们问一些有建设性的问题吧。

因为存在基因的表现型效应，所以自然选择选择的是基因而不是它们的等位基因。[8] 而就行为而言，基因可能会影响神经系统的状态，从而影响行为。对于任何一个复杂的表现型，无论是行为、生理还是解剖结构，如果我们想要理解它，都可能需要借助复杂的数学模型。但这并不意味着动物自身必须是数学家。动物会直接选择前文中提到过的那种无意识的经验法则。蜘蛛织网需要经验法则，而且它们所需要的经验法则肯定比任何一位支持亲缘选择理论的生物学家设想过的都要复杂。如果现实世界中不存在蜘蛛网，那么任何假设它们存在的人都可能会被其他人嘲笑和怀疑。但蜘蛛网确实存在，我们都看到过，而且没有人会去想“蜘蛛究竟是怎样设计出这种网的”。

蜘蛛身上导致它自动地、不自觉地织网的生存机器必定是通过自然选择进化而来的。自然选择意味着基因库中的等位基因的差别化生存，因此必定存在织网这种倾向上的遗传变异。同样，为了讨论亲缘选择施加的利他主义的进化，我们也必须假设利他主义中的遗传变异。在这个意义上，我们必须假定存在利他主义的等位基因，这样也就引出了我下面要剖析的对亲缘选择理论的下一个误解。

> 误解 4：我们很难想象有一个基因“决定”着对近亲的利他主义行为这么复杂的事情。

之所以会出现这种误解，是因为不理解：当我们谈到某个基因“决定”了某种行为时，究竟意味着什么？从来没有遗传学家这样想过：一个“决定”某种表现型性状的基因（例如，小头畸形，或棕色眼睛）对它所影响的器官要单独地承担起全部责任来，而不受其他基因的影响。小头畸形者虽然头部非常小，但那个“头”仍然是一个“头”。“决定”太复杂了，不可能是由单个基因完成的。事实上，基因从来不是孤立地“工作”的，相反，它们总是协同“工作”。基因组作为一个整体与其环境一起，生成了作为一个整体的身体。

同样，“决定某种行为的基因”这种说法，说到底只能用来指称两个个体之间的行为差异。对于自然选择来说，重要的恰恰是个体之间的这种差异。当我们讨论对某种行为的自然选择时（例如，对年幼的兄弟姐妹采取的利他主义行为时），其实是在说“决定”对兄弟姐妹采取利他主义行为的一个或一组基因的生存率差异；而且，这仅仅意味着那个基因（或那组基因）能够使正常环境中的个体更可能表现出对兄弟姐妹的利他主义行为（与该基因的等位基因的影响相比）。难道，这种情况真的是不可想象的吗？

确实，现在还没有遗传学家打算直接去研究利他主义基因，也没有任何遗传学家研究过决定蜘蛛织网行为的基因。我们都相信，蜘蛛织网这种行为倾向是在自然选择的影响下进化而来的。重要的是，这只有在如下条件下才能发生：在进化过程的每个步骤中，“决定”蜘蛛行为的某些差异的基因都比它的等位基因更受自然选择女神的青睐。当然，这样说并不意味着必定仍然存在这样的遗传差异。到现在，自然选择可能已经消除了原始的遗传差异。

没有人会否认亲代抚育子代这种现象的存在，而且我们都同意这种行为倾向是在自然选择的影响下进化而来的。在这里，我们同样不需要通过遗传分析才能说服自己：这种情况只有在存在一系列“决定”不同行为的基因时才可能发生，它们在一起“构建”出了亲代照料子代的行为倾向。亲代照料子代的行为（以及它的复杂性）一旦出现，那么推进到年长者照顾年幼者这样一种类型的利他主义，只需要很小的遗传变化就足够了。得出这个结论并不需要太大的想象力。

假设一只鸟身上调节亲代照料子代倾向的“经验法则”如下所述：“任何待在巢里面嗷嗷待哺的动物，都要喂东西给它吃。”这个假设是合理的——事实上，杜鹃鸟似乎已经在利用这类简单的“经验法则”了。在此基础上，要推进到“年长者照顾年幼者”这种类型的利他主义，所需要的只是某种很小的量上的变化，也许会出现在一只雏鸟“推迟”离开父母的巢穴的时间时。如果一只鸟在孵出了自己的后代之后，还留在父母的巢中，那么它所拥有的经验法则就可能导致它自动喂养一只突然出现在“自己的巢”中尖叫着的小鸟。生命史上的某个事件被稍微推迟了一点点，这种量上的变化正是我们预期的某个基因可能会产生的影响。无论如何，与亲代照料子代、织网以及其他无可争辩的复杂适应性的进化过程中必须完成的积累相比，这种转变只能说是“小儿科”。由此不难看出，误解 4 说到底只是针对达尔文主义本身的最古老的一个反对意见的最新版本。达尔文在《物种起源》一书论“极其完美和复杂的器官”一节中，已经准确地预见到了这种反对意见，并且已经决定性地将它驳倒了。

确实，利他行为可能是非常复杂的，但这种复杂性并不是源于某一个新的突变基因，而是来自基因所作用的、先前就已存在的发展过程。在新基因出现之前，相关的复杂行为就已经存在了，而那种复杂的行为也是大量基因和环境因素长期而复杂的发展过程的结果。我们感兴趣的这个新基因，只是对这个既有的复杂过程又重重地踢上了一脚而已，其最终结果体现在复杂的表现型效应中出现了一个重要的变化，例如使复杂的“亲代照料子代”衍生出了复杂的“年长者照顾年幼者”。而且，尽管“亲代照料子代”和“年长者照顾年幼者”本身都非常复杂，从“亲代抚育子代”到“年长者照顾年幼者”也不是一个简单的过程。

误解 5：既然一个物种所有成员 99%以上的基因都是相同的，那为什么自然选择不会青睐普遍的利他主义呢？

> 社会生物学所依赖的整个演算都是错误的。并不是亲代拥有一半与自己的一个子代相同的基因，而是一个子代分享了一半其父母的基因差异。如果父母的某个基因是完全相同的，那么所有的后代都会遗传到该基因，因此问题就变成了：一个物种中的个体有多少基因是共同的？金和威尔逊估计，人类与黑猩猩有 99%的遗传物质是相同的；他们还估计人类物种内部遗传物质的相似程度，比人类与黑猩猩相比还要高 50 倍。由此可见，社会生物学家们实际上认为，人类 99% 以上的基因都是无关紧要的。我认为，我们想要构建出这样一个模型并不难，其中各种结构和有重要的生理学意义的行为都以那共同的 99%的基因为基础，而行为上不重要的某种差异（例如头发的形态）则是由那 1%决定的。要害在于，虽然遗传学确实支持社会科学的理念，但是它并不支持社会生物学家的演算。

上面这段话出自另一位杰出的人类学家舍伍德·沃什伯恩（Sherwood Washburn）之口。这种误解并不是源于汉密尔顿自己的数学公式，而是源于沃什伯恩在上面这段话中提到的过度简化的二手资料。不过，由于数学推理对普通读者来说过于困难，因此在这里我尝试用更简单、更容易理解的文字推理进行驳斥。

无论 99%这个数字有没有夸张，沃什伯恩都肯定没有说错：一个物种的任何两个个体拥有的绝大多数基因都是相同的。那么当我们谈到兄弟姐妹之间的亲缘系数为 50%时，我们到底在说什么？我们必须先回答这个问题，然后才能回过头去剖析这个误解本身。

正如沃什伯恩指出的，说父母和后代拥有 50%的共同基因的说法是错误的。

不过，只要修补一下，这种说法也可以说没有错。一种比较偷懒的方法是，声明我们所讨论的只是那种非常稀有的基因：如果我拥有一个在整个种群中极其罕见的基因，那么我的孩子或我的兄弟也拥有这个基因的可能性约为 50%。之所以说这是一种偷懒的方法，是因为它不包含汉密尔顿的推理适用于所有基因的所有频率这个重要事实。假设亲缘选择理论只适用于稀有的基因，其实是对它的另一个误解（见下面要讨论的误解 6）。汉密尔顿自己所用的方法不同于这种偷懒的方法，但是也不复杂：只是加了一个短语"同源相同"（identical by descent）。兄弟姐妹之间可能有 99%的基因是相同的，但是其中只有大约 50%的基因是同源相同的，也就是说，只有这些基因是从最近的共同祖先的基因拷贝传递下来的。

至此，我们已经给出了两种解释亲缘系数的含义的方法："稀有基因"和"同源相同"。[9] 然而，这两种方法都不能直接告诉我们如何摆脱沃什伯恩指出的那个悖论：既然同一个物种的绝大多数基因都是相同的，为什么自然选择不青睐普遍的利他主义呢？

假设存在两种策略，一种是普遍利他主义者所采取的 U，另一种是亲缘利他主义者所采取的 K。采取 U 策略的个体（以下简称为"U 型个体"）会不加区分地照顾自己所属物种的任何成员。采取 K 策略的个体（以下简称为"K 型个体"）则只关心自己的近亲。无论对哪种类型的个体而言，关心照顾他人的行为都会使利他主义者付出一定的成本（以个人生存机会的减少来衡量）。假设我们同意沃什伯恩的假设，即认为普遍利他主义行为是基于 99%的相同基因的——换句话说，种群中几乎所有个体都是 U 型个体，只有极少数个体（突变产生或移民而来）是 K 型个体。从表面上看，U 型基因关心照顾的似乎是自己的副本，因为它不加区别的利他主义行为的受益者几乎必然拥有相同的基因。但是，对于 K 型基因（尽管一开始时极其罕见）的入侵而言，这种策略是不是进化稳定的？[10]

它当然不是进化稳定的。一方面，当一个罕见的 K 型个体做出了利他主义行为时，都很可能使另一个 K 型个体而不是一个 U 型个体受益。另一方面，U 型个体则通过没有任何歧视性的利他主义行为使 K 型个体和 U 型个体同样受益（因为 U 型行为的定义特征就是不加区分的普遍利他主义）。因此，K 型基因必定会（以 U 型基因为代价）扩散到整个种群中。这也就是说，普遍利他主义对于亲缘利他主义来说，不是进化稳定的。即使我们假设普遍利他主义在初始时是极其常见的，它也不会一直显得常见，这就直接导致了下一个与这个误解互补的误解。

误解 6：亲缘选择理论只适用于稀有基因。

亲缘选择理论，例如"年长者照顾年幼者"这种利他主义受自然选择青睐的一个逻辑结果是，相关的基因的传播会达到一个固定水平，[11] 这也就是说，到那个时候，种群中几乎所有个体都将变为"年长者照顾年幼者"这种同胞利他主义者。因此，它们是只关心照顾自己的兄弟姐妹，还是一视同仁地关心照顾所属物种的所有成员，对"年长者照顾年幼者"这种同胞利他主义基因的好处，将没有任何区别！这是不是意味着，决定内含性的亲缘利他主义的基因只有在非常罕见的情况下才会受到自然选择的青睐？

这种误解的实质是，期待动物甚至基因去充当上帝的角色。自然选择要比这机械得多。[12] 亲缘利他主义基因并不能设定程序，让个体为它的利益而有智慧地采取行动；相反，亲缘利他主义基因只规定了简单的关于行为的经验法则，例如"任何动物，只要在你的巢里面嗷嗷待哺，就喂东西给它吃"。当这种基因遍及整个种群时，这种无意识的规则也将变成普遍规则。

与上一个误解一样，对于这个误解，我们也可以用进化稳定策略的语言来加以剖析。我们现在要问的问题是，亲缘利他主义策略 K，在面对普遍利他主义策略 U 的入侵时，是不是进化稳定的？这也就是说，我们先假设亲缘利他主义基因已经变得非常普遍，然后考虑突变出来的普遍利他主义基因能不能入侵这个种群。答案是否定的，原因与上面一样。稀有的普遍利他主义者一视同仁地关心照顾与自己有竞争关系的 K 型等位基因的副本以及它们自己的 U 型等位基因的副本。与之相反，K 型等位基因则根本不太可能关心照顾自己的竞争对手的副本。

这样，我们也就证明了，亲缘利他主义对于普遍利他主义的入侵是进化稳定的，而普遍的利他主义对于亲缘利他主义的入侵则不是进化稳定的。这是我可以给出的最接近于汉密尔顿的数学模型推理的文字解释。（汉密尔顿的推理表明，对近亲的利他主义在所有基因的所有频率上，都比普遍利他主义更受自然选择的青睐。）虽然它不像汉密尔顿给出的证明那样精确，但是足以消除这两种常见的定性误解。

关于这两个误解，还有一点是值得在此特别指出的。汉密尔顿在一篇值得更多关注的重要论文中指出，如果一个种群分成了半隔离的子种群或“城镇”，那么在同一个城镇内，任何两个随机选出的成员之间的平均亲缘关系会因为近亲繁殖而更紧密，并最终稳定在某个值上，而这个值的具体大小则取决于每一代的城镇间移民的数量，而不依赖于城镇本身的规模。例如，如果每两代人中有一个移民，那么城镇内的平均亲缘关系程度就会提高到预期的亲兄弟姐妹之间的水平。因此，汉密尔顿的预测是，在这样一个半隔离的城镇内，亲兄弟姐妹般的利他主义将普遍存在于所有成员之间。

这个结论可能具有相当的误导性，除非加以细致的验证。在一定意义上，上述城镇内部的高亲缘关系程度应该从一般的背景亲缘关系的角度来看（后者相当于汉密尔顿所说的亲缘系数的界），而不能认为它特别有利于利他主义。关键是，我们所说的利他主义是相对于什么而言的。正如汉密尔顿也肯定会同意的，在同一个城镇内部，真正的兄弟姐妹之间的亲缘关系要比随机的成员之间紧密得多，因此，与随机的城镇成员的行为相比，真正的兄弟姐妹之间的行为还是会利他主义得多。但是，同样的道理，本城镇的任意成员之间的利他主义程度也会大大高于他们对来自其他城镇的新移民的利他主义，因为前者与他们的亲缘关系显然更近。我们或者可以说，汉密尔顿的预测是，不同城镇之间会出现强烈的仇外心理。不过，在这里我要强调的是，利他主义是一个相对概念：同一城镇任意成员之间的利他主义行为，只是相对于对“外来移民”的仇外心理而言的；与真正的兄弟姐妹之间的利他主义相比，这种利他主义仍然可能显得有些自私或“冷漠”。毕竟，同一城镇的成员也是直接竞争食物和其他资源的对手。如果汉密尔顿假设的城镇之间的人口流动完全消失，那么他对城镇内部的高利他主义程度的预测就会沦为沃什伯恩的谬误（即误解 5）。

误解 7：完全相同的克隆成员之间必然会出现利他主义。

在孤雌生殖[13]蜥蜴这个奇特的动物种群中，每一次生殖行为中产生的所有个体都是同一个突变体的拷贝。这样类似“克隆”的繁殖行为产生的个体之间的亲缘系数应该等于 1。在这种情况下，一个只懂得死记硬背的学生机械地应用亲缘选择理论，将会给出这样的预测：在这类种群内部，所有成员之间的利他主义将会达到顶峰。与前一种误解一样，这种误解也错在让基因去充当上帝的角色。

诚然，亲缘利他主义的基因之所以能够传播，就是因为它们特别有可能帮助自己的副本，而不是它们的等位基因。但是，一只蜥蜴克隆出来的每一个成员都包含了“始祖”的基因。“始祖”也是通常的有性种群的一个组成部分，因而我们没有理由直接假设它包含了任何特殊的利他主义基因。当它创造了其他自己的无性克隆体时，它现有的基因组就被“冻结”了：那个基因组只能停留在克隆突变发生之前的样子，无论在那之前选择压力是怎么塑造它的。

如果在克隆中出现了偏好一视同仁的利他主义的任何新突变，那么根据定义，它的拥有者将会是一个新的克隆成员。从理论上说，进化也可以通过克隆之间的选择发生，而新的突变将不得不通过新的经验法则发挥作用。如果新的经验法则倾向于无歧视性，以至于两个子代克隆都能受益，那么利他主义的子代克隆肯定会减少，因为是它在支付利他主义的代价。我们可以想象某个新的经验法则实现了有利于利他主义的子代克隆的区别对待。但这种经验法则必定与通常的“近似亲属关系”的利他主义经验法则类似（例如“照料占据了你的巢穴的小动物”）。如果拥有这个经验法则的子代克隆确实以牺牲自私的次克隆为代价而得到扩展，那么我们最终又会看到什么呢？最终只能得到一个每个个体都会抚育占据自己的巢穴的动物的蜥蜴种群，这不是遍及全部克隆体的利他主义，而是通常的“近似亲缘关系”的利他主义。（蚂蚁请千万不要抗议说蜥蜴没有巢穴！）

说到这里，我还得赶紧补充一句，在其他一些情况下，我们确实可以预测克隆繁殖会形成特殊的利他主义。九带犰狳可以称得上是最受欢迎的“话题动物”，因为它们虽然是有性繁殖的，但是每一窝都由完全相同的四胞胎组成。在这里，我们确实可以预期克隆内利他主义将会出现，因为基因通常是以有性繁殖的方式在每一代中被重新调配的，这就意味着，决定克隆利他主义的任何基因都可能会被某些克隆的所有成员共享，而与之竞争的克隆成员则不会。

到目前为止，关于九带犰狳身上的克隆内利他主义，既没有支持性证据，也没有否定性证据。不过，从青木（Aoki）报告的另一个类似的案例中，我们还是可以获得一些很有意义的证据。青木研究的是一种名为铁线莲扣棉蚜（colophina clematis）的日本蚜虫，这是一种无性生殖的动物，生下来的后代全是雌性，它们又由两种类型的个体组成。A 型铁线莲扣棉蚜雌虫与通常的吸吮蚜虫没有什么区别。B 型铁线莲扣棉蚜雌虫则不会度过第 1 龄，[14] 而且不会再繁殖。此外，B 型铁线莲扣棉蚜雌虫还有一个异常短的喙，因而不适合吸吮植物的汁液；同时，它们还有膨大的“拟蝎子式”胸廓和中胸腿。青木的研究表明，B 型铁线莲扣棉蚜雌虫会攻击大型昆虫并杀死它们。他推测，它们的功能类似于一个不会生育的“士兵种姓”（soldier caste），即它们生来就是为了保护其他姐妹免受捕食者的伤害的。我们现在还不清楚这些“士兵种姓”是怎么养活自己的。青木怀疑，它们那副口器很适合战斗，但是可能无法吸吮植物的汁液。尽管青木并没有直接说 B 型铁线莲扣棉蚜雌虫是由其他 A 型姐妹供养的，但是这种可能性无疑是存在的。青木还报告说，有迹象表明，其他蚜属中也存在类似的“士兵种姓”。

青木的讨论中有一个很好的反讽，是 R. L. 特里弗斯（R. L. Trivers）让我注意到它的：“从汉密尔顿的理论可以得出一个结论，即真社会性应该会更频繁地出现在那些有单倍二倍性的群体中，而不是更频繁地出现在那些没有单倍二倍性的群体中……我不知道在没有单倍二倍性的动物中发生多少个真社会性事件，才足以驳倒他这个理论。但是，蚜虫中存在‘士兵’这个事实，应该是他的理论所面临的最严重的挑战。”[15]

这个错误是最有启发性的。与其他蚜虫一样，铁线莲扣棉蚜的有翅有性繁殖扩散阶段，是与它的孤雌卵胎生殖世代穿插在一起的。“士兵”和它们保卫的 A 型个体都是没有翅膀的，且几乎肯定是同一克隆的产物。有翅有性繁殖世代的定期穿插出现则可以确保让适合发展成为“士兵”的基因与不这样做的等位基因在整个种群中完成“洗牌”。因此，一些克隆拥有这样的基因，而与之竞争的克隆则不会。事实上，这些条件与蜥蜴的条件几乎全然不同，不过这正是不育种姓的理想条件。对于“士兵”以及它们的生殖性克隆伴侣，最好将它们都视为同一个延伸的躯体的组成部分。如果可以说一名“士兵”蚜虫无私地牺牲了自己的繁殖机会，那么也可以说我的大脚趾也是如此，这两者几乎是一样的意思！

误解 10：生物个体应该倾向于近亲交配，因为这样做能够带来更多的近亲。

对于这个误解，我们必须特别小心，因为有一种正确的推理初听上去与这种错误很类似。此外，可能还存在其他有利或不利于近亲交配的选择压力，但它们都与现在这种误解毫无关系。我认为，这种误解的倡导者是试图用“在其他条件都相同的情况下……”这种推理形式来掩盖自己的错误。

假设存在可靠的一夫一妻制，与随机选中的雄性交配的雌性会生出一个与自己的亲缘系数为 1/2 的孩子。但如果它只与自己的亲兄弟交配，那么它就能生出一个亲缘系数为 3/4 的“超级后代”。近亲繁殖的基因传播是以牺牲非近亲繁殖的基因为代价的（非近亲繁殖时，生下健康的孩子的概率更大）。

这个误解源于一个非常简单的错误：如果雌性个体不与它的兄弟交配，那么它的兄弟就可以自由地与其他雌性交配。这样，在非近亲交配时，一个雌性个体会得到一个侄子或侄女，它们的亲缘系数为 1/4，再加上它自己通过正常交配生出来的孩子（亲缘系数为 1/2）。而雌性个体近亲交配时生下的是一个超级孩子（有效的亲缘系数为 3/4）。

在这里，对错误进行驳斥需要假定存在一夫一妻制（或类似的制度安排），指出这一点很重要。如果某个特定物种遵循一夫多妻制，[16] 同时雄性的生殖成功率差异很大，存在着大量“光棍汉”，那么情况就可能会有很大的不同。问题不再是一个雌性因为与兄弟交配而剥夺了兄弟与别的雌性交配的机会。更有可能的是，它的姐妹送给它的免费交配机会就是它拥有的唯一交配机会。在这种情况下，雌性个体就不再是因为自己的“乱伦行为”而剥夺了自己的正常侄女或侄子出生的机会，而是真真切切地从自己的基因能不能遗传下去的角度考虑，要把自己生的“超级孩子”带到这个世界来。这时就可能存在着有利于乱伦的选择压力。但是无论如何，本节所示的这种误解，作为一个一般性结论依然是不正确的。

误解 12：动物会根据亲缘系数的大小，按比例地向每个近亲“发放”利他主义。

正如阿尔特曼（Altman）所指出的，当一个人说“从表兄弟姐妹那里得到的利他主义，应该相当于子代或亲兄弟姐妹的 1/16”时，他就犯下了这个错误。[17] 作为阿尔特曼的这个观点的一个（过分简化的）例子，假设我有一个蛋糕，我准备把它送给我的亲戚们，我该怎样进行分配？我们现在讨论的这个谬误就相当于以这样的方式分蛋糕：使得每个亲戚分到的那块蛋糕的大小，与他（她）和我之间的亲缘系数成比例。事实上，在现实生活中，我们完全有更好的理由把整个蛋糕都分给最亲密的人，而其他亲戚则一点儿也分不到。

假设每一块蛋糕的价值都相同，即能够按一定比例转化为吃蛋糕的人的血肉。那么很显然，生物个体应该更愿意让自己的整个蛋糕转化成与自己最亲近的后代的血肉，而不是与自己关系甚远的后代的血肉。当然，这个简单的按比例转化的假设在现实世界中几乎是不成立的。在我们有能力预测蛋糕按亲缘系数分配的准确比例之前，还得给出某种收益递减的具体假设。因此，尽管我上面引用的那种说法在某种特殊情况下可能是正确的，但是作为一般结论，它是不正确的。我无论如何也不会把它当真！

致歉

如果上面的内容看起来有些消极，甚至还有破坏性，很抱歉，我的本意并非如此。解释某个难度很大的问题需要高超的艺术手法，其中很大一部分就在于预测读者会碰到什么困难并有效地做好准备。因此，系统地揭露对亲缘选择理论的常见误解，应该是一项有积极意义的建设性工作。我认为，我自己就是通过这 12 个误解更好地理解亲缘选择理论的：跳入陷阱，然后奋力挣扎着爬出来，继续前行。

SCIENCE IN THE SOUL

SELECTED WRITINGS OF A PASSIONATE RATIONALIST

第三辑

理性的先知

罗伯特·温斯顿（Robert Winston）在他那本富有思想内涵的著作《上帝的故事》（*The Story of God*）中，对宗教发展史上“祭司”和“先知”这两类人物之间的区别进行了反思：前者是规则制定者、边界划定者，也是执法者；后者则是有远见的批评者、错误的抚慰的拒斥者，是公共领域的“牡蛎中的沙砾”。对于收录在这一辑中的各篇文章，尽管道金斯本人可能会对“先知”一词提出抗议，但我认为“理性的先知”这个标题是非常合适的。确实，这组作品体现了道金斯作为科学界的一位先知（在温斯顿所说的后一种宗教人物的意义上）的敏感和尖锐：时刻准备着在合情合理的想象和天马行空的猜测之间走钢丝，“想象那不可想象的”，从而使之成为可以思考的。过去怎样与当前产生关联？这两者又如何与可能的未来相关联？对于科学家来说，这些问题都会给想象力的引擎助力。当然，在科学思维中，它们还要受到适当置疑的约束。

这一辑的第一篇文章题为《网络收益》，是对“Edge 年度问题”的一个回应。“Edge 年度问题”是由 Edge 网站的创始人约翰·布罗克曼（John Brockman）[①] 提出的。这篇文章讨论了计算机行业的长远利益，不仅高度评价了互联网突飞猛进的发展，而且给出了一个令人惊叹的预测：一旦构成社会的各元素之间的沟通变得足够快捷，"个体"与"社会"之间的边界就可能分崩离析，而个人的记忆也将随之枯竭。在文中，道金斯对互联网的指数型增长中隐含的多方面的文化特征和政治特征进行了极具洞察力的剖析，从（质量极低的）聊天室对话到摆脱专制和压迫、挖掘自己的（巨大）潜力。他是通过对各种伴随着互联网而来的新现象（例如人们喜欢在进行公共交流时保持匿名）的观察来推进这种分析的。

本辑的第二篇文章《外星智慧生命》的缘起也与布罗克曼的一项计划有关——布罗克曼建议编写一本讨论"智慧设计运动"的文集。在这篇文章中，讨论的重点从地球上人类生命进一步进化的可能性，转移到了与我们这个宇宙中更遥远的其他部分（或多元宇宙）中的生命形式联系的可能性。这种探索当然也像是钢丝绳上的惊险表演，展现了在坚实的证据基础上的科学猜测与口号式的迷信断言之间的区别，同时还进一步表明了（这带有一定程度的讽制性），从科学的客观真理出发的有想象力的探索，甚至可能与任何形式的超自然臆想一样大胆，当然前者更有依据。本辑第三篇文章，《只在路灯下寻找》像一支投枪，刺破了搜寻外星智慧生命这个领域久已有之的若干泡沫。

本辑第四篇论文一方面延续了在科学的基础上大胆猜测的线索，同时又以无可比拟的明晰性阐明了一个至关重要的区别：作为可与肉身分离的、死后的来世人的"灵魂"，与作为人类精神的轨迹焦点、作为人类的知识和情感能力的渊薮的"灵魂"之间的区别。在《科学将会杀死灵魂？》这个极具挑衅意味的标题下，这篇论

① 美国著名的文化推动者、出版人，第三种文化领军人，他旗下汇聚了一大批世界顶尖的科学家和思想家，每年就一个话题进行跨学科讨论，并将讨论结果结集出版。目前，这些当代顶尖思想家思维碰撞产生的作品"对话最伟大的头脑·大思考""对话最伟大的头脑·大问题"系列中文简体字版已由湛庐文化策划出版。——编者注

文既突显了科学视角的审美力量和荣耀，同时又轻松地驳倒了所有形式的笛卡尔二元论。当然，还有一些奥秘仍未得到解释，其中特别困难的一个问题是意识的本质是什么。这些奥秘其实是对未来科学家发出的诚挚邀请，尤其是当他们摆脱了超自然主义束缚，以自由精神面对无限可能的现实的时候。

本辑第五篇文章《评“亚拉巴马州插页”》是对创造主义的一次摧枯拉朽的打击（虽然事前没有精心准备过），同时也是对基于自然选择的进化以及科学方法的极端重要性的一次坚定重申。这篇文章是道金斯在激愤中的即兴之作，最初的目的是为当时身处窘境的科学教育工作者提供理智的辩护。从这篇文章中可以清楚地看到，美国部分教育管理部门确实会试图阻止学校讲授真正的科学，因此，那些认为创造主义者在当代美国没有多大政治力量的人应该掩卷深思。

2004 年 12 月，印度洋地区发生了强烈地震，随之而来的巨大海啸在东南亚夺走了数千人的生命，摧毁了更多人的生计。面对这种巨大的苦难，许多宗教界人士表现出了惊人的无知。一些宗教领袖对这个事件的反应，以及随后在《卫报》的读者来信栏目上刊登的一些文章，包含着理查德·道金斯之所以反对宗教的几个关键原因，尤其是（但不限于）某些宗教总是会将人们的金钱、时间、情感和努力引导到错误的方向上去。在本辑第六篇文章《海啸的神学》中，道金斯指出，痛苦地质问“为什么会发生这种灾难”只是提出了一个错误的问题（或者说，对于这个问题，只有在地质学领域才可能找到一个很好的答案，而不是神学领域），更有建设性的反应应该是“挺身而立，不再跪拜——无论是对恶魔，还是对虚幻的天父。面对现实，以科学的方法做一些有建设性的减少人类痛苦的事情”。一如预见，道金斯的观点在那些不习惯于勇敢面对挑战的人当中很难引起共鸣。是的，他确实是一个没有先知之名的先知。

吉莉恩·萨默斯凯尔斯

SCIENCE IN THE SOUL

09 网络收益[1]

互联网如何改变你的思维方式？

如果早个40年，如果布罗克曼提出的问题是："请您预测一下，在接下来的40年内，什么事物会使你的思维方式发生根本性的变化？"我肯定立即就会想到《科学美国人》（*Scientific American*）杂志1966年9月发表的一篇讨论"MAC项目"（Project MAC）的文章。不要误会，此"MAC"非彼"MAC"，这个项目可比苹果公司建立早得多。MAC项目是一个以麻省理工学院为基地的合作项目，它的宗旨是引领计算机行业的发展。以马文·明斯基（Marvin Minsky）①为核心的人工智能创新者圈子也是这个项目的一个组成部分。现在回想起来有点奇怪的是，在那个时候，最能够激发我的想象力的并不是人工智能。真正让我兴奋的是：可以有多达30个大型计算机主机的用户（当时可用的计算机只有大型计算机）从麻省理工学院校园和自己的家中同时登录到一台计算机主机上，并同时与这台主机及其他用户通信。从

① 人工智能领域的先驱之一，MIT人工智能实验室的联合创始人，以及虚拟现实的最早倡导者，由他写作的引领人工智能大趋势的《情感机器》中文简体字版已由湛庐文化策划，浙江人民出版社出版。——编者注

现在来看，这似乎只是一个司空见惯的事实，但在当时令我感到震惊。这简直是一个神迹，一篇论文的多名共同作者可以同时用计算机进行计算、访问计算机内的共享数据库，尽管他们彼此之间可能相隔数英里之远——从原则上说，他们甚至可以从地球的两端同时完成这些工作。

我这种反应在当时其实还算温和，放到今天来看甚至有些荒谬。成长在互联网时代的人很难想象这在当时是多么地具有前瞻性。如果我们在 40 年前，就能够想象得出后伯纳斯－李（Berners-Lee）[①] 世界的样子，那将何等令人感到震惊！任何一个人，只要拥有一台笔记本电脑（无论多廉价）和无线网络（平均速度水平即可），就可以尽情欣赏全球各地缤纷多彩、生动鲜活的美景。从葡萄牙海滩上的一个网络摄像头，到符拉迪沃斯托克的一场象棋比赛，有了谷歌地图，你就仿佛坐上了飞行魔毯，在越过千山万水的阻隔的同时，全程领略无限风光。途中，你还可以在某个虚拟城市稍做停留，在那里的虚拟酒吧聊会儿天，城市的地理位置完全无关紧要，因为它们实际上可能并不存在。可叹的是，那种对话与《英雄联盟》中的对话一样毫不连贯，内容往往愚不可及，几乎是对其支持技术的一种污辱。

即使是“对牛弹琴”“狗嘴里吐不出象牙”这样的评价，也还是高估了在线聊天室里通常可见的对话的平均水平。但是瑕不掩瑜，互联网的硬件和软件令我非常振奋。在维基百科中，互联网本身和万维网都被简洁地定义为“一个由相互链接的超文本组成的系统”。互联网本身就是一个天才之作，是人类的最高成就之一。互联网的“卓越品质”在于，它不是由任何个人天才，比如蒂姆·伯纳斯－李、史蒂夫·沃兹尼亚克（Steve Wozniak）或艾伦·凯（Alan Kay）所创造的，也不是由像索尼或 IBM 这样的大公司自上而下地领导的，而是由遍布世界各地的（互不相关的）大量匿名机构组成的，是由非国家、非政府联盟构建的。它可以说是放大版的 MAC 项目，而且大得超过了所有人的想象。与 MAC 项目不同的是，互联网中并

① 指互联网之父伯纳斯－李。——译者注

没有一台控制着众多终端的巨型中心计算机，它是一个由不同规模、速度和不同制造商生产的电脑连接而成的分布式网络。这个网络不是任何人设计出来的，也不是由任何人组装而成的，它是偶然地、有机地生长起来的；它的生长不仅类似于生物的生长，而且构成了一种特定的生态。

当然，互联网也有消极的一面。我在前文中已经提到过，互联网上许多聊天的内容可悲可叹（在没有编辑掌控时）。互联网上的暴力和粗俗倾向或许是人性使然——在适当的时候，我们可以讨论一下这种现象的社会性根源，那时我们可能会提到互联网的匿名性。当你在互联网上给自己起名为“丁丁”（Tinky Winky，天线宝宝中的一个）、“小贵宾犬”或“俏仓鼠”时，侮辱性和猥亵性的语言会从你的键盘下自然而然地流淌出去，当然，你肯定不会留下自己的真实姓名。

互联网还会带来另一个常见的问题：人们不知道如何从大量的虚假信息中梳理出真实的信息。搜索引擎速度很快，使得我们可以将整个互联网看作一部巨大的百科全书，其中被忽略的事实是，传统百科全书的编写过程极其严肃、烦琐，而且它的每个条目都是由精心挑选出来的专家撰写的。话虽如此，但我一直对维基百科竟然能够编得这么好感到惊讶。

我曾经在维基百科中查阅过一些我有透彻了解的东西（我确实为某几部传统百科全书撰写了相关条目），比如“进化”“自然选择”，来验证维基百科的质量。结果之好，给我留下了深刻的印象。自那之后，我就对维基百科有了信心，开始通过它的词条来了解一些我自己缺乏第一手资料的东西（这就是我在上文中引用维基百科上的互联网定义的原因）。

当然，维基百科中肯定还混入了不少错误（有些错误甚至是有人恶意植入的[2]）。不过幸运的是，错误的“半衰期”很短，在自然的修正机制“杀死”它们之前，许多错误就自动消失了，这无疑是令人感到鼓舞的。约翰·布罗克曼曾经警告我说，维基百科在科学领域确实非常不错，但是在“其他领域，例如政治和流行文化等领域，并非总是如此……那些领域经常会爆发‘编辑战’”。我仍然认为维基百科的理念很好，而且很有效（尽管只是在某些领域，例如科学）；在它的成功面前，我以往对互联网的所有悲观情绪全都一扫而空，以至我很想将它看作一切都有理由的万维网乐观主义的一个隐喻。

然而，无论我们有多乐观都不能否认，互联网上的垃圾远比纸质书籍多，这可能是因为纸质书要花费更大的生产成本（纸质书中也有很多垃圾[3]）。互联网极高的传播速度和无孔不入的普及程度，实质上有助于我们守住最关键的防线。如果某个网站上发布的报告看上去不太可信（或者因为太可信而显得不像是真的），你可以快速查阅一下更多的相关资料。“都市恐怖传说”以及各种病毒“模因”都会在不同的网站上分门别类地列出。当我们收到令人不安的危险的计算机病毒警告时（通常要归功于微软公司或赛门铁克公司），最好不要立即将它以垃圾邮件的形式发送给地址簿上的每一个人，而应该先去搜索一下警告本身包含的关键词。通常情况下那都会是一个“骗局”，它的传播历史和初始来源只要花些心思一般是可以追踪到的。

也许，互联网最大的缺点是会让人上瘾，浪费大量的时间。网上冲浪会使我们养成像蝴蝶那样从一朵花飞到另一朵花的习惯，因而无法专注地一次只做一件事。在这里，我想暂且先不讨论互联网的负面影响，而以一些推断性的、也更正面的观察结论来结束本文。互联网正为人类带来一个计划之外的“大同世界”（科幻爱好者可能会将互联网理解为令人振奋的新的生命形式的萌芽）。这与多细胞动物的神经系统的进化过程极其相似。许多心理学家可能会把互联网的进化过程与人的个性发展过程联系起来：在婴儿期，人的个性是分裂的、分散的，然后随着人的成长，个性会逐渐统一起来；互联网的统一也是如此。说到这里，我想起了一个源于弗雷德·霍伊尔爵士的科幻小说《黑云》（*The Black Cloud*）的洞见。书中的黑云是一个超人、一个星际旅行者，他的“神经系统”由许多通过无线电通信的单位组成，其速度比人类“闲散”的神经脉冲快好多个数量级。黑云在哪种意义上可以被看作一个独立的个体而不是一个社会？答案是，足够快的相互链接模糊了这两者的区别。如果我们可以通过直接、高速的脑对脑无线电来传输信息、读懂彼此的想法，那么人类社会就会在实际上变成一个个体。这样的东西最终可能会将现在构成互联网的各个不同单位融合为一体。

这个关于未来的猜测使我回想起了我在本文开头提到过的计算机的发展历史。我们再来想象一下，未来 40 年会发生什么？摩尔定律可能会继续起作用（至少会持续一段时间），而且会带来一些令人震惊的魔法般的发明（如果今天就有机会偷窥一眼未来，那么对于我们贫瘠的想象力来说，未来的技术当然不啻魔法）。在未来，人类从共同的体外记忆系统中获取信息的速度将急剧提升，而我们对大脑的记忆功能的依赖则会变得越来越小。就当前阶段而言，我们仍然需要生物大脑来提供交叉参照功能和联想功能，但即使是这类功能，也将越来越多地被更复杂的软件和更快的硬件所取代。

虚拟现实的高分辨率色彩还原技术将会持续加速改进，最终使得人们无法区分现实世界与虚拟世界。许多普通人可能会上瘾，深深地沉迷于像《第二人生》（*Second Life*）这样的大型团体游戏，尽管他们对于游戏最重要的技术内核可能一无所知。唉，我们还是不要那么苛刻。对于世界上的许多人来说，“第一人生”的现实生活几乎没有吸引力。即使是对于那些更幸运一点儿的人来说，积极参与虚拟世界的斗智斗勇，也比成天窝在沙发上百无聊赖地看《名人老大哥》（*Big Brother*）这样的电视真人秀节目更能启发心智。而对于研究者来说，《第二人生》以及层出不穷的同类游戏将会成为难得的社会学实验室、实验心理学实验室，以及其他更多的后继学科的实验室（现在仍未创立和命名）。也许有朝一日，整个经济、生态，甚至人们的个性，都将存在于虚拟空间之内。

互联网的发展还可能产生深远的政治影响。互联网也可能提供新的迫害手段。

公平地说，互联网到底是更有利于哪一方，现在仍有争议，至少在目前可以说是因国家、地区而异。但我们至少可以期盼，在未来，更快、更普及和更便宜的互联网，将会加速一切试图通过控制他人思想来获得权力的人的垮台。也许终有一天，蒂姆·伯纳斯-李会获得诺贝尔和平奖。

写在后面

在2016年年底，我又重读了这篇文章，竟然发现它（总体上）的乐观主义倾向显得有点儿不合时宜。有大量极具说服力的证据越来越清楚地表明（这很令人担忧），2016年的美国总统选举——这场选举非常重要，而且它的重要性还将进一步显现出来，不仅是对美国，而且是对全世界——受到了精心策划的、以诋毁某个候选人的声名为目标的“假新闻网络大战”的影响。如果更加深入的调查真的证明这种事情确实发生了，那么我希望美国当局会采取适当的法律行动，或者，至少像Facebook和Twitter这样的社交媒体能够变得自律一些。就目前的情况来看，这些社交媒体似乎仍然颇以用户能够自由贡献内容、自由获取信息为荣。现有的编辑控制非常有限，仅对确实“很黄很暴力”的会威胁现实的内容进行审查。大多数社交媒体从来不进行真相核查，而这是像《纽约时报》这样有声誉的传统媒体所引以为豪的。改革势在必行，而且有迹象表明，改革也许已经启动了。

SCIENCE IN THE SOUL

10 外星智慧生命[1]

资金充足的“智慧设计主义者联盟”的言论颇多不尽不实之处，他们散布的其中一个谎言称，他们所说的设计师并不是上帝，而是一个“莫可名状”的智慧生命，而且很可能是一个“天外来客”——外星人。[2] 我推测，他们这样做是为了规避美国宪法第一修正案关于宗教思想传播的相关禁令，尤其是在威廉·奥普顿（William Overton）法官于 1982 年对“麦克莱恩诉阿肯色州教育委员会”（McLean v. Arkansas Board of Education）一案做出了不利于神创论者的裁决后——奥普顿法官打消了该州立法机构试图要求各学校对“创造主义科学”予以“均衡对待”的立法企图。

智慧设计师们说设计师可能是来自外太空的外星人，他们这样说的意图是掩饰宗教目的，无疑非常虚伪。但这个事实并不妨碍这种假说成为有趣的、透明的讨论的基础。我写这篇文章的目的就是试图阐明怎样才能在科学领域内有建设性地探讨这个问题。

如何识别外星智慧生命这个问题，其最严峻的情形出现在一个通常被称为 SETI 的科学分支内。SETI 是 Search for

Extra-Terrestrial Intelligence（探寻外太空智慧生命）的简称。对于 SETI，我们应该认真对待。我们不能把 SETI 的践行者与那些声称自己被劫持到飞碟上并被迫与外星人发生了性关系的人等同起来。由于各种原因，包括太空监听设备的探测范围和光速的限制，我们与外星智慧生物的第一次接触不太可能是面对面的身体接触。SETI 科学家并没有预测，我们是否会很快遇到活生生的外星来客。他们认为，人类与外星智慧生命的相遇将首先以无线电传输的形式体现出来——从接收到的无线电信号的特定模式中，显然可以看出它们源于智慧生命。

宇宙其他地方可能存在智慧生命的观点有着强有力的支持证据。它得到了所谓的平庸原理（principle of mediocrity）的支持。平庸原理是从哥白尼、哈勃等人的发现中推导出来的。曾几何时，人们认为地球是唯一存在生命的地方，它的周围环绕着透明的球体，球体上点缀着亮晶晶的星星。后来，当人们了解到银河系的大小之后，也一度把银河系看作唯一所在和宇宙的中心。后来，“哥白尼第二”——埃德温·哈勃（Edwin Hubble）又使得银河系降级为平平无奇的存在：它只不过是宇宙中上千亿个星系中的一个。在今天，宇宙学家还在认真地推测，我们的宇宙很可能只是“多元宇宙”的其中一个。

同样，人类物种的历史曾经被认为是与天地万物同步的。但是现在我们知道，借用马克·吐温的一个比喻，如果把宇宙的历史比作埃菲尔铁塔的高度，那么人类的历史最多只有铁塔顶部的油漆那么厚。如果我们用平庸原理来考察地球上的生命，那么它就会警告我们，如下看法肯定是愚蠢的：在这个有 1 000 亿个星系的宇宙中，地球是唯一有生命的星球。

这是一个非常有力的论证，至少我认为自己被说服了。然而在另一方面，平庸原理却被另一个同样非常强大的原则，即人们通常所称的“人择原理”（anthropic principle）所抵消了。人择原理说的是，人类作为宇宙万物的各种条件的观察者这个事实本身就决定了，这些条件必定有利于人类的存在。人择原理这个术语是英国数学家布兰登·卡特（Brandon Carter）首创的，尽管他本人更喜欢的一个术语是“自我选择原则”。在这里，我想借用卡特的人择原理来讨论生命的起源。生命的起源是一个化学事件，它催生了第一个自我复制的分子，从而引发了DNA的自然选择，最终导致了诞生和进化。假设生命的起源确实是一个极其不可思议的低概率事件，假设导致第一个自我复制分子出现的原始汤（primeval-soup）产生于一次（非常幸运的）“化学事故”，它的概率将低至十亿行星年的十亿分之一。这种极低的可能性意味着没有任何化学家可以在实验室中复制这种事件。在向美国国家科学基金会申请资助时，如果研究声称研究项目获得成功的机会低于百分之一，那么肯定会被一笑拒之，更不用说十亿分之一。然而，宇宙中行星的数量是如此之大，即使是在可能性极其微小的情况下，也可以保证人们有理由期待宇宙中包含着十亿个拥有生命的行星。而且（人择原理告诉我们），因为人类生活在这里，因而地球必然是十亿中的一个。

即使一个星球上出现生命的概率低至百亿亿分之一（这早就超出了我们所说的“可能”的范围），[3] 宇宙中至少存在百亿亿颗行星这种合理的计算也可以为我们的存在提供一个令人满意的解释：宇宙中仍然很可能存在一个能够容许生命出现的行星。而且，一旦我们得出了这样一个结果，人择原理就能替我们完成剩下的推理。任何在进行这种计算的“人”必定生活在一个有生命的星球上，而那个星球必定是地球。

人择原理的推论是惊人的，但是无懈可击。我对它的应用是过分简化了的，因为我假设，一旦生命出现在了一个星球上，那么达尔文式的自然选择就会导致有智慧、会反思的生物出现。更准确地说，我本来应该讨论的是，生命在一个星球上出现并最终进化出能够进行人择原理式反思的智慧生物的总体概率。也许，能够自我复制的分子（这是触发自然选择的必要条件）的化学起源是一个可能性相对“较高”的事件，而智慧生命进化的后续步骤则是极其不可能发生的。在《孟德尔妖》（*Mendel's Demon*）一书中，马克·里德利（Mark Ridley）认为，生命进化过程中最不可能发生的一步是真核细胞的出现（但令人诧异的是，这本书在美国出版时，书名被莫名其妙地改成了《合作的基因》）。[4] 在里德利看来，很多行星都能够为细菌这样的“生命体”提供适合的条件，但是只有极小一部分行星能够使细菌越过下一个障碍，达到与真核细胞相当的水平——里德利将后者称为复杂的生命。不过也有人认为，上述这两个障碍仍然是相对容易跨越的，陆地生命进化最艰难的一步是产生人类这样的智慧水平。根据后面这种观点，我们或许可以预测，宇宙中有大量的行星上出现了复杂的生命，但是很可能只有一个行星拥有能够注意到自身存在的生命——由此人择原理就起作用了。我们在这三重“障碍”（或其他障碍，如神经系统的起源）之间怎样分配概率其实没有那么重要。只要能够进化出有能力进行人择反思的生命形式的星球的数量，不超过宇宙中行星的数量，我们就可以为人类的存在提供充分和令人满意的解释。

虽然从人择原理出发的这种论证是无懈可击的，但是我有一个非常强烈的直观感觉，那就是我们其实不需要援引人择原理。我认为，宇宙中出现生命并进化出智慧生物的概率相当高，因此应该有数十亿行星上生活着有智慧的生命，其中许多“人”比人类要高级得多，以至我们可能会称之为“神”。幸运的是，或者说不幸的是，我们很可能永远也不会与他们相遇：即使有智慧的生命形式出现的可能性很高，他们仍然只是困居在一些极度分散的“孤岛”上，各个岛屿之间相距甚远，以至各个孤岛上的“居民”都不会相互拜访。恩里科·费米（Enrico Fermi）留下的天问——“他们到底在哪里？”，只能得到一个令人失望的答案：“他们就在那里，只是相距太远，所以无法与我们相见。”然而，我依然认为，外星智慧生命存在的可能性是我们可以接受的，不会像人择原理的预估结果那样低。因此我认为，往 SETI 的探寻项目中投入适当的资金是值得的。如果 SETI 的探寻获得了肯定的结果，那将是一个令人振奋的生物学发现，它在生物学史上的地位将不亚于达尔文发现的自然选择。

如果 SETI 真的收到了一个信号，那么它有可能来自位于宇宙智慧生命光谱最顶端的外星生物，或者说来自像神一般的外星智慧生命。[5]我们将可以从外星人那里学到很多东西，尤其是物理学知识，因为物理对人类和外星人而言都是一样的，很可能外星人懂得更多。而生物学就不一样了，不过，即使内容完全不同也将极其吸引人。到那个时候，沟通将会是单向的。如果爱因斯坦所说的光速限制是正确的，那么相互对话就不可能发生。我们可以向他们学习，但是我们无法告诉他们什么。那么，我们又如何通过无线电波模式来识别外星智慧生命呢（无线电波来自浩渺的太空，是通过一些巨大的抛物线形天线接收到的），怎么保证不会出现乌龙？以前曾经有过一个疑似外星人信号，1967 年，约瑟琳·贝尔·伯奈尔（Jocelyn Bell Burnell）发现了一个无线电波信号模式，她半开玩笑地将它称为“小绿人”信号（Little Green Men）。这个信号的闪烁周期只有一秒多一点。现在我们已经知道，它源于一颗脉冲星，伯奈尔正是第一个发现脉冲星的人。脉冲星是中子星的一种，围绕自己的轴线旋转，发射出一圈一圈的无线电波束，就像灯塔发出的光线一样。令人感到惊讶的是，一颗星星可以在用秒的尺度来衡量的一“天”内完成自转，而这并不是脉冲星唯一令人感到惊讶的特征。对于本文而言，重点在于贝尔·伯奈尔发现的周期性信号并不是外星智慧生命存在的证据，而只是普通物理学的一个独立的结果。事实上，许多非常简单的物理现象，从滴水到各种摆锤，都能产生某种有节奏的模式。

接下来，SETI 的研究人员在搜寻外星智慧生命的过程中能够做些什么呢？我们不妨假设外星人也积极地试图表明它们的存在，那么我们就可以问自己这样一个问题：如果要传达人类这种智慧生命存在的证据，我们又该怎么做？当然不能像贝尔·伯奈尔发现的“小绿人”信号那样，发出某种有节奏的无线电脉冲。但是，除此之外还有什么办法吗？有些人建议向太空发射素数信号，他们认为素数是一种只能由智慧生命发出和理解的最简单的信号。但是，我们究竟在多大程度上相信，基于素数的脉冲模式只能来自懂得复杂数学知识的文明？严格地说，人们并不能证明不存在能够产生素数信号的无生命的物理系统，最多只能说物理学家迄今尚未发现能够产生这种信号的非生物过程。严格地说，我们对任何一种信号都应该保持同样的警觉。不过，确实有一些信号——基于素数的信号可能是其中最简单的一个例子——比较令人信服，如果不选择它们，似乎显得有些不合理。

令人不安的是，生物学家已经构建了一些模型，它们能够生成素数，同时又与智慧生命完全无关。一个典型例子是周期蝉。它们会在地下蛰伏 17 年（一些品种）或 13 年（其他的品种），然后爬出地面羽化为蝉。为了解释这种奇异的周期现象，生物学家提出了两个理论，它们都依托于 13 和 17 是素数这个事实。下面我将描述其中一个理论。这个理论的前提假设是，蝉在出土那一年像瘟疫蔓延一般铺天盖地而来，是为了适应捕食它们的动物——从数量上“淹没”捕食者。但随后捕食者物种就会进化出自己的定期繁殖模式，以便在蝉大量出没时（从捕食者的角度来说是出现进食良机时）获益。在这种进化的“军备竞赛”中，周期蝉通过延长两次“蝉瘟疫”之间的时间来做出反应，而捕食者的回应也是进一步延长自己的繁殖周期。（这里的“反应”和“回应”等术语并不意味着整个过程有任何意识的参与，这里存在的只是盲目的自然选择。）在这种军备竞赛过程中，当周期蝉的繁殖间隔达到的年数，例如 6 年，可以被另一个整数整除时，捕食者就会发现，只要缩短自己的繁殖间隔，比如缩短至 3 年，就可以让自己的繁殖周期的某个峰值与周期蝉的系列周期重合。只有当周期蝉的繁殖间隔年数为某个素数时，这种情况才不会发生。于是，周期蝉继续延长自己的繁殖周期，最终使得繁殖间隔年数成为一个很大的素数，一方面保证了捕食者的繁殖周期不可能直接与之同步，另一方面还保证了它不是较短年数的某个倍数。

表面上看，这个理论不是特别合理，但是这一点并不会妨碍我的目的。我只是想通过周期蝉的例子来说明，我们确实可以设想，存在着能够产生素数的机械模型，它们完全与有意识的数学推理无关。至少，周期蝉的例子已经表明，即使非生物的物理学机制不能产生素数，没有智慧的生物也确实可以产生素数。即使这个从素数的角度来解释周期蝉的理论不那么可信，但它也提出了一个有益的警告：有素数必有智慧，这种判断方法并不是不证自明的。

综上所述，通过接收到的无线电信号来判断外星智慧生命是否存在是很困难的。而且这个事实本身就是一种警示，它使我们联想到历史上从设计的角度来论证上帝存在的往事。曾经有一个时期，几乎每个人（除了若干极其罕见的例外，例如大卫·休谟）都非常坚定地认为，生命的复杂性就是存在一个有智慧的设计者的铁证。[6]因此，我们应该暂且停下来思考一下：在19世纪，与达尔文同时代的人是不是有权利对达尔文的发现表示惊异？正如我们今天也许有权对物理学家发现某个无生命的物理机制能够产生素数表示惊奇一样。或许，我们应该承认这样一种可能性——某个可以与达尔文的自然选择原理相媲美的原理仍未被发现，它对设计错觉的解释，将与达尔文主义对自然选择创造的奇观的解释一样令人信服。

当然，我预测这样的事情不会发生。自然选择理论已经足够强大，它可以生成近乎无限的复杂性，解释任何设计错觉。在宇宙的其他地方，起作用的可能是自然选择的某种变体，它们所依托的原理虽然本质上与达尔文在我们这个星球上发现的没有不同，但是在细节上可能几乎不可辨识。同时也请记住，自然选择还可能成为其他形式的不可思议的设计错觉的助产士。自然选择不会在它的直接产品，例如羽毛、耳朵和大脑出现之后就停止工作。一旦自然选择产生了大脑（或外星智慧生命中相当于大脑的结构），那么大脑就会继续构想出技术（或外星上相当于技术的事物），包括像大脑一样能够设计其他事物的计算机（或其他同类事物）。有意识的、精心的工程设计活动——这是自然选择的“间接生产”形式，而不是“直接生产”形式，可以发展出新的复杂性和优雅性。我在这里要强调的核心思想是，自然选择是以两个层次上的设计来展现自身的：第一个层次是我们在鸟的翅膀或人的眼睛和大脑中看到的作为一种“错觉”的设计；第二个层次是“真正的”设计，但那是大脑进化的产物。[7]

这样也就引出了我的中心论点。无论是在我们这个星球上还是在浩渺的宇宙深处，作为长期进化的产物的有智慧的设计师，与没有任何进化历史、突然出现的有智慧的设计者，这两者存在着非常深刻的区别。当一个创造主义者说，人的眼睛或细菌的鞭毛，又或血液的凝固机制是如此复杂，所以它们必定是设计出来的时，其实就已经说明了一切：是把“设计者”想象为一个在遥远的星球上逐渐进化而来的外星人，还是想象为一个没有经历进化的超自然的神？逐渐进化本身就是一个真正的解释。从理论上说，进化真的可以生成一个足够复杂的智能体，后者能够设计机器和其他复杂的东西——如此复杂，以至不可能不是设计出来的。相反，假设“设计者”从破碎虚空中无中生有而来，则不能解释任何东西，因为这种“设计者”不能解释自己的出现。

当然，常识（而不是严格的逻辑推理）告诉我们，有一些人造机器，如果不是有智慧的生命设计出来的，根本不可能出现。一架喷气式战机、一枚登月火箭，甚至一辆汽车、一辆自行车，它们都是设计出来的。真正重要的是，做出这种设计的实体——人的大脑，却不是设计出来的。大量有力的证据表明，人类大脑是通过一系列几乎无法察觉的、逐渐改进的中间步骤完成升级的，这些中间步骤的遗物可以在化石记录中找到，与它们相似的东西则广泛存在于人类周围的动物世界。此外，达尔文及其在 20 世纪和 21 世纪的后继者，还为我们提供了一个十分合理的解释，证明存在着一个促进人类沿着向上的斜坡进化的机制，这个进化过程也就是我所称的登上不可攀登之山的过程。自然选择作为一种理论，绝不是绝望时孤注一掷的最后手段。相反，自然选择是一种具有真实感和解释力的思想，前提是你要理解它的优雅和简洁。这正是赫胥黎痛哭出声的原因：“我怎么会那么愚蠢，竟然没想到这个！”

我们还可以走得更远，自然选择不仅可以解释细菌鞭毛、眼睛、羽毛和能够进行设计的大脑，不仅可以解释我们知道的每一种生物现象，它还是人类认为可能是设计出来的一切事物的唯一合理的解释。最重要的是，这种诉诸不可能性的论证（“如此复杂以至不可能不是设计出来的”），鼓吹必定存在智慧设计的创造主义者非常喜欢用它来支持他们的观点，现在已经调转了枪口，以极大的破坏力给了创造主义致命的一击。

这种诉诸“不可能性”的论证的起点是无可争辩的，它指出，自然界中存在的某些现象，比如细菌的鞭毛或人的眼睛，不可能是简简单单就出现的。它们必定是某种非常特别的、能够产生不可能性的过程的产物。它的错误在于仓促间跳到了这样一个结论：“设计”就是“那个非常特别的过程”。“那个非常特别的过程”其实是自然选择。我们可以用已故的弗雷德·霍伊尔爵士的“龙卷风过后，垃圾自动组装成了一架波音 747 式飞机”的类比来嘲笑这种论证，尽管这与霍伊尔爵士本人的意图相反。（霍伊尔爵士说的是，生命复杂性的自发起源，与“龙卷风过后，垃圾自动组装成了一架波音 747 式飞机”同样不可思议。）

所有人都会同意，飞机和生命体是不太可能随机组合而成的。我们在这里讨论的这种“不太可能”更精确的说法是特定的不可能性（或特定的复杂性）。“特定”一词非常重要，原因我在《盲眼钟表匠》（*The Blind Watchmaker*）一书中进行了详细的阐释。首先，随机尝试就能够猜出银行保险柜组合数码锁的密码是不太可能的，这就像随意地把废金属堆在一起就能组装出一架波音客机一样，然后我又提出：

> 银行保险柜的数码锁有数以百万计的数字组合，其中只有一个组合可以把锁打开，从“后见之明”的角度来看，这个数字组合与其他组合是同样“不可能”的。同样，在几百万种组合飞机零件的方式中，也只有一种（或极少数几种）是能够组装成一架可以飞的飞机的，从后见之明的角度来看，每一种组合都是独一无二的（“不可能”的）。事实上，能够飞起来的飞机的组装方式、能够打开保险柜的密码组合的独一无二性，全都与上述后见之明无关。锁的制造商会提前确定数字组合，然后告知银行经理。而飞机之所以能够飞行，是因为我们预先就是这样设计的。

由于不可能的程度很高，完全排除了偶然成功的可能性，所以我们知道只有两种过程可以生成这种特定的不可能性，就是智慧设计和自然选择，当然，只有后者才能作为终极解释。自然选择能够从极大的简单性出发，生成特定的不可能性。智慧设计则做不到这一点，因为设计者本身也必定是一个“特定的不可能性”水平极高的实体。波音 747 客机的特性是必须能够飞行，智慧设计者的特性是必须能够设计。智慧设计不可能是任何事物的终极解释，因为它必定会引出自己的起源问题。

从原始简单的洼地开始，自然选择稳步沿着斜坡上行，永不止息地攀登“不可能之峰”。经过足够漫长的地质时间之后，进化的最终产物就是像眼睛或心脏这样的事物——它们的特定不可能性程度是如此之高，以至任何一个有理智的人都不可能将其归因于随机的“运气”。对达尔文主义最不幸的误解是，它是一个关于“运气”的理论，这种误解可能源于“突变是随机的”这个事实。[8]但自然选择绝不是随机的。摆脱“运气”，是任何一个关于生命进化的理论都想得到的主要成就。很显然，如果自然选择理论只是一个关于随机机会的理论，那它就不可能是正确的。达尔文主义的自然选择，指的是随机变化的关于如何构建生命的编码指令的非随机生存。

许多工程师甚至已经开始利用达尔文式的方法来优化系统了：使系统从一开始处于相当糟糕的状态，逐渐提升到接近最优的状态。事实上，对所有工程师来说，他们都经历过这样的过程，尽管他们自己都可能没有明确地意识到这个过程是达尔文式的。工程师的废纸篓里装着他们在进行测试之前就丢弃掉的“突变体”（设计方案）。有些设计甚至没来得及被列在纸上，就在工程师的头脑中被丢弃了。我并不需要刻意强调，达尔文主义的自然选择是描述有创造性的工程师或艺术家的大脑中发生的事情的一个很好或很有用的模型；富有建设性的创造性工作（无论是由工程师、艺术家，还是由任何人完成），可能体现、也可能不体现为达尔文主义的某种形式。无论如何，最根本的一点仍然是，所有的特定复杂性都必定是从简单性开始，通过某种升级过程才最终实现的。

如果我们最终发现，有证据表明地球上的某些生命形式非常复杂必然是设计的结果，那么科学家们想必能够平静地接受它们是由外星智慧生命设计的这个结论，可能还会带着一些兴奋之情。分子生物学家弗朗西斯·克里克和同事莱斯利·奥格尔（Leslie Orgel）在他们一起构建的“定向泛种论”（directed panspermia）中也提出了类似的观点。根据奥格尔和克里克的观点，地球上的细菌生命是地球之外的“设计者”有意留下的种子。[9]这个具体的结论是不是正确暂且不管，真正重要的是，他们所说的“设计者”本身也是外太空中某种形式的达尔文式自然选择的最终产物。超自然的解释等于没有解释，因为它无法解释自己是如何出现的。

伪装成“智慧设计理论家”的那些创造主义者其实只给出了一种论证，其形式如下：

1. 眼睛（或者哺乳动物下巴的关节、细菌的鞭毛、斑点鼬蛙的肘关节……还有其他一些作为一个外行的你从来没有听说过的东西）的复杂性是不可化约的。
2. 因此，它不可能是逐步进化而来的。
3. 所以，它必定是设计出来的。

这些创造主义者从来没有为上述论证的第 1 步的结论（这是不可化约的复杂性）提供任何支持性证据，因此，我有时会把这种论证称为“诉诸无知的论证”（argument from personal incredulity）。它表现为一个否定式：理论 A 在某些方面不成立，所以就必须接受理论 B——他们甚至根本不去问一下，理论 B 在同一方面会不会也不成立。

生物学家对这种诉诸无知的论证的一个合理回应是，反击它的第 2 步：仔细审视创造主义者给出的例子中的各种事物，证明它们都是经由渐进进化而来的，或者是可以经由渐进进化出现的。达尔文对眼睛的进化所做的解释就是这样的，后来的古生物学家们对哺乳动物下巴的解释也采用了同样的方法。现代生物化学家则已经对细菌的鞭毛展开了类似研究。

我这篇文章要传递的信息是，严格说来，我们甚至不用费心去反驳上述论证的第 1 步和第 2 步。即使接受第 1 步和第 2 步，第 3 步仍然是无效的。比如，我们在细菌细胞的组织中发现了智慧设计存在的无可争议的证据，如果我们在 DNA 中发现了“设计者”的“签名”（就像制造商在产品上留下的商标一样），那也只能证明“设计者”本身就是自然选择的产品（或某个尚未命名的渐次升级的过程的产物）。如果发现了这样的证据，我们的推理应该沿着克里克提出的“定向泛种论”的思路推进，而不可能指向一个超自然的设计者。无论不可化约的复杂性能证明什么，在终极解释中它也不能继续诉诸别的什么不可化约的复杂性。要么接受诉诸不可能性的论证——在这种情况下，论证最后会否定终极设计者的存在；要么不接受这种论证——在这种情况下，任何试图利用它来对抗进化的做法都将是不一致的。无论如何，我们不可以脚踏两只船。

写在后面

许多神学家实在可悲可恨！他们试图脚踏两只船，用一句厚颜无耻的断言堵住天下悠悠之口。他们声称创造复杂万物的造物主本身是不复杂的，也并非无法想象，而是简单的、纯粹的。他们还说，他们之所以知道神是简单的，是因为许多伟大的神学家，比如圣托马斯·阿奎那（Thomas Aquinas）说过他是简单的！天下还有什么废话比这更废话的吗？任何名副其实的造物主都必定拥有强大的计算能力，能够理解基本粒子理论、量子力学、相对论、引力理论、天体核物理学以及生物化学。就阿奎那的神而言，他还必须拥有足够大的“带宽”，以便听取他所创造的所有生命的祷告并（可能是根据他自己的喜好）发出赦免令。如此说来，造物主还可能是简单的吗？

11 只在路灯下寻找[1]

这是一个很多人都听说过的老笑话。晚上，一个男子一遍遍在路灯下打转，寻找什么东西。路人问他："你在找什么呢？"他回答说，他丢了钥匙，想找回来。"你把钥匙丢在了路灯下面吗？""不是。""那你为什么只在路灯下寻找？""因为别的地方没有光。"

这个男子思考问题的逻辑很滑稽，但这种逻辑似乎对现在任教于美国亚利桑那州立大学的英国杰出物理学家保罗·戴维斯（Paul Davies）很有吸引力。戴维斯（像我一样）对人类是不是宇宙中独一无二的生命这个问题非常感兴趣。DNA 代码，生命机器的代码，在每一个被检测过的活着的生物身上都相差无几。这种同样的 64 位三联体代码曾经不止一次独立地进化而来，这种情况是偶然发生的吗？似乎不可能。这也是所有生物都是"表兄弟"，都有同一个共同祖先的主要证据，而这位共同祖先可能生活在距今 30 亿年到 40 亿年前。生命在我们这个星球上起源过不止一次，但到今天只有一种生命形式幸存了下来，那就是我们这样的，我们的 DNA 代码就是它的代表。

如果其他行星上也存在生命，那么它很可能拥有某种与我们的遗传密码相当的东西，但是这种东西几乎不可能与我们的一致。如果我们在火星上发现了生命，想要判断这种生命形式的起源是不是独立于地球生命，决定性的依据就是看它的遗传密码。如果它拥有 DNA，且 DNA 编码也是和我们一样的 64 位三联体，那么就可以得出结论，这里出现过“交叉污染事件”——可能是陨石撞击造成的。

我们知道，陨石偶尔会在地球和火星之间旅行——顺便说一下，这将引出我想举的“只在路灯下寻找”的第二个例子。陨石可能降落在地球上的任何地方，但是我们很难在除了有永久性冰雪覆盖之外的任何地方发现它们。陨石看上去就像地球上的一块普通石头，它们会被植被覆盖，或者因沙尘暴和土壤“运动”而被掩埋。这也是为什么科学家通常要到南极去寻找陨石：不是因为陨石落在南极的可能性比地球上其他地方更高，而是因为更容易在那里看到它们——即使它们是很久之前就来到地球的。南极就像是路灯照亮的地方。躺在冰雪表面的任何大石头、小石块都必定是天空中落下来的，而且很可能就是陨石。事实上，科学家们在南极发现的许多陨石已经被证明确实来自火星。这个令人惊讶的结论是在对这些陨石的化学成分与探测火星的航天器采集回来的样本进行仔细比对后得出的。科学家们证明，在遥远的过去，有一颗大型陨石撞击了火星，造成灾难性的影响。火星岩石的碎片被炸到了太空中，其中有一些最终来到了地球。这就表明，火星和地球之间存在着物质交换，从而打开了生命（可能是细菌）“交叉污染”的机会之门。如果地球生命确实“污染”了火星（或者相反），那么我们就可以利用 DNA 代码来确认这一点：火星生命的 DNA 代码应该与我们的一样。

相反，如果我们在火星上发现了一种拥有不同遗传密码的生命形式——不是 DNA，或者是一种使用了不同代码的 DNA——那么我们就会称之为真正的外星人。保罗·戴维斯认为，要想找到真正的外星智慧生命，也许我们根本不需要去火星（当然更不用去太阳系之外）。太空旅行非常昂贵，也很困难。也许我们应该在地球上寻找外星生命——它们独立地起源于地球、成长于地球，并且从未离开过地球。也许，我们应该立即着手系统地检测找到的每一种微生物的遗传密码。到目前为止，科学家检测过的每一种生物都拥有与人类同样形式的遗传密码。但我们从来没有系统性地搜寻过，因此我们并不知道是否可以找到不同的遗传密码。地球就是保罗·戴维斯的路灯下的那块地方。在地球细菌的范围内进行搜寻要更加便宜、更加容易，而到火星上去搜寻就昂贵得多，更不用说到（更有可能发现外星生命）其他星系去了。我希望努力在路灯下搜寻的保罗有好运气，但是我非常怀疑他能否成功，部分原因达尔文在很久之前已经给出了：其他的生命形式很可能早就被地球上的这类生命形式吃掉了——我们今天可以补充的是，其他生命形式很可能是细菌。

之所以会想到这些，是因为《卫报》报道的一条新闻。[2] 这条新闻报道的标题是“科学家们为了寻找外星人的生命迹象，将扫描 100 万张月球照片”，而且这个故事又与我们的老朋友保罗·戴维斯有关。看来他这一次又开始认真地找起来了，不过是在另一盏路灯下。

如果技术比人类更加先进的外星人造访过地球，那么他们在过去来到地球的可能性要比当下来到地球的大得多，原因很简单，因为“过去”要比“当下”漫长很多倍——如果我们把“当下”定义为一个人的一生，甚至定义为有文字记录的人类历史的话。外星人造访地球的痕迹——遗落下来的航天器、留下来的垃圾、采矿活动的证据，甚至故意留给地球人的信号（就像《2001：太空漫游》所描述的那样），全都很快（按照地质时间的标准来看）就会被沉积岩和植被掩埋在地球表面之下。但月亮是另一回事。那里没有植物、没有风，也没有地壳构造运动。尼尔·阿姆斯特朗（Neil Armstrong）在月球上漫步时留下的脚印，看上去仍然像是昨天踩出来的一样“新鲜”。所以，保罗·戴维斯和他的同事罗伯特·瓦格纳（Robert Wagner）似乎真的有理由去仔细检查每一张高分辨率的月球照片——万一真的发现了外星人的足迹呢？概率确实很低，但是收益可能非常高，所以值得去做。

但是我非常怀疑他们能否取得成功。也许宇宙的其他地方确实存在生命，但在浩渺的太空中，有生命的星球实在太稀少、太孤独了，它们就是天空中的波利尼西亚。即使真的存在生命，不同星球之间的联系也应该是通过无线电信号实现的，而几乎不可能通过亲身拜访的形式进行。这是因为，无线电波能够以光速传输，而肉体只能以固体的速度行进。此外，无线电波能够以不断扩大的球体形式向外传播，而肉体一次只能沿一个方向行进。这就是为什么 SETI（使用射电望远镜搜寻外太空智慧生命）值得一试的原因。SETI 并不像太空旅行那么昂贵，但是保罗·戴维斯的方法（“只在路灯下寻找”）则比 SETI 还要便宜得多。在这里，我想再次祝他好运！

SCIENCE IN THE SOUL

12 科学将会杀死灵魂？[1]

“50 年后，科学将会杀死灵魂？这种说法太可怕、太没心没肺了！”其实，只有当你误解了这种说法时（确实，它很容易被误解）才会这么想。要知道，灵魂有双重含义，从表面上看，两者是混淆在一起的，实质上又有着深刻的区别。《牛津英语词典》所定义的“灵魂”，我将之定义为“灵魂 1”。

> 引理 1：灵魂指人的精神部分，人们通常认为灵魂在人死后还会继续存在，并且在未来世界也很容易受到幸福或痛苦的影响。
>
> 引理 2：灵魂是人死后脱离了身体的精神，它被认为是一个独立的实体，而且有一定的形式和个性。

科学将要毁灭的灵魂 1 是超自然的、脱离躯壳的，在人的大脑死亡后仍可以继续存在下去；即使神经元化成了灰、激素，变成了烟，灵魂也能够感受幸福或痛苦。科学将要杀死的就是灵魂 1。而灵魂 2 永远不会受到科学的威胁。相反，科学还是灵魂 2 的双生子，甚至是它的“侍女”。灵魂 2 的定义涉及的各个方面的定义也可以从《牛津英语词典》中找到，灵魂 2 指：

> 引理 1：智力或精神力量；高度发展的心理能力。同时，在较弱的意义上，还指深刻的感觉能力、敏感性。
>
> 引理 2：情绪、感觉或情感的基石；人类天性中的情感部分。

爱因斯坦是科学界的灵魂 2 的伟大榜样，而卡尔·萨根则是灵魂 2 的艺术鉴赏家。《解析彩虹》（*Unweaving the Rainbow*）一书则是我自己对灵魂 2 的一篇谦恭的祝词。或者，我们也可以听听伟大的印度天体物理学家苏布拉马尼扬·钱德拉塞卡的赞叹：

> 这种震惊，是为“绝美的事物而颤抖”。这是一个令人难以置信的事实：在数学的美感指引之下去探索得到的发现，在自然界中找到了自己的精确复制品。它说明，对于美，人类的心灵会做出最深刻、最复杂的反应。[2]

这就是灵魂 2，科学所捍卫、所钟爱的那种充塞于天地间的灵魂，科学与这种灵魂永远不会分离。本文的其余部分只涉及灵魂 1，那才是科学将要杀死的东西。灵魂 1 植根于二元论。二元论声称，世界上存在某些与生命有关的非物质的东西，存在着某些非物理的重要原则。根据这种理论，仅有身体是不够的：生机由灵魂来激活、活力因生命力而激发、能力随神秘能量而生，有了灵性，人才有精神生活；有了被称为意识的那种神秘事物，人才能拥有自己的意识。灵魂 1 的所有特征都是循环不息的。当然，这并不是偶然的。朱利安·赫胥黎辛辣地讽刺了亨利·伯格森的“生命冲动”概念，称这个概念与说火车发动机由“火车头动力”推动没有什么不同。（顺便说一下，直到今天，伯格森仍然是唯一一位获得过诺贝尔文学奖的科学家。）科学早就冲击并破坏了灵魂 1。在未来的 50 年之内，科学将彻底杀死灵魂 1。

回望50年前的今天，我们才刚刚开始理解沃森[①]和克里克于1953年发表在《自然》（*Nature*）杂志上的那篇论文的含义，而且当时并没有多少人真正明白那篇论文划时代的颠覆性意义。事实上，许多人都认为他们的论文只不过是一篇相当不错的分子晶体学专业论文。不要忘记，沃森和克里克在他们的论文中所说的最后一句话其实是一种有意为之的保守陈述（“我们当然注意到了，我们提出的这种碱基配对理论直接揭示了一种可能的遗传物质复制机理。”）。从事后诸葛亮的角度来看，称它为保守陈述显然过于轻描淡写了。

在沃森和克里克之前（一位当代科学家曾对克里克说过这样一句：“我以为你的名字就是沃森－克里克。”），极有名望的科学史专家查尔斯·辛格（Charles Singer）还写下过这样一段话：

> 尽管存在相反的解释，但基因的理论并不是一个“机械主义”理论。基因作为一种化学或物理实体，并不比细胞或生物体本身更加容易理解……如果我要求看一下活的染色体，也就是说，看一下那个唯一有效的染色体，没有人可以把它取出来交给我，除非是把它与它的生活环境一起端给我——直接给我一截手臂或腿。功能相对论的原理对于基因而言是成立的，正如它对于身体的任何一个器官是成立的一样。器官只有在相对于其他器官的意义中才能存在并发挥其功能。因此，最后一个生物学理论将我们带到了第一个生物学理论开始的地方，那就是，在被称为生命或心灵的力量存在的地方。这种力量不仅属于它自己的类别，而且在它的每一种呈现中都是独一无二的。

沃森和克里克无情地碾压了所有这一切，他们在举手投足之间就令这些东西溃不成军。现在，生物学正在变为信息学的一个分支。基因是线性数据的一维数据

① 美国著名分子生物学家，“DNA之父”，详细讲述他与克里克发现DNA双螺旋结构的著作《双螺旋（插图注释本）》中文简体字版已由湛庐文化策划、浙江人民出版社出版。——编者注

串，它与计算机文件的不同之处在于，基因的普遍有效的代码不是二进制的。不同的基因是一些可分离的数字数据串，可以从活体或尸体中读出，也可以写在纸上并存储在数据库中，然后在任何需要的时候再读取出来。现在，科学家已经可以把你的整个基因组和我的整个基因组分别写入一本书，尽管这样做的成本可能会相当高昂。

50 年后，基因组学技术将会变得非常便宜，以至一个图书馆（当然是电子图书馆）就可以容纳数以千万计的物种的完整基因组，从而为我们描绘出所有生命最终的、确定的家谱。在这样的图书馆中，我们可以对任何一组现代物种的基因组进行精确比对，我们甚至能够准确地重建一些物种已经灭绝的共同祖先，特别是，如果我们可以同时将它们的现代生态的对位基因组加入计算组合中去的话。到那个时候，胚胎学也会变得非常发达，我们将有能力直接克隆出一位会呼吸、有生命的共同祖先代表。那也许是露西——著名的南方古猿的祖先，也有可能是一只恐龙。到了 2057 年，孩子们喜欢玩的游戏也许是从书架上拿下一本书——你的基因组之书，然后把你的基因组重新输入一个 DNA 合成器，把它注入一个去了核的卵中，然后克隆出另一个你——那将是你的双生子弟弟或妹妹，但是要比你年轻 55 岁。这是你的有意识的存在的复活吗？是你的主体的轮回吗？不是的，我们已经知道答案是否定的，因为同卵双生子并不会共享同一个主体身份。同卵双生子的直觉也许惊人地相似，但是他们不会认为自己就是对方。

正如 19 世纪中叶的达尔文摧毁了神秘的“设计论”，沃森和克里克在 20 世纪中期戳穿了所有关于基因的神秘主义论调一样，到 21 世纪中叶，我们的继承者将彻底铲除灵魂能够脱离身体而存在的荒谬学说。当然，这并非易事。不可否认，主观意识是一个很难解释的奥秘。在《心智探奇》一书中，史蒂芬·平克优雅地阐述了意识问题、探究了意识的来源，并试图给出一个全面的解释。最后，他坦诚地告诉读者：“我被打败了。”这是一种诚实的态度。我认同这种态度。确实，我们现在还不理解意识。但是我相信，人类能够理解意识，到 2057 年之前，我们就能做到这一点。如果我们真的做到了这一点，那么揭示这个最大的奥秘的肯定不会是神秘主义者或神学家，而只能是科学家——也许是一个像达尔文这样的天才，更有可能是一个由神经科学家、计算机科学家和精通科学的哲学家组成的协作体。灵魂 1 将死于科学之手，这将是一个迟到的、没有人会哀悼的死亡。而且，在这个过程中，灵魂 2 将会上升到梦想够不到的高位。

13 评“亚拉巴马州插页”

引语

创造主义者认为，《圣经》对创造宇宙的过程的描述是真实的：上帝在短短6天内就将地球以及地球上的所有生命形式都创造了出来。根据创造主义者的观点，这个事件发生在距今不到一万年前（他们根据《圣经》中列出的“代”数来计算宇宙的年龄。在《圣经》中，所有的系谱都是排列在一起的）。

创造主义者已经成功说服了相当一部分普遍民众。他们的理论至少受到了与大爆炸和进化理论一样的“科学”尊重。最近的盖洛普民意调查结果显示，今天仍然有大约45%的美国公民相信，“上帝在过去的一万年时间里，曾有一次或两次创造出了人类，而且创世时人类的样子与今天的人类大体相同”。

1995年11月，亚拉巴马州教育委员会颁布了一项命令，要求将一张标题为“亚拉巴马州教育委员会的说明”的插页插入亚拉巴马州全部公立学校使用的生物学教科书中。这张插页也是后来俄克拉何马州官方稍后要求插入俄克拉何马州公立学校生物学教科书中的一个插页的基础。“亚拉巴马州插页”的内容虽然算不上复杂高深，但是确实包含了大量要求受教育者接受的仪式性的、导向性的东西。最重要的是，它对这些东西背后确凿无误的宗教基础一字不提，而且假装自己就是合理、科学的怀疑这种美德的化身。

在那前后，我恰好应邀前往亚拉巴马州发表演讲。在我的讲座开始之前，有人给了我这份文件的一个副本。我也了解到了亚拉巴马州时任州长发表电视讲话时的言行。他当众模仿一只猿左摇右摆的走路姿态，以此来嘲笑进化论思想。我分明感觉到了亚拉巴马州的生物学家和诚实的教育工作者所处的尴尬处境，他们受到了所在州政府的嘲弄，亟须外界支持。当我问他们是不是害怕失去什么时（为什么不能不受干扰地继续讲授进化论），有些人承认，他们真的害怕失去工作，这不仅是因为州政府的干涉，还因为那些愤怒的“家长委员会”。激于义愤，我在冲动之下抛开本来准备好的演讲稿，决定在演讲中剖析“亚拉巴马州插页”。由于没有时间准备专门的幻灯片，我直接将“亚拉巴马州插页”用投影仪投在屏幕上，逐行进行批驳。本着支持和声援亚拉巴马州、俄克拉何马州以及其他州和司法管辖区备受困扰的教育工作者的精神，我将当时的演讲内容记录下来，经编辑后汇集在这里。“亚拉巴马州插页”的内容如下所示，这些内容的下方是我的评论。

> 这本教材讨论的是进化论。这是一种颇具争议的理论，一些科学家认为它是对生命的起源，例如动物、植物和人类的起源的科学解释。

这种说法是带有严重误导倾向的、非常虚伪的。“一些科学家”和“颇具争议的理论”，这种措辞表明，还有许多可敬的科学家是不尊重进化论的。但真正的事实是，不接受进化论的合格科学家的比例微不足道。有几个人号称自己拥有博士学位，但是他们的博士学位几乎都不是从知名大学或与进化论相关的学科获得的。电气和海洋工程无疑是值得尊重的学科，但是这些学科的专家在我所从事的专业领域没有多少发言权，正如我没有资格对他们的专业指手画脚。

确实，并不是所有合格的生物学家都会对进化的每一个细节持完全相同的看法。在任何一个繁荣的科学分支中，我们都能听到争论。也并不是所有的生物学家都同意达尔文式自然选择在指导进化中的相对重要性——与其他可能的力量，如遗传漂变或更高层次的准达尔文力量“物种选择”相比。但是毫无疑问，所有有信誉的生物学家都会接受以下观念：今天生活着的所有动物、植物、真菌和细菌都来自一个共同的祖先，这个共同的祖先生活在距今 30 多亿年之前。[1] 我们都是表兄弟，这一点绝不是“有争议的”，也绝不是仅有“一些”科学家相信它——除最狭隘的字面意义之外。进化不仅是一个理论，而且是一个已经得到了证明的事实，一个与“夜晚和白天的交替是由地球旋转引起的”一样的事实。这种误解直接导致了下一个误解。

> 生命最初出现在地球上时，没有人在场，因此任何关于生命起源的陈述都应该被认为是一种理论，而非事实。

“理论”和“事实”这两个词在这里以这种形式出现，也是一种有意为之的误导。科学哲学家用“理论”一词时，表示的是任何人都可能会称之为事实的知识或知识片段，以及与直观的感觉没有什么区别的想法。“人类可能会患上疯牛病”是一个理论，它有可能是一个错误的理论，各类专家仍然在忙于从各种途径寻找进一步的证据。关于谁是“皮尔当人骗局”的始作俑者，人们已经提出了各种各样的理论，但是我们可能永远都不知道正确的答案。以上是“理论”的一般意义。除此之外，还有严格的技术层面的理论，比如地球是圆的，而不是平的。这种意义上的理论是指那些有压倒性的证据支持的理论。

“没有人在场”目睹地球上生命的起源，没有人见证随后的进化过程，这也许是事实，但这个事实本身并不能成为确定我们能否认定进化是一个事实的根据。一件谋杀案的发生可能是除了凶手之外所有人都不知不觉的，但是遗留下来的线索都是间接证据，包括指纹、足迹和 DNA 样本等，它们在排除了所有合理怀疑后，就可以引导我们找出罪犯。在科学领域，很多毫无疑问的事实都是从来没有人直接见证过的，但是它们比许多所谓的直接观察到的事实更加有说服力。从来没有人活得足够长，足以目睹大陆的移动，但是板块构造理论无疑是成立的，有着大量证据的支持，即使是无理由的怀疑者也不得不承认这一点。另一方面，数以百计的目击者声称，他们在法蒂玛观察到，太阳奇迹般地改变了方向（“根据圣母玛利亚的命令”）。这样的目击证据根本无法证明太阳真的逆转了方向，只是因为太阳能够被世界上很多人在同一个时间观察到，但是在法蒂玛之外的人从来没有观察到这个事件的发生。[2]

根据我们这里隐含地引用的科学哲学思想，“事实”无非是经受了大量证伪考验之后仍然没有被证伪的理论。如果随便附和一下就可以让你乐不可支，那么我也可以承认进化只是一种理论，但这是一个具备可证伪性的理论，就像地球围绕太阳旋转、澳大利亚存在于地球上这样的理论一样。

> “进化”这个词可以用来表示各种类型的变化。进化可以用来描述发生在某个物种内的变化，例如白蛾可能会“进化”成灰蛾。这个过程是微观进化，它可以被观察到并被描述为一个事实。进化也可以用来表示一种生物变为另一种生物的变化，例如爬行动物“进化”成鸟类。这个过程被称为宏观进化，但它从来没有被观察到过，应该只被认为是一个理论。

这种论调并不出人意料。微观进化与宏观进化之间的巨大差异，确实正日渐成为创造主义者最喜欢讨论的一个主题。而且我们也很容易就可以看出，为什么他们对这个主题特别热衷。但是，微观进化与宏观进化之间的区分实际上被过分高估了。在这个问题上，生物学界确实存在着一定的争议，但是我们中许多人认为，宏观进化只不过是微观进化在很长的时间尺度上的延伸。接下来我就来详细说明这一点。

在有性繁殖中，我们认为种群的各种基因是均匀混合的，构成了一个“基因库”。我们在任何时候观察到的个体的身体，都只是当前的基因库的外在和可见的表现。随着时间的流逝，在经过了数千年、数万年的进化之后，基因库可能会逐渐改变。一些基因在基因库中出现的频率变得更高，而另一些基因的出现则变得较少，于是我们观察到的动物个体也会相应地发生变化。种群的代表样本也许会变得身高更高（或更矮）或肤色更浅（或更深）。当然，并不是每个个体都会变得更高（或更矮），个体的身高仍然会在很大的范围内波动，但是随着基因库内的频率变化，分布会向着更高（或更矮）的方向移动。

这就是微观进化。对于微观进化的根本原因，我们现在已经了解了很多。基因的频率可能会因为各种各样的偶然因素发生变化。当然，我们更关心的是，基因的频率会在某种驱动力量的作用下发生变化，那就是自然选择。自然选择是目前已知的唯一可以推动改进、产生设计错觉的力量。当然，如果不把进化限定为向更好的方向变化，那么我们可以说推动微观进化的其他力量还有很多。在这里，我们暂且只考虑自然选择。

具有某些特性的动物个体，例如在食物贫瘠的冰河时代，更有侵略性是一个很有利的特性，在生存和繁殖后代上可能会更有优势些。相关的基因在使个体变得更强壮的同时，也会使这些基因在基因库中的频率略有增加。这就是动物和植物最终都会变得擅长生存和繁殖的原因。当然，不同的物种在不同的环境下生存和繁殖所需要的东西各不相同。鼹鼠的基因库将容纳这样一组相互兼容的基因，使得这种小动物变得毛茸茸，并擅长将泥土中的虫子挖掘出来吃掉。信天翁的基因库则容纳了另一组不同的相互兼容的基因，使它长出了硕大的羽翼，可以轻松掠过南半球大洋上的惊涛骇浪。

这些都属于微观进化，一些信奉创造主义的人，也愿意承认它们是事实。关键的区别是，他们把希望寄托在宏观进化上，他们认为宏观进化是完全不同的东西。我不认为宏观进化是完全不同于微观进化的。伟大的美国古生物学家乔治·盖洛德·辛普森（George Gaylord Simpson）指出，宏观进化就是进化的进化，只是更宏大、更缓慢。宏观进化往往需要历时数千代。我同意辛普森的观点，而且我还认为，渐进的微观选择可以积累起来，导致戏剧性的宏观变化。这方面的例子可以参考乔纳森·韦纳（Jonathan Weiner）所著的《雀喙之谜》（*The Beak of the Finch*）一书。在这本书中，他描述了彼得和罗斯玛丽·格兰特夫妇（Peter and Rosemary Grant）在加拉帕戈斯群岛上进行的对“达尔文地雀之喙”快速进化的研究。

那么，除了辛普森的观点之外，有可能取而代之的解释又是什么呢？一些当代的美国古生物学家经常提到，在微观进化（即基因库内基因频率缓慢、渐进的变化）与宏观进化（即他们所说的新物种出现这种相对突然的变化）之间存在着所谓的“脱钩”现象。要不是下面继续剖析“亚拉巴马州插页”上的其他语句时还要回到这个问题上来，我本不必在这里提及这些争议。它们全都是细节问题，并不涉及进化这个事实本身。在这里，我先直接把宏观进化和微观进化脱钩论者所主张的间断均衡观点列出来——那些创造主义者试图“劫持”的就是这种观点。例如，间断均衡论的代表人物斯蒂芬·古尔德是这样说的：

> 我们为了解释进化趋势而提出了间断均衡论后，创造主义者就一而再再而三地引用它，这实在令我出离愤怒。他们在讨论“智慧设计”时引用它，在讨论我不知道的愚蠢主题时也引用它，他们说我们已经承认化石记录中找不到过渡证据……杜恩·吉什（Duane Gish）这样写道：‘根据戈德施密特（Goldschmidt）的说法，而且现在显然古尔德也持同样的观点——爬行动物生下了一只蛋，然后第一只全身长满羽毛的鸟就出生了。’任何一个相信这种废话的进化论者无疑都会遭到嘲笑。对于鸟类起源这种场景的解释，唯一可以想见的理论就是创造主义，即上帝对那只蛋做了功……对于这些创造主义者的行径，我既感到愤怒，又觉得好笑，但最主要的还是深感悲伤。

我同意古尔德的看法，但是我能够感到的只有愤怒，而不是悲伤或好笑。

> 进化也指如下这种未经证实的信念：一些随机的、无方向的力量催生了一个生物世界。

对达尔文理论的这种歪曲很常见。任何一个白痴都能够看出，如果达尔文主义强调的是一个完全随机的力量，那么这些很好地适应了环境的复杂生命就不可能出现。毫无疑问，这些鼓吹者基于自私的理由千方百计地抹黑这个理论，他们试图把达尔文主义贬低到与随机的“运气”等同的位置，在此基础上，他们进一步嘲笑说，进化论就是在掷骰子——他们会不怀好意地问，要想自发地进化出眼睛这样的器官，需要摇多少次赌盅呢？既然自然选择并不是一个随机过程，所以摇骰子这种事情是与进化论完全无关的。“亚拉巴马州插页”中的这一句使用了“无方向”一词，将它作为随机的同义词，对此需要更细致周详的处理。自然选择当然不是一个随机过程，但它是不是“定向”的？不是的，特别是“定向”指的是刻意的、有意识的、智慧的意图。不是的，特别是“定向”意味着针对未来的目标或目的。如果“定向”意味着适应性改进，那么我们可以说自然选择是定向的；如果“定向”指的是产生表面上令人信服的辉煌设计的错觉，那么可以说自然选择是定向的。在后面这两种意义上，自然选择确实是“定向”的。达尔文的成就并不在于贬低设计错觉的优雅，而在于解释清楚那确实是错觉。

> 关于生命起源，还有许多至今尚未得到答案的问题，它们在这本教科书中没有被提及，包括：
>
> - 为什么主要动物群体突然出现在了化石记录当中（这被称为“寒武纪大爆发”）？

其实，我们能够获得现在这些化石已经非常幸运了。动物死亡后变为化石，必须同时满足许多条件，这些条件中经常有一种或多种无法得到满足。我个人觉得，如果我死后能够变成化石，那将是我的荣幸，但我并不抱这种奢望。

那些没有坚硬骨架的动物很难变成化石，[3] 因此，我们通常很难看到后来进化成为有坚硬骨骼的动物的软体动物祖先的化石。我们的预计本来就是，当坚硬的骨骼出现后，化石将会突然成批出现。

动物身体中柔软的部分变成化石被保存下来的情况非常罕见，其中一个突出的例子是在加拿大发现的布尔吉斯页岩化石床（Burgess Shale）。布尔吉斯页岩以及在中国发现的一个类似的地区，是寒武纪时期留下来的最好的化石床。寒武纪大爆发背后实际发生的事情是，这些动物的祖先在寒武纪之前就一直在逐渐进化，但是没有变成化石留下来。

正如我在上面已经说过的，我们很幸运地获得了很多化石。认为只有化石才是进化最重要的证据的观点是有误导性的，即使没有化石，其他来源提供的进化的证据也仍然是压倒性的。

- 为什么在一段很长的时期内，化石记录中一直没有新的主要生物种群出现呢？

主要的生物种群本来就不会、也不应该（根据达尔文的理论）“出现”在化石记录中，相反，它们应该是从早期祖先逐渐进化而来的。可能有人会认为某个新的“门”也许是自发地、无中生有地出现的，[4]事实并不是如此。确实，某些形式的创造主义确实认为它们能自发地出现，但那不是达尔文主义。动物界现在的各主要分支——门，大多起源于寒武纪之前，那时还只是一些不同的“种”。[5]在“种”的基础上，物种逐渐分化，进化成了不同的“属”，然后是不同的“科”、不同的“目”，等等。你不应该指望在近期看到某个新的“门”出现，因为在我们能够观察它们的时候，它们还来不及分化得与祖先足够不同，以至可以组成一个不同的“门”。举例来说，鸟类是在距今5亿年之前分化出来的，它们与其他脊椎动物之间的“距离”已经足够远，足以使它们被归类为一个单独的类别。

作为一个类比，请想象一下一颗老橡树，它有一些主干树杈，每个大树杈上面又有很多小树枝。注意，每个主干树杈都是由一个小树枝生长而成的。如果有人对你说：“怎么没有新的大树枝从这棵树上长出来？我们近年来看到的所有新长出来的树枝都是小枝。”你会觉得他们很愚蠢，难道不是吗？是的，我用的就是愚蠢这个词。

- 为什么主要的新动植物种群在化石记录中没有过渡形式？

这种“质问”在创造主义文献中极其重要，又实在令人莫名惊诧。对于这种说法，我真要说一句“这是说哪里话啊”！因为它根本不是事实，完全是一种一厢情愿的想法。事实上，我们发现的每一块化石都有可能是某个物种与另一个物种之间的过渡形式。当然，由于我在上面说过的原因，化石之间也存在着某些空白。关键是，从来没有某块化石出现在了错误的地方。伟大的英国生物学家约翰·伯顿·桑德森·霍尔丹曾经接受过一位狂热的卡尔·波普尔（Karl Popper）哲学的支持者的挑战（波普尔认为科学进步是通过提出可证伪的假说来推动的）。这位波普尔的信徒要求霍尔丹说出一个能够直接证伪进化论的发现。“寒武纪之前的兔子化石，”霍尔丹咆哮道，“只要你找到一块这样的化石，就可以证伪进化论了”。但从来没有人发现过这种错位的化石。

目前人类发现的所有化石都位于正确的排位上。创造主义者非常清楚这一点，也知道这是他们需要解释的一个尴尬事实。他们苦心孤诣地想出来的最佳解释真的很奇怪。他们说，这一切都是诺亚大洪水所致。在洪水袭来时，所有动物为了逃命都尽自己的一切力量爬上山坡。随着水面不断升高，越聪明灵巧的动物淹死得越晚，它们在死前爬上的山坡也越高。他们说，这就是为什么我们会在“较低级”动物的化石之上发现“较高级”的动物的化石的原因。唉！他们也真是可怜，要不是完全绝望了，想必也不会提出这种奇异的解释！[6]

创造主义者对所谓的“化石记录空白”的错误解释，部分原因可能在于，他们对尼尔斯·埃尔德雷奇（Niles Eldredge）和古尔德提出的间断均衡理论产生了严重的误解。埃尔德雷奇和古尔德所讨论的其实是化石记录的不平衡现象。根据他们的生物进化思想，这种现象源于如下事实：大多数进化都相对较快，而且发生在他们所说的“成种事件”（speciation event）延续期间。不同的成种事件之间存在着很长的进化停滞期，在此期间不会发生进化变化。将这种理论与化石记录中的重大空白（比如所谓的寒武纪大爆发之前的化石记录空白）混为一谈，无疑是一个可笑的误解。但创造主义者是有意这样曲解的。在前面，我已经引用了古尔德博士的话，他本人也因为被创造主义者一而再再而三地有意错误引用而烦恼。

关于分类，还有一个纯粹的语义上的误解。对于这一点，我想用一个类比来解释。孩子们都是逐渐长大、逐渐变为成人的，但是在法律上，大多数人的成人时间都被规定为某个特定的生日——通常是18岁生日。非要挑刺的话，我们可以说：“英国有5 500万人，却没有一个人处于非选民和选民之间。这太糟糕了，由于不存在中间过渡状态，英国人的成长过程中出现了一个令人尴尬的空白。”但是这有意义吗？为了法律上的便利，在18岁生日午夜，青少年变成了选民。同样，动物学家一直坚持对化石样本进行明确分类，不是归入这个物种，就是归入另一个物种。即使一个标本就其活着时的实际形态而言是属于过渡形态的（根据达尔文的理论，这种情况并不少见），动物学家遵循的“合法的约定”也还是会要求他们将其归入某一类，这就导致了某种形式的跃变。因此，当创造主义者声称不存在中间过渡形态的化石时，这种说法在物种层面并没有错（定义就是如此），但对现实世界没有任何影响，最多只涉及动物学家的命名规则。

寻找中间过渡形态的化石的正确方法是，忘掉化石的一切命名，转而研究它们的实际形状和大小。一旦你真的开始这样做了，你就会发现，化石记录中充满了优雅美丽的渐进过渡形式，尽管还是存在若干空白——有的空白还相当大，但那也是早就被大家接受了的，因为有些动物根本没有留下化石。从人类的祖先看，从南方古猿、能人到直立人，再到早期智人和现代智人，整个渐进的进化过程是如此流畅，以至化石专家们不断在对某个特定的化石应该怎么分类、应该怎么命名争辩。现在，我们再来看一下如下的反进化论宣传，你就知道有多荒谬了：“迄今发现的这些化石，或被归类为南方古猿属，因此我们要称其为猿；或被归类为‘人’属，因此我们要称其为人。经过一个多世纪费心费力的挖掘和紧张激烈的辩论，为人类的假想祖先准备的玻璃宝座却仍然空在那里，缺失的一环仍然缺失。”对于这种说法，我们不禁要问，怎样的化石是中间过渡形态的化石？有人可以想象出来吗？不难看出，上面这段话对现实世界而言毫无意义。

- 你和所有的生物到底是怎样获得一套完整而复杂的“指令”，构建出一个活着的身体的？

这套指令就是我们的DNA。我们从父母那里得到它，父母从我们的祖父母那里得到它……以此类推，追溯到一个遥远的、身形很小的祖先，它比4 000万年前在海里生活的细菌还要简单。

由于所有的生物都能遗传到祖先的所有基因（而不是从它们祖先的不成功的同时代“人”那里遗传基因），因此所有的生物往往都拥有成功的基因。这就是说，所有生物都拥有成为祖先所需要的基因，而成为祖先就意味着生存和繁殖。这也正是生物倾向于通过构建一个精心设计好的“机器”来遗传基因的原因。这里所说的机器就是身体，身体努力发挥自己的作用，以便成为一个祖先。这也就是鸟飞得那么高、鱼游得那么快、猴子爬得那么高、病毒传播得那么迅速的原因。这也就是我们珍惜自己的生命、喜欢性生活、疼爱孩子的原因。所有人和生物都是从一连串成功的祖先那里继承了所有的基因，没有例外。我们这个世界充满了生物个体，它们拥有成为祖先所需要的一切。

进化的“军备竞赛”，例如发生在捕食者和猎物之间的竞赛，或发生在寄生虫及其宿主之间的竞赛，客观上促使完美性和复杂性不断升高。捕食者变得越来越有能力捕捉猎物，同时猎物也越来越有能力逃避追捕。这就是羚羊和猎豹都跑得飞快的原因。也是它们非常擅长发现对方存在的原因。如果你认识到它们互为长期进化的“军备竞赛”的最终产物，那么对于猎豹和羚羊身体的许多细节，你就会有更好的理解。

> 努力学习，保持开放的心态，不抱任何成见。有一天，你也可以为解释生物如何出现在地球上做出贡献。

我终于发现了自己赞同的东西！

SCIENCE IN THE SOUL

14 海啸的神学[1]

我从来不认为用魔鬼的存在来证明神的存在这种论证有什么说服力。我们似乎没有任何明显的理由假定神就一定很好。对我来说，真正的问题是，为什么人们会认为神是存在的，无论是好的、坏的，还是对人类的苦难无动于衷的。我向来认为，与诉诸“不可能性”的论证相比，对于有神论者来说，“邪恶的问题”应该只是一个微不足道的难题。对于所有形式的不是进化而来的、创造出来的智慧生命而言，诉诸“不可能性”的论证才是一个真正强大、几乎无法辩驳的论证。

然而，我的经验告诉我，那些没有证据表明他们对诉诸不可能性的论证有所理解的有神论者，在面对巨大的自然灾害或重大瘟疫时，要么会彻底丧失信仰，要么只能陷入束手无策、浑身发抖的窘境。特别是地震，它对人们对神的信仰产生了严重冲击。在海啸的刺激下，许多人从“内心深处”进行了“痛苦”的自我反省：“宗教界人士怎样才能解释这类事件？”其中最突出、最广为人知的是坎特伯雷大主教，他是英国圣公会的领袖。他的自我反省通过《每日电讯报》广泛传播开来，它也是伦敦少数几份开设专栏讨论这个棘手的神学难题的报纸之一。当然，大主教先生并没有说海啸震动了他的信仰，而只是说他对那些因此事而对上帝产生了怀疑的人表示同情。

还有一些评论家提醒我们，自然灾害引发哲人思考的最著名的一个先例发生于1755年。1755年的里斯本地震，不仅深深地震撼了康德，也促使伏尔泰写下了《赣第德》这篇讽刺小说，对莱布尼茨及其乐观主义的哲学观进行了入骨的嘲弄。《卫报》也发表了一系列“给主编的来信”，其中打头阵的是一封出自林肯主教之手的信，他请求上帝保护我们，免受那些试图“解释”海啸的宗教人士的困扰。其他来信的作者也试图这样做。其中一位神职人员在信中承认，这类自然灾难没有任何智识上的答案，它们只是给出了一些线索，真正的解释则“只有通过以信仰、祷告、沉思为标志的基督徒式的生活”才可能发现。另一位神职人员则引用了《约伯记》中的文字，并认为他在保罗的观点中发现了对于这种痛苦的解释的启示：整个宇宙正在经受的痛苦，类似于分娩中的女人所经受的痛苦：“如果我们认为宇宙的一切都已经完全实现了，那么从智慧设计角度对上帝存在展开的论证将受到致命威胁。宗教信徒们将体验的完整性视为一个更宏大、朝着至今仍然难以想象的目标迈进的过程的一部分。”

公众为他们付出了那么多，但这些神学家能做的就只有这些，奇怪吗？至少他们没有堕落到我所在的大学的一位神学教授的水平，那位教授曾经在与我和我的同事彼得·阿特金斯（Peter Atkins）的电视辩论中大言不惭地宣称，大屠杀是上帝证明犹太人的勇敢和高贵的方式。听到这种强词夺理之语，阿特金斯博士忍不住大声咆哮起来：“那么你为什么不马上下地狱！”

我对上述关于海啸事件的信件的初步回应发表于12月30日。在那篇文章中，我是这样写的：

> 林肯主教（12月29日的信）请求上帝保护人们不受那些试图解释海

啸灾难的宗教人士的影响。他愿意这样做当然没有问题。对于这类灾难，从宗教的角度给出解释，表面上看相当多样化，从循环报应（灾难是对原罪的惩罚）到恶行试炼（灾害的发生是上帝在考验我们的信仰），再到神的暴怒（1755 年里斯本地震发生后，那些挑动了上帝的愤怒之火的异教徒被处以绞刑）。尽管如此，我仍然希望不必受到那些放弃解释但仍然保持宗教信仰的宗教人士的困扰。

在类似的一封信中，丹·里克曼（Dan Rickman）说："科学可以解释海啸发生的机制，但是不能说明海啸为什么会发生，只有宗教信仰可以。"从这短短的一句话中我们可以看到，所谓的"宗教思维"的荒谬之处显露无遗。究竟是在怎样的意义上，才能说"为什么"板块构造不能提供答案啊？

科学不但能说明海啸发生的原因，还可以提前发出预警，为人们争取无比宝贵的时间。如果教会享受的大量税收减免能够有一小部分转入预警系统，那些数以万计的遇难者就可能有机会提前转移到安全的地方。

我们应该挺身而立，不再跪拜——无论是对恶魔，还是对虚幻的天父。面对现实，以科学的方法做一些有建设性的减少人类痛苦的事情吧。

写给报纸主编的话必须简明扼要，而且我也没有特别注意遣词造句，以保证自己不会被他人指责为冷血无情。我的信发表的第二天，对我的攻击淹没了读者来信栏目。一名女子在信中质疑，科学能安慰那些孩子被大海吞没的父母吗？还有三封信出自医生之手——他们对人类经受的痛苦的感受肯定比我更加深切，其中一名医生对达尔文主义提出了一个奇怪而迂腐的解释："如果我是一个无神论者，我将无法想象自己为什么要费心去帮助任何人，因为他们的基因可能与我的基因竞争。"另一名医生则斥责科学走上了歪路，只知道"克隆绵羊或猫"。第三名医生更是直接对我进行了人身攻击，把我描述为他眼中的魔鬼。

我通常不会回过头去重复以前讲过的东西，但是这一次，我急于澄清这些离奇的误会，因此我又写了一封信，发表在第二天的同一个栏目上：

> 确实，科学不能提供为你做祷告的人所能提供的那种安慰。如果我看上去像是家门口的恶魔的话（见 12 月 31 日发表的读者来信），我也只能表示抱歉。从心理学的角度来看，真诚地相信某个实际上并不存在的假象，是有可能带来一些安慰的。但是——也许我是真的很傻，我始终坚定地认为，信徒对那个万能的存在的信仰，可能会因为这场导致 125 000 名无辜的人丧生的大灾难而破灭（或者说那个万能的存在至少没有提前发出警告）。当然，如果你们真的能从这样一个怪物身上获得安慰，我也不想剥夺你们的这种权利。
>
> 我天真地猜测，在这种大灾难发生后，信徒可能会更倾向于诅咒他们的神，而不是向他祈祷（也许这种祈祷真的能带来一些黯淡的安慰）。我可能过于不敏感，我所做的是在尝试提供一个更温和的、更有建设性的替代方案。你不必一定是信徒，也许也没有人会被诅咒。我的建议是，我们既然生活在一个板块构造和其他自然力量偶尔会导致惊人的灾难的世界里，应该可以做些什么。科学（仍然）不能防止地震，但是可以尽早地发布海啸预警，从而挽救许多受害者的生命，并使更多人免受失去亲人的痛苦。全球变暖也许将使低地遭受洪水的威胁。但这些都是可以预防的——只要人类在科学的指导下采取必要的行动。如果说，热情的拥抱、温情的话语和慷慨的捐助能够带给受难者安慰，但在与巨大的灾难相比时都显得非常渺小，那么它们至少是真实的，这对宗教信仰而言是一个很大的优势。

在自然灾害发生时，最流行的宗教反思之一是“为什么是我”？对于我写给《卫报》的第一封信，许多宗教人士的反应就是如此。对于这个问题，正确的回答是：“确实很不幸，你在错误的时间出现在了错误的地方。”诚然，这个答案无法给人带来太大的安慰。全世界的人可以分为两类：一类人能够理解，某个普遍观点能不能安慰人，与这个普遍观点的正确性无关；另一类人则不能理解这一点。作为一名专业教育者，当我遇到后一类人时，我往往会觉得非常绝望。

写在后面

如果说人类“明显不应承受”的自然灾难会对宗教提出挑战的话，那么或许也可以说，人类“明显不应得到好运”也会对“非宗教”提出挑战。我们应该感谢谁？说到底，我们为什么想去感谢谁？另一方面，我们为什么会因为自己遭受的厄运而想要责怪什么人或什么东西？2010 年，我给在墨尔本举行的全球无神论大会写了一封信。在信中，我建议，对于这种“感恩的冲动”（和“责怪的冲动”），我们可以在“公平感”的进化的基础上，[2]给出一个达尔文主义的解释：

> 当飓风摧毁我们的家园，但某个恶人的房子毫发无伤的时候，我们会觉得非常不公平。当龙卷风掠过原野，以摧枯拉朽之势直冲我们的家园而来，却在千钧一发之际突然掉头而去的时候，感恩会压倒我们，我们必须去感谢什么人，或者什么东西。通常来说，我们并不会对龙卷风本身心存感激（因为我们知道它听不到我们的声音），但是我们可能会感谢“天意”“命运”，或者感谢被我们称为“上帝”“真神”的那些“神”，又或者会感谢其他什么东西。而且，如果龙卷风没有变向，径直摧毁了我们的家园，那么我们又会向同样的“上帝”“真神”哭喊，并可能会如此这般地质问他们：“上帝啊，我做了什么要受到如此不公平的对待？”或者，我们也许会说，“这肯定是对我的惩罚，因为我犯下了罪”。

非常奇怪的是，灾难也可能会成为感恩的对象。在地震或海啸中，成千上万的人不幸遇难，但如果有一个孩子在灾难中失踪并被认为已经去世，但是后来又在废墟中被发现还活着，那么他的父母就会觉得非要感谢什么人或什么东西不可：原以为自己的孩子已经不在人世，现在又奇迹般地生还，怎么能不感恩呢？

无论如何，这种向“真空”（因为真的没有人或什么东西）表示感恩的冲动确实是非常强烈的。有的时候，动物也会在空无一物的场所表现出某种复杂的行为模式——这种行为在动物行为学中甚至有一个正式的名称，即“真空活动”（vacuum activities）。我能够举出的一个最突出的例子来自我所观看的一部关于河狸的德国电影。那是一只被捕获的河狸，但是我要先提醒大家一下，一只野生的河狸的行为是怎么样的。它们会建造水坝，大部分水坝都是用木头或树枝建成的。它们会用自己巨大而锋利的牙齿将木头或树枝切割成适当的大小，然后用来筑坝。有人也许会觉得奇怪，河狸为什么要建造水坝呢？原因在于，水坝可以截断水流，形成一个“湖”或“池”，便于它们寻找食物，同时保护自己。当然，河狸应该并不知道自己为什么要这么做。它们就是不假思索地这么做了，因为它们的大脑中有一种机制，像发条装置一样自动地运行着。在这一点上，它们就像是专司筑坝的小型机器人。这种“机械”的行为模式——不停地寻找材料建筑水坝，其实是相当复杂的，而且不同于任何其他动物的行为模式。除了河狸之外，没有动物会这样做。

回过头来再说我看的那部德国电影中的河狸。前面已经提到过，那是一只被捕获的河狸。终其一生，这只河狸从未建造过任何一个水坝。它被关在一个空房间里，地面是坚硬的水泥地，没有河流可以作为坝址，也没有建坝的材料。但是，令人惊叹的是，这只可怜、孤苦伶仃的河狸还是做出了在虚空中建造水坝的所有动作。它会用爪子捡起“虚空”木料，搬运过去，放到“虚空”水坝上，用力推进去，然后压平夯实。它的行为，就像那里真的有一个水坝，而且它真的拿了木料去加固、加高水坝一样。

我认为，这只河狸受制于一种压倒一切的冲动——必须建造水坝。这是因为，那就是它在自然状态下要做的事情。它依据这种冲动行事，并在真空中“建造”成了一座“水坝”。我觉得，这只河狸所感受的冲动，也许与一个男子在看到了裸体美女的照片时产生的欲望不无相似之处。那个男子也许会勃起，尽管他自己很清楚，那只是一张照片而已。这是一种“真空欲望”。我这样说的意思是，我们也会感受到“真空感恩”的冲动。正是在这种感恩冲动的驱使下，我们觉得非要去感恩某个人或某个东西不可，尽管根本没有什么人、什么东西可感谢。这是一种真空中的感恩，就像河狸在真空中建造的虚空水坝一样。同样的道理，我们有的时候会说“这不公平”，尽管我们知道没有人、没有什么东西要对这种“不公平”负责。我们只是觉得自己受到了不公平的对待，或者因天气，或者因地震，或者因“命运”。

为什么我们会觉得自己必须感恩（尽管我们非常清楚，没有什么人需要感恩）？这里存在着进化上的原因。对于这种冲动，没有什么必要觉得难为情。

“感恩”不一定是一个及物动词。我们不一定非得感谢上帝、圣人、星辰。对于好运，对于幸免于灾难，我们完全可以心存感激即可。这就挺好的了。

SCIENCE IN THE SOUL

SELECTED WRITINGS OF A PASSIONATE RATIONALIST

第四辑

推动现实世界的进步

道金斯写过不少讨论公众议题的文章。阅读这些文章，无论是关于伦理还是教育，无论是关于法律还是语言，都让人有一种跳入冰冷刺骨的海洋中游泳的感觉——迫不及待地深呼吸、不断升级的紧张感，同时又伴随着巨大的享受。我认为，道金斯巧妙地将清晰的思想、自由的表达、严谨的剖析冶为一炉，从而使他关于公共议题的文章，不仅体现了他对现实问题的深切关注，还展现出他对于通过客观的理性推理找到解决方案有着无比坚定的信心。他是真实世界进步的推动者。

从这一辑的标题来看，将《阴魂不散的柏拉图》这篇文章放在第一篇的位置上似乎不是很妥当，因为这篇文章涉及一位以“理念世界”著称的古希腊思想家。但是这也恰恰与道金斯要阐述的核心要点有关。这篇文章所讨论的“本质主义”，或者说“不连续思维的暴政”，源于对世界的一种根本性的误解。在这篇文章中，道金斯阐明，我们的思维方式，以及我们运用语言的方式，如何影响我们观察、分析和理解周围发生的事情。这篇文章确实不愧为将理论概念与实践经验完美结合的大师手笔。

这篇文章的另一个批评对象是那些“指手画脚、虚张声势”的律师。他们要求对一切涉及风险、安全，以及罪与非罪的复杂而重要的问题给出“非是即否”的答案。在本辑的第二篇文章《排除一切合理怀疑？》中，道金斯进一步对英美的司法制度提出了更多的批评。对于英美以陪审团为核心的法医解剖般严谨的审判实践（大多数刑事辩护律师都为之自豪），道金斯不留情面地进行了“审判”。

科学家们经常面临的一个棘手的道德指责是：动物活体解剖符合伦理原则吗？面对这个“烫手山芋”，道金斯在《动物真的能感受到痛苦吗》一文中解决了动物“会不会痛苦”这个难题，同时还讨论了人类对自己和他人的痛苦的感知。这篇文章挑战了这样一种成见：“物种歧视者”总是将人类的体验置于其他动物之上。道金斯还对心智能力与所谓的受苦能力之间存在着相关性的假说提出了强有力的质疑。紧接着，在《我喜欢烟花，但是……》一文中，道金斯进一步探讨了“非人类动物的痛苦”这个主题，呼吁人们更多地关注一个问题：宠物和野生动物不得不忍受严重的噪声（噪声往往是很多庆典的一部分），更不用说受伤的退伍军人了。

《谁会抱团反对理性》是一封振奋人心的邀请函——邀请同道前往哥伦比亚特区华盛顿，参加“理性集会”（Reason Rally）。这篇文章以赞美理性的伟大成就开头，以呼吁捍卫理性结尾。如果说这篇文章可能会使英国的读者洋洋得意的话，那么本辑的下一篇文章《对字幕的赞美》则是对他们的冷冷一击。许多英国人都佩服欧洲人说英语时的流利程度，但是这又令他们觉得有些高人一等。道金斯这篇文章打消了他们的这种念头。它不仅是对这一英国人普遍具有的缺点的一声喟叹，更重要的是，它将科学的想象力用于观察现实，阐明除了人们通常所说的懒惰和帝国的长期阴影之外，还有其他原因导致了这一现象，并提出了一系列非常吸引人的补救建议。

有这么多问题需要解决，有这么多障碍需要排除，难怪道金斯这位想象力的触角无远弗届、公共参与意识极强的重量级知识分子有时也会觉得受挫。本辑的最后一篇文章让我们有机会了解：如果是理查德·道金斯在统治这个世界，又会发生些什么。

吉莉恩·萨默斯凯尔斯

SCIENCE IN THE SOUL

15 阴魂不散的柏拉图[1]

牛津大学的本科生中有多少位于“一等线”之上？

是的，英国大学也是这样做的。与衡量人类能力或成就的大多数指标一样，考试成绩也是一个连续的变量，其频率分布是钟形的。然而，英国各大学仍然在坚持发布学位等级，其中只有极少数学生能够获得“一等”学位，多数学生则获得“二等”学位（现在又进一步细分为“二等一级”学位和“二等二级”学位），还有一些学生则只能获得“三等”学位。如果成绩分布曲线中有三个或四个峰，而且不同的峰之间有很深的谷，那么这样做可能是有道理的，然而事实并非如此。给试卷打过分的人都知道，一个等级的最后一名只因微小的差距而与下一个等级的第一名截然分开，而同等级的第一名与最后一名的差距却大得多。仅凭这一点，就足以说明这种不连续的分类体系中隐含着严重的不公平。

主考人要为每份考卷评分，通常采用的是百分制。有的时候，一份试卷可能要有两个人甚至三个人一起评分，然后他们可能会争辩是应该给 55 分还是 52 分。各个题目的得分要加成总分，然后进行标准化处理和转换，这中间会出现很多犹豫和争执。最后的总评分和学生的排名，就是认真的主考人所能提供的最丰富的信息了。但是，之前那些丰富的信息怎么样了呢？大部分信息都被抛弃了，使评分过程中的辛苦劳动、周详考虑和细致调整几乎都变成了无用功。学生们分成了三四个离散的等级，只有这些信息才会提供给外界。

不过，正如有些人料到的那样，剑桥大学的数学家们在一定程度上修补了这种不连续性，细化了等级排序。许多人都通过非正式途径了解到，雅各布·布朗诺夫斯基是他那一年的剑桥大学数学学位考试第 1 名，而伯特兰·罗素则在他那一年的剑桥大学数学学位考试中获得了第 7 名，诸如此类。在其他大学，导师在推荐信中也可能会写："她不仅获得了一等学位，我还可以自信地告诉你，主考人给她的分数在 106 位考生中排在了第 3 位。"这些信息才是推荐信中真正会被重视的信息。但是正式发布的学位等级所丢弃的也正是这些信息。

也许，这样的信息浪费是不可避免的，有人说这是一种必要的"恶"。对于这种说法，我不想做太多的评论。更糟糕的是，有一些教育者，尤其是非科学学科的教师，他们自欺欺人地认为，确实存在一种柏拉图式的理想典范，它可以被称为"一等思维"（First Class Mind）或"阿尔法型思维"（Alpha Mind）。这是一种定性的区分，不同于"二等思维"，就像女性不同于男性，绵羊不同于山羊一样。这就是我所说的不连续思维的极端形式，这种思维可以追溯到柏拉图的"本质主义"，那是历史上最有害的思想之一。

柏拉图以其标志性的古希腊几何学的视角来看待事物，并将之强加于原本不适用这种视角的场合。对于柏拉图来说，一个圆形或一个直角三角形是一种理想的形式，在数学上明确定义，却从未在实践中得以实现。在沙子上画出的圆形，是某个抽象空间中的柏拉图式理想圆形的一个不完美近似。这种本质主义的方法适用于描述像圆形这样的几何形状。但是后来，人们又开始用本质主义的方法描述生物。在恩斯特·迈尔看来，这是导致人类直到 19 世纪才发现进化论的原因。确实，如果将所有活蹦乱跳的、有血有肉的兔子都视为理想的柏拉图式兔子的不完美近似，那么你永远也不可能想到兔子是由非兔子祖先进化而来的，而且很可能进化出非兔子后代。按照本质主义的字典的定义，如果你认为兔子的本质先于兔子而存在（无论这里的“先于”是什么意思，它本身就是毫无意义的废话），那么进化的概念就很难跳进你的脑海。即使别人提出了这种概念，你也很可能会抗拒。

出于法律上的目的，人们需要画线。比如，当必须决定谁有资格在选举中参与投票的时候，我们就会在成年人与非成年人之间画出一条线。对于成年人的年龄线，究竟定在满 16 周岁、满 18 周岁好，还是满 21 周岁好，这几种规定方法各自有什么优缺点，人们或许会有争议；但是所有人都同意，必须画出一条线来，而且这条线必须是某年生日。有一些年仅 15 岁的人可能比有的年满 40 岁的人更有资格投票。这是事实，无须否认。但我们不能将投票与驾照考试等同视之，所以我们同意以年龄画线是一种“必要的恶”。不过，在其他一些情况下，我们也许不愿意这样做。那么，不连续思维的暴政导致实际伤害的情况真的存在吗？或者说，是否存在我们应该奋起反抗这种暴政的情况？是的。

本质主义的思维方式给流产和安乐死等问题引发的道德争议带来了极大的困扰。什么时候脑死亡事故受害者可以确定为“死”了？胚胎在什么时候起可以被认定为一个“人”？只有那些深受本质主义毒害的人才会提出这样的问题。胚胎从单细胞受精卵逐渐发育成新生婴儿，我们根本不可能确切地认定胚胎是在哪一个瞬间变成“人”的，因为这样的一瞬间根本不存在。于是，人们分成了两派。一派坚持认为如下陈述是真理：“必定存在某个时刻，胎儿变成了人。”而另一派则不这样认为。事实是，确实不存在这样一个时刻，就像中年人变成老年人不存在某个特定的时刻。如果说胚胎发育经历了 1/4 人的阶段、1/2 人的阶段、3/4 人的阶段，那可能会好一些，但是仍然还不够好。本质主义者的思维方式决定了他们无法接受这种说法，他们还会用最耸人听闻的语言来指责我，说我否认人性的本质。

有些人就是无法区分只有 16 个细胞的胚胎和婴儿。他们将堕胎称为谋杀，并且自封为正义使者，正儿八经地以谋杀罪起诉为病人做堕胎手术的医生，全然不管医生也是有思想、有情感的成人，背后也有一个充满爱心的家庭。这种思维不连续的人对一切中间状态和过渡形式完全无感。在他们眼中，胚胎要么就是人，要么就不是。一切都是如此，非是即否，非黑即白。但是现实世界并非如此。

由于立法需要清晰，所以可能有必要像将 18 周岁生日确定为公民获得投票权的时刻那样，在胚胎发育的某个时刻武断地画出一条线，在那之后禁止堕胎手术。但是“人格”并不会在某一个时刻突然出现；相反，它是逐渐长成的，而且会在童年阶段和青少年阶段继续成长。

对于那些思维不连续的人来说，一个实体要么肯定是一个人，要么肯定不是一个人。不连续的思维方式不能把握“1/2 人”“3/4 人”这样的概念。一些绝对主义者则干脆直接退回到人突然在某个时刻出现的观念上去，宣称在灵魂注入的那一刻，人就会成为人。根据这种定义，所有的堕胎都是谋杀。天主教训令——《生命的礼物》（*Donum Vitae*）中这样写道：

> 从卵子受精的那一刻开始，一个新的生命就出现了。这个生命既不是父亲的，也不是母亲的，而是一个新的、自我成长的人的生命。如果受精的那一刻还不是人，那么就永远都不会成为人了。现代基因遗传科学为这个事实提供了弥足珍贵的证据。证据表明，从受精的那个时刻开始，这个生命的整个生长程序就已经固定下来了：他将成为一个人，而且这个人的各方面的特征都已经完全确定了。从受精那一刻开始，这个生命就开始了人类生活的冒险……[2]

有意思的是，我们可以问这些绝对主义者这样一个“挑逗性”的问题：同卵双生子中（同卵双生子当然是受精之后才分裂的），究竟是哪一个得到了灵魂，哪一个变成了非人类——僵尸？有人可能会说，这种嘲讽也太幼稚了吧，也许是的，但它正中要害，因为被它摧毁的信仰也是非常幼稚、无知的。

"如果受精的那一刻还不是人，那么就永远都不会成为人了。"真是如此吗？如果某样东西没有已经成为那种东西，那么它就永远不能成为那种东西了吗？一颗橡果就是一棵橡树吗？几乎无法察觉的和风是飓风吗？你们会把你们的这种学说应用于进化吗？你们认为进化史上真的存在着这样一个时刻：一个非人生物生下了第一个人吗？

对于一块特定的化石，古生物学家们会激烈地争论它到底是南方古猿属还是人属。但是，任何一个进化论者都非常清楚，必定存在恰恰介于两者之间的个体。削足适履地非要把一块化石归入某个属或另一个属，恰恰暴露了本质主义者的愚蠢。从来没有一个南方古猿属母亲生下一个人属的孩子这种事，因为每一个出生的孩子与自己的母亲都属于同一个物种。我们采用的以连续的名字给物种贴标签的命名体系是在近现代才出现的。在这种命名体系中，出于便利性的目的，我们已经看不出祖先是谁了。如果发生了某种奇迹，每一个祖先都有化石保存下来，那么这种不连续的命名体系就不会出现。[3]创造主义者还非常喜欢引用"空白"（gap）一词，目的是羞辱进化论者，但是这种自作聪明的做法造成的结果是搬起石头砸自己的脚。对于分类学家来说，"空白"才是一种偶然的恩赐，因为这样他们就可以名正言顺地用不连续的名字给物种命名。为某块化石到底属于南方古猿属还是属于人属而争论，就像为乔治的身材到底高不高而争论一样无趣。乔治身高 1.7 米，难道这还不足以提供你所需要的信息吗？

如果现在有一台时间机器，可以让你回到你的前 2 亿代祖先那里，那么你可能会以酱汁和柠檬片为配料，将它吃掉，因为它是一条鱼。但你确实是与它有联系的，通过一个不间断的中间祖先序列相联系。而且，每一个中间祖先及其父母和子女，都属于同一个物种。

有一首歌的歌词说得好："我与一个男子跳了舞，他与一个女孩跳过舞，而那个女孩又与威尔士亲王一起跳过舞。"我可以和一个女人交配，她又可以和另一个男人交配，而那个男人又可以和另一个女人交配……如此这般，经过足够多步，我就可以与作为祖先的那条鱼交配，并生出有繁殖能力的后代吗？这里，我必须再一次引用前面那台时间机器的例子——你不能与南方古猿属的个体交配，至少这种交配生不出有繁殖能力的后代，但是你可以通过一连串的中间个体与南方古猿属建立起联系，这些中间个体可以与它们所在的链接环节上的邻居交配。而且，这个链条可以一直向前回溯，不间断地延伸到泥盆纪的鱼和其他祖先。但是，将人类与人类和猪的共同祖先链接到一起的中间体已经灭绝了，这个祖先生活在距今约 8 500 万年以前，它"一辈子都生活在恐惧中"，因为周围到处都是恐怖的恐龙。而且，要不是将同一个祖先与现代的猪联系起来的中间体已经灭绝，现在的智人种与欧洲中部野猪种之间就不会有明确的区隔。你将可以与 X 生儿育女，X 又可以与 Y 生儿育女……（此处省略数以千计的中间个体）最终将有个体可以与母猪交配并生下有繁殖能力的后代。

只有那些思维不连贯的人才会坚持在一个物种和它的祖先物种之间画下一条不可逾越的红线。进化是渐进的，这种红线从来就没有存在过。任何物种与其进化前体之间的界线都是不存在的。[4]

在某些特殊情况下，中间过渡形式没有灭绝，于是那些不连续的头脑就在严峻的现实考验下陷入了崩溃。银鸥和小黑背鸥都生活在欧洲西部地区，它们的栖息地是相互交叉的，但是它们不会杂交。因此，我们可以将它们定义为两个独立的物种。但是，如果你从它们的栖息地出发一路向西，漫游整个北半球，并观察沿途的鸥类动物，你会发现，当地鸥类动物的颜色也在逐渐偏离与银鸥一样的浅灰色。你走得越远，它们的颜色变得越暗；到最后，当你又一次回到欧洲西部时，它们的颜色已经变得非常暗，最终彻底"变成"了小黑背鸥。更重要的是，在这条环路中间，相邻种群是可以相互交配的，而在这条环路的起点和终点，这两种物种却并不互相交配，就像我们在英国看到的那样。那么，它们是不同的物种吗？只有深受不连续思维方式毒害的人才会觉得有责任回答这个问题。如果不是因为进化中的过渡形式偶然灭绝了，那么每个物种都会通过像鸥类动物这样的杂交链连接在一起。

在一些与种族相关的常见术语中，本质主义的丑恶面目暴露无遗。例如，大多数“非洲裔美国人”实际上都是混血的。但是由于本质主义的思维方式早就根深蒂固了，所以美国各种官方表格还是要求每个人必须在种族或人种栏的备选框中钩选某一个，而且没有中间选项。在今天的美国，即使某个人的 8 个曾祖父母中只有一个是非洲裔血统，他也会被划定为非洲裔美国人。

科林·鲍威尔（Colin Powell）和奥巴马都被称为黑人。他们确实有黑人祖先，但同时也有白人祖先，那为什么我们不把他们称为白人呢？“黑人”这个描述符号在文化上等同于一种显性遗传特征，这实在是一个奇怪的惯例。遗传学之父孟德尔对表皮光滑和褶皱的豌豆进行了杂交，结果收获的子代都是圆粒的，因此我们可以说圆粒是显性的。当一个白人与一个黑人一起生儿育女时，孩子的肤色处于中间状态，但他仍然会被称为“黑人”。在这个案例中，文化标签就像一个显性基因一样传递给了下一代。而且如前文所述，即使某个人的 8 个曾祖父母中只有 1 个有非洲裔血统，这种情况也仍然存在，尽管这个人的肤色可能已经没有了任何“黑人”的影子。正如莱昂内尔·泰格（Lionel Tiger）指出的那样，“有黑人血统”（touch of the tarbrush）这种说法隐含着一个种族主义的“污染隐喻”，英语中并不存在与之对应的“有白人血统”的说法。我们处理连续的中间形式的能力严重不足。由于这种不足，我们不得不让所有人要么在贫困线以上，要么在贫困线以下，也不得不将一部分人划分为“黑人”，尽管他们明明处于中间状态。因此我建议，当官方表格要求你在备选框中钩选“种族”或“人种”时，你不妨直接打个叉，然后写上一个大大的“人”字。

在美国总统选举结束后，除了缅因州和内布拉斯加州以外，每个州都会被打上

"民主党支持者"或"共和党支持者"的标签，而从来不管每个州的选民具体的投票比例如何，选情又是何等胶着。每个州都会向总统选举人团派遣一些代表，其数量与本州的人口成比例。到这一步为止，这种制度安排似乎还不错。但是，被不连续思维占据头脑的那些人坚持认为，所有来自某个州的代表都必须投同样的票。在2000年的总统大选中，这种"赢者通吃"的总统选举人团制度的全部潜力都展现在了世人面前。当时，艾伯特·戈尔（Al Gore）和小布什（George Bush）在佛罗里达州获得了几乎完全相同的选票（那个特别微弱的、有争议的差距也在误差的范围之内）。由于佛罗里达州要派出25名代表加入总统选举人团[5]，最后只能求助最高法院决定哪一名候选人应获得所有25张选举人票（获得了这些选举人票，就意味着可以当选总统）。戈尔和小布什的大选得票实在难分轩轾，如果他们两人一人分得13张选举人票，另一人分得12张选举人票，似乎是一个合理的方案。而且，到底是小布什得到13张选举人票，还是戈尔得到13张选举人票，对结果的影响不会有任何区别，戈尔都可以当选总统。事实上，即使把这25张选举人票中的22张都给小布什，戈尔还是可以当选总统。

我这样说的意思，并不是要求最高法院应该把佛罗里达州的代表分成两组。他们不得不遵守既定规则。我的意思是说，根据自然公正原则，在给定的宪法规则下，也就是说这25张选举人票不得不绑定到一起，由某个政党收入囊中时，法院应该将它们判给戈尔。假如最初的规则是，这25张选举人票是可以分割的，本来能够赢得选举的那个候选人应该是戈尔。当然，我的本意并不是在这里为戈尔的遭遇鸣不平。我要强调的核心观点是，总统选举人团所采用的"赢者通吃"规则——每个州的所有代表分别组成一个不可分割的团体，只能把本州的全部选举人票投给民主党候选人或共和党候选人，而不管选民的投票多么接近，实在是一个不民主的规则。为什么像缅因州和内布拉斯加州那样承认存在中间选民会这么困难？大多数州都不可能是"纯红州"或"纯蓝州"，而只能是复杂的混合体。[6]

政府、法院和公众都要求科学家对重要问题给出明确的、绝对的、“非是即否”的答案，例如具有重大社会风险问题。无论是新的药物、新的除草剂、新发电站，还是新客机，科学界的“专家”都会被问及：它们安全吗？请马上回答！“是”还是“不是”？科学家则试图向他们解释，安全和风险并不是绝对的。有些东西比其他东西更安全一些，但是没有什么东西是完全安全的。这里存在的只是一个中间状态和概率的滑动尺度，而不可能只存在安全和不安全这两个不连续的极端。当然，这涉及另一个重要主题，我在这里无法展开讨论。

我希望我已经说得够清楚了：新闻记者、政界人士，还有那些“指手画脚、虚张声势”的律师，他们总是要求立即得到绝对的、“非是即否”的答案，这种心态也是不连续思维方式的恶果。柏拉图的阴魂至今不散。

16 排除一切合理怀疑？[1]

在法庭上，比如在审理谋杀案的法庭上，陪审团必须要排除一切合理怀疑，然后裁定被告是有罪还是无罪。在美国的部分司法管辖区（包括34个州），陪审团裁定被告有罪后就可能会导致法官判处一定的刑罚。根据记录，在很多案件中，审讯时未能呈堂的证据，特别是DNA证据，在后来才被发现，而这些证据会直接推翻原先的判决，在有些案件中，被告死后才被证明是无罪的。

现在有一些律政题材的影视作品，相当生动地重现了陪审团商议完毕回来宣布判决时弥漫在整个法庭上的紧张气氛。双方的律师、法官和其他旁听者都屏息静气，等待陪审团主席宣布被告“有罪”还是“无罪”。但是，如果真正如字面所说，“排除了一切合理怀疑”，那么毫无疑问，任何与陪审团成员一起经历了整个审判过程的人都应该很清楚结果是什么，包括法官。一旦陪审团做出了裁决，法官就要下令执行刑罚或当庭释放被告。

然而事实却是，在陪审团回到法庭之前，法官的心中其实还是有很多“合理怀疑”的，不然他就不需要怀着忐忑不安的心情焦急地等待陪审团的意见了。

法官不可以“脚踏两只船”。裁决要么是已经排除了任何合理怀疑的，在这种情况下，当陪审团退场商议时，就不应该有任何的疑虑；要么确实存在令人紧张的、真正意义上的悬念，在这种情况下，法官就不能声称一切事实都已经得到了证明，已经“排除了一切合理怀疑”。

美国天气预报告诉我们的是天气变化的可能性，而不是确定性，例如：“下雨的概率为 8%。”但是法律不允许陪审团也这样做，尽管有一次在当陪审员时，我自己的感觉就是这样的。“陪审团，你们的意见是什么？有罪，还是无罪？”“我们估计，被告有罪的可能性是 75%。”这种回答会令法官和律师怒不可遏。陪审团的裁决中不得存在任何灰色地带。法律制度强调的是确定性，要么有罪，要么无罪，没有第三种选择。法官甚至可以拒绝接受陪审团给出的意见不一致的裁决，并要求陪审团成员重新回到陪审室，告诉他们在以某种方式达成一致的裁决意见之前不得出来。那么，“排除一切合理怀疑”是如何做到的呢？

在科学界，可信的实验必须具备可重复性。当然，并不是所有的实验都必须重复做上若干次，因为我们没有足够的资源和时间。[2]但是，有争议的实验结果必须是可重复的，不然我们就不会相信它们。正是因为如此，当有人说中微子的速度可能比光线更快时，物理学界都在等待着重复实验的出现，然后才得出结论——上述说法最终被否定了。

判处某人死刑或入狱的刑事判决同样应该严肃对待，这种判决难道不应保证其可重复性吗？我说的并不是重审，也不是上诉，虽然这些也是可取的，尤其是在出现了法律上的争议或发现了新证据的时候。我说的可重复性的意思是，假设每次审判都组建两个陪审团，让其成员坐在同一个法庭上，但禁止相互交谈，谁能保证他们总是会给出同样的裁决呢？如果真的有第二个陪审团，辛普森还会不会被无罪释放？

我的猜测是，如果大规模地展开这种“双陪审团实验”，那么两个陪审团做出完全一样的裁决的概率将会略高于 50%。只要无法达到 100% 的一致，就可能会有人怀疑并未“排除一切合理怀疑”，因而不足以支撑对某个被告执行死刑。另一方面，真的会有人相信两个陪审团必定能 100% 地给出一致的裁决吗？

有的读者可能会说，每个陪审团都有 12 个人，这还不够吗？这不是相当于实验重复了 12 次吗？不是的，因为同一个陪审团中的 12 个陪审员彼此之间不是相互独立的，他们要一起待在同一个房间里。

参加过陪审团的人（我自己曾经参加过三次）都知道，在陪审团内部，有权威的、能言善辩的人会对其他人产生较大的影响。电影《十二怒汉》（*12 Angry Men*）是一部虚构作品，其中无疑有很大的夸张成分，但是其基本原则依然成立。如果组建第二个陪审团，并且不让亨利·方达（Henry Fonda）饰演的那个陪审员加入，那么那个男孩将会被裁定为罪名成立。而这也就意味着，最终会不会出现死亡判决竟然取决于运气，取决于是不是有某个特别有感染力或说服力的人担任了陪审员，这样真的可行吗？

我撰写这篇文章的目的并不是建议在审判实践中引入双陪审团制度。我想，将现有陪审员分为两个独立的陪审团，每个陪审团有 6 名陪审员，给出的裁决可能会比只有一个陪审团（由 12 名陪审员组成）更加公平。但是问题在于，在那两个陪审团无法达成一致意见的情况下（我认为这样的情况会很多）又该怎么办呢？双陪审团制会不会更有利于辩方呢？说真的，我确实没有能力另行设计一个新的陪审团制度来代替现行的陪审团制度，尽管我认为现行的制度相当糟糕。

我还强烈地感觉到，如果让两名法官参加审判，但是禁止他们相互交谈，那么他们得出一致裁决的可能性将比存在两个陪审团的情况下高得多，甚至有可能接近100%。然而这种制度也很容易遭到质疑：这两个法官很可能来自同一个社会阶层，而且他们的年龄也相差不大，有可能因此对被告持有相同的偏见。

我想说的是，我们至少应该大方地承认，“排除一切合理怀疑”只是一个空洞、虚伪的口号。如果你捍卫单陪审团制度，认为只要有一个陪审团就能在“排除一切合理怀疑”的前提下做出裁决，那么你其实也同意（无论你喜欢还是不喜欢），两个陪审团也总是能做出同样的裁决。问题是，就算你是这样认为的，你会不会挺身而出，打赌两个陪审团肯定会100%保持一致呢？

如果你愿意这样打赌，那也就等于说你不会留在法庭上听陪审团宣布裁决，因为对于所有听审的人来说（包括法官和双方律师），裁决都应该是显而易见的、没有任何不确定性的。于是，没有悬念，也不用提心吊胆。

也许确实不存在现实可行的替代方案。但是，我们至少不能继续假装下去了，现有的审判程序实际上一直在嘲弄“排除一切合理怀疑”的原则。

17 动物真的能感受到痛苦吗[1]

功利主义哲学创始人、伟大的道德哲学家杰里米·边沁（Jeremy Bentham）曾经说过一句很有名的话："问题并不在于'它们能够推理吗'，也不在于'它们能够说话吗'，而在于'它们能够感受痛苦吗'？"大多数人都能理解边沁这句话的含义，但是他们同时又认为只有人类的痛苦才是特别令人担忧的，因为他们模模糊糊地认为，一个物种的受苦能力必定与其智力水平正相关。植物不会思考，因此你很难相信它们可能会"受苦"。蚯蚓似乎也是如此，但是奶牛呢？

狗又怎么样？笛卡尔显然不是一个怪物，但是我几乎不敢相信，他竟然会将只有人类才有心智这个理念践行到如此极端的程度：他能够不动声色地将一只活的哺乳动物随手捆在一块木板上，直接进行活体解剖。你可能会认为，尽管他的哲学推理并不认为动物拥有心智，但他仍可能会遵循"疑点利益"（benefit of the doubt）原则。但是事实则不然。笛卡尔遵循着一种长期以来的传统，他的前辈包括盖伦（Galen）和安德烈·维萨里（Andreas Vesalius）等人，他的后来者则包括威廉·哈维（William Harvey）等人。

他们到底是怎样才狠得下心那样去做呢——把一只剧烈挣扎着、大声尖叫着的哺乳动物用绳索绑起来，活生生地剖开肚腹，解剖心脏？也许，他们只是相信笛卡尔坚持的那些东西：非人类动物没有灵魂，没有感受痛苦的能力。

如今大多数人都认为，狗和其他非人类哺乳动物可能会感受到痛苦，因此当今任何一个有良好声誉的科学家都不会像笛卡尔和哈维那样，做出那种可怕的事情，例如在没有麻醉的情况下解剖一只活着的哺乳动物。在英国以及其他一些国家，这种行为会受到法律的严惩（但无脊椎动物，包括巨型章鱼，都不受这种保护）。大多数人似乎都会毫不迟疑地假设，感受痛苦的能力与心智能力成正相关——心智能力指推理、思考、反思等能力。我在这里将对这种假设提出质疑。我看不到这种正相关性成立的任何理由。疼痛是一种原始的感觉能力，就像看到颜色或听到声音一样，属于不需要智力就能体验的感觉。这种感觉对科学研究可能并不重要，但是，我们不是至少应该给予动物“疑点利益”吗？

在这里，我并不需要过多引述讨论动物感受痛苦的能力的文献，这个领域有意思的文献很多，例如玛丽安·斯坦普·道金斯（Marian Stamp Dawkins）的优秀著作《动物苦难》（*Animal Suffering*），以及她的另一本著作《为什么动物很重要》(*Why Animals Matter*)。只要从达尔文的理论出发，我们就可以知道智力与感受痛苦的能力之间不存在正相关性，甚至存在负相关性的原因——只需在达尔文主义的意义上追问一下，感受到痛苦是为了什么就可以了。疼痛是一个警告：不能再重复那种可能会导致自己的身体受伤的行为。不要再踢到脚趾头，不要去触碰蛇，不要坐在大黄蜂的蜂窝上面，不要去碰火，小心别咬到自己的舌头，等等。植物没有神经系统，没法“学会”不重复有害的动作，所以我们用不着先麻醉就可以直接切莴苣。

顺便说一下，这里还有一个有趣的问题：为什么疼痛必须令人感受如此痛？为什么大脑不能用其他无痛的方式警告“不要再这样做了”？在《地球上最伟大的表演》（*The Greatest Show on Earth*）一书中，我指出，大脑也许会被各种相互冲突的冲动“撕裂”，因而可能会试图“奋起反抗”。这种反抗也许是享乐主义型的，也就是说，不再去追求最有利于个人遗传适应性的东西。在这种情况下，大脑可能需要被强行压制，让它回到正轨。在这里，我不想重复这个话题。回到今天的主要问题：你觉得心智能力与感受痛苦的能力之间存在正相关性还是负相关性？大多数人都会不假思索地回答存在正相关性，但这是为什么？

有没有可能是这样，因为人类能够更快地学习，或者说因为人类有智慧决定去做那些对自己有好处的事情并避免那些有害的事情，所以像人类这样聪明的物种可能需要更少的痛苦？而对于那些不那么“聪明”的物种来说，它们可能需要更强烈的痛苦，才能吸取到人类很容易就能学会的教训，难道不是吗？

至少，我可以得出这样一个结论：我们没有一般的理由认为非人类动物对疼痛的感觉不如人类敏锐，因此我们应该将“疑点利益”赋予非人类动物。在家畜身上打烙印、在没有麻醉的情况下进行阉割以及斗牛等行为，在道义上理应得到与对人类做同样的事情同等的对待。

SCIENCE IN THE SOUL

18 我喜欢烟花，但是……

1984 年 10 月 12 日，爱尔兰共和军（Provisional IRA）临时派的一名成员在位于布赖顿（Brighton）举行英国保守党年会的大饭店引爆炸弹，试图暗杀英国首相。行刺失败了，但是爆炸导致 5 人遇难，还有很多人受伤。请想象一下，我们会愿意在每年 10 月 12 日都举行全国性的纪念活动，大放烟花吗？再想一想，如果在全国范围内都焚烧行刺者帕特里克·马吉（Patrick Magee）的肖像，会不会进一步增加我们的反感？

其实英国历史上早有先例，那就是篝火之夜（Bonfire Night）。那一天除了燃烧篝火之外，还会燃放大量烟花，变出"记住！记住！"的字样，以纪念 1605 年的一个大规模暗杀阴谋。[1] 为什么要庆祝一个恐怖的炸弹袭击阴谋（尽管它最终未能得逞）？这种纪念活动似乎是一件相当恶心的事情。当然，这也正是我要将这个历史事件拿出来与布赖顿的恐怖袭击相比较的原因。不同的是，盖伊·福克斯（Guy Fawkes）生活在距今 400 多年以前。这段时间已经足够长了，足以使得这种纪念活动呈现出某种遥远的历史特有的古雅味道。因此，我写这篇文章，并不想让自己成为一个煞风景的人，被人戏称为"11 月的吝啬鬼"。

我也喜欢烟火，而且一向如此。对我来说，烟花会演是一场视觉盛宴（但耳朵会有点儿不舒服）：绚烂的色彩，有迷幻感的天空，耀眼的火光与挥舞着焰火的孩子们的笑脸交相辉映。尤其是凯瑟琳轮转烟花（Catherine Wheels），令我目眩神迷（历史的距离使我们忘记了，这个名字也有一个相当令人讨厌的出处）。我不是很喜欢烟花的巨大声响，可能有些人很喜欢，不然烟花制造商就会想办法消除它们。因此，我从来不想否认烟花爆竹，它们可能非常好玩。从童年到现在，我一直很喜欢篝火之夜。

虽然我喜欢烟花，但是我更喜爱动物，包括人类这种动物。不过，在这篇文章中，我要讨论的主要是烟花对非人类动物的影响。当烟花爆竹发出高分贝噪声时，我们家的两只小狗“泰吉”和“库巴”，会极度恐慌，而它们只是英国有同样遭遇的几百万只宠物狗中的两只。如果这种情况只在每年 11 月 5 日这一天发生，那还是可以容忍的。但是，多年来，11 月 5 日“篝火之夜”似乎一直在往前、往后扩展，有些人似乎整个 11 月，甚至整个 10 月都在过这个节。[2] 很多人买了大量烟花，等不到 11 月 5 日那一天就开始大放特放。也许 11 月 5 日那天的经历对他们来说太美妙了，因此忍不住几天后又大放一通。在牛津，烟火季已经不能再被称为一个时期了：寒暑假外的每个周末都变成了烟花节。

如果只有我家“泰吉”和“库巴”的生活因这种滥放烟花的行为变成了一种苦难，我也不会多说什么。但是，当我将自己对这种噪声的疑虑发布在 Twitter 上后，其他一些动物的主人都产生了强烈的共鸣。这种主观印象还得到了严谨的科学研究的支持。大量兽医文献表明，烟花会在狗身上引发超过 20 种生理上的痛苦症状。在一些极端情况下，极度惊恐的狗甚至会袭击自己的主人。据估计，受“烟火恐惧症”困扰的狗的比例达到 50%以上，而猫则高达 60%。

再想想英国各地的野生动物和牛、猪等家畜吧。我们也没有理由认为，这些平时不常见的野生动物不会像身边的家养宠物那样害怕烟花。恰恰相反，像我家的“泰吉”和“库巴”这样的宠物，会有主人安慰它们，帮助它们舒缓惊恐情绪。野生动物就没有这么幸运了。这种噪声突如其来，事先没有任何警告，在自然环境中，在宁静的夜晚里，其冲击性不亚于第一次世界大战中的大炮。顺便说一下，在对我的推文表示赞赏的那些人中，有一些是退伍军人，他们也曾经经受炮声的惊吓。

那么我们应该做些什么呢？我不会建议全面禁放烟花（在北爱尔兰动乱期，英国某些司法管辖区，包括北爱尔兰，曾经禁放烟花[3]）。一般而言，人们会提出以下两个建议。第一个建议是，只允许在一年中的某些特殊日子里燃放烟花，例如篝火之夜和新年前夜，大游行或重要球赛等其他特殊场合则按个案处理，在申请批准后可以燃放烟花，同时必须符合一定的噪声排放标准，例如与特殊场合下播放音乐的噪声标准相同。第二个建议是，烟花会演由公共机构组织实施，而不是听任每个人在自己的花园里燃放。我自己则会提出第三个建议，它比前两个建议更加合理。我的建议是，允许人们燃放看上去很美但噪声很小的烟花。安静而美丽的烟花确实是存在的。

对于我的推文，好友的回应基本上是一边倒的支持，但是也有两种不同的意见需要认真对待。第一，在法律上禁止燃放烟花爆竹会不会限制个人自由？第二，人类的享乐不应该比动物的感觉更加优先吗？它们“只不过是动物”。

个人自由可能会受到限制这种观点在表面上看是有一定说服力的。有几位 Twitter 好友说，人们在自己的花园（那是他们自己的私人财产）里做什么，完全是他们自己的事情，不关其他人的事，尤其不关“保姆式国家”的事。但是，大型烟花爆炸的声音和冲击波影响的范围肯定远远超出了任何一个私人花园的边界。不喜欢烟花的闪光的邻居可以拉上窗帘。但是爆炸产生的声浪是没有什么办法避免的。在这个意义上，噪声污染是特别反社会的，这也正是人们需要英国防噪声协会（Noise Abatement Society）的原因所在。

那么，“它们只不过是动物”这个理由又如何呢？人类的快乐真的比狗、猫、马、牛、兔子、老鼠、鼬鼠、獾和鸟的痛苦更加重要吗？人类比其他动物更加重要的观念深深地根植在人们内心深处，而且涉及一个很困难的哲学问题，我在这里没有办法展开深入细致的分析，因此只能直接说出几个简单的想法。

第一，虽然非人类动物的推理能力和智力水平远低于人类，但是感受痛苦，也就是感觉到疼痛或恐惧的能力，并不取决于推理能力或智力[4]。爱因斯坦不会比萨拉·佩林（Sarah Palin）更能感受到痛苦或恐惧，我们也没有明显的理由假设一只狗或一只獾感受痛苦的能力比人类低下。

第二，就“怕烟花”这个具体情况而言，我们甚至有理由认为动物比人类更怕烟花。人类知道烟花是什么东西。对于惊恐不安的孩子，我们可以用这样的话加以解释并安慰他们：“亲爱的，不用怕，那只是烟花，很好玩的，没什么危险，不用担心。”但是，对非人类动物，你却不可能这样去解释和慰抚。你所能做的，最多只是抱住它们，用其他能够令它们安心的声响去分散它们的注意力。

我不想做一个煞风景的人。但如果烟花是静而美的，那么会更有吸引力。成千上万的动物没有办法理解烟花到底是什么东西，但是完全有感知力害怕烟花，它们还不能提出抗议。如果我们完全置它们于不顾，哪怕可能是无意为之，那也太自私了。

写在后面

我希望这篇文章不会给人留下过于狭隘的英国印象，盖伊·福克斯之夜只是我顺便提到的一个例子。人们关注烟花造成的污染时，往往是在一些特殊节日的庆祝仪式之后，比如美国国庆日、印度排灯节，而世界各地的动物都会为此感到恐慌和害怕。

SCIENCE IN THE SOUL

19 谁会抱团反对理性[1]

我们到底是怎么走到今天这个地步的？连理性也需要我们举行集会游行来捍卫？让理性成为你生命的根基，意味着以证据和逻辑为根基。只有借助证据，我们才能知道自己发现了真实世界的真相。逻辑则是我们推断证据会带来的结果的方式。但有人竟然反对这两者！说真的，反对的人还很多。正是因为如此，我们必须举行理性集会。

理性在科学这个人类合作的伟大事业中发挥着重要作用，令我对自己身为智人（Homo sapiens）感到无比自豪。“sapiens”这个词的字面意思是“智慧”。只有当我们真正从原始迷信和对超自然的神的可笑痴迷中爬出来，并且全身心地投入理性、逻辑、科学和有证据基础的真理的怀抱时，我们才配得上这个词。

我们现在已经知道了宇宙的年龄（130 亿～ 140 亿年）、地球的年龄（40 亿～ 50 亿年），我们还知道自己和所有其他物体是由什么构成的（原子）、我们来自哪里（从其他物种进化而来）、为什么所有物种都如此适应它们的环境（自然选择了它们的DNA)。我们也知道为什么会有白天和夜晚(因为地球像陀螺一样在自转)、为什么会有冬天和夏天(因为地轴是倾斜的)、事物运动的最快速度是多少(约每小时10亿8 000万千米)。我们知道太阳是什么(银河系上千亿颗恒星中的一颗),我们知道银河系是什么(宇宙中数万亿个星系中的一个)。我们知道是什么导致了天花(一种已经被我们消灭了的病毒)、脊髓灰质炎(一种我们几乎已经根除的病毒)、疟疾(一种原生动物,它仍然在威胁我们,但是我们正在攻克它),以及梅毒、结核病、坏疽、霍乱(各种各样的细菌,我们知道如何杀死它们),等等。我们已经建成了可以在几小时内飞越大西洋的飞机、可以让人安全地登上月球的宇宙飞船、将探测器送上火星的火箭。也许有一天,我们可以通过向地球外移民,来躲避像导致恐龙灭绝的行星撞击的那种巨大灾难。[2] 正是因为遵循了用证据说话、以逻辑推理的理性原则,我们才有幸从古老的对鬼魂、恶魔、阴灵、妖怪,以及魔法或巫术诅咒的恐惧中解放出来。

那么,到底哪些人会抱团反对理性呢?下面这些说法听起来实在再熟悉不过了。

> 我不信任那些受过良好教育的知识分子,也不信任那些比我懂得更多的社会精英。我宁愿投票给像我这样的人,而不是一个实际上更有资格担任总统的人。

这种心态很好地解释了很多人在选举中无往不胜的原因。这些政客将无知当成了一种能够帮助他们赢得选票的美德。[3] 但是,你难道不希望自己乘坐的那架飞机的飞行员受过良好的航空专业训练吗?你难道不希望你的外科医生认真学过解剖学吗?然而,当你投票选举一个国家的总统时,你却更喜欢一个无知、骄傲的人,一个你喜欢与他一起喝上一杯的人,而不是真正有资格的人。如果你是这样一种选民,你当然不会参加理性集会。

> 我不想让我的孩子们学习现代科学，我更希望他们熟读由一些不明身份的作者在公元前 800 年写下的一本书。因为时间就可以证明这些作者的知识和资格。如果我不相信学校能够保护我的孩子免受科学的危害，我就会让他们在家里学习。

这样的家长当然也不会喜欢理性集会。2008 年，在佐治亚州亚特兰大市举行的美国科学教育工作者大会上，一位老师报告说，当他告诉学生，他们得学习进化论时，学生们哭了出来。还有一位老师讲到，当他在课堂上讲授进化论时，学生们反复地尖叫着“不！我不要听！不要听！”。[4] 如果你是这样的一个学生，那么理性集会也不适合你——除非你事先牢牢地塞住了耳朵，不然就会有你不欢迎的真相渗入你的大脑。

> 当我面对某种神秘的、我无法理解的东西时，我不会求助于科学去寻找解决办法，而是直接得出结论：它必定是超自然的，解决办法根本不存在。

真是可悲。这种反应在人类的婴儿时期出现是可以理解的，但是经过几个世纪的努力，现在我们已经长大了。许多人没能脱离婴儿时期留下来的习惯，如果你也是这样一个“巨婴”，那么理性集会不适合你。

这已经是我在这篇文章中第四次说到类似“理性集会不适合你”这种话了。在本文行将结束之际，我想再说一点儿更积极的东西。即使你尚未习惯将理性作为生活的根基，即使你是主动（而不是因为宗教信仰等原因）不相信理性的，你也可以试试。为什么不呢？抛开环境、成长过程和习惯带给你的偏见。如果你有开放的心灵，有充沛的好奇心，你肯定能学到很多东西。你很可能会觉得非常开心，甚至有可能改变思维方式。而且，你将会发现，这是一段涤荡心智、解放思想的经历。

100年后，人们应该不会再需要理性集会。然而不幸的是，我们现在还非常需要。特别是在这个大选之年，这种需要将会变得越来越迫切。[5]请你来华盛顿参加理性集会吧！让我们坚持理性、科学和真理！

SCIENCE IN THE SOUL

20 对字幕的赞美[1]

有一个无法确定出处的传说是这样的：丘吉尔在向一群法国听众演讲时，谈到了他从自己以往的经历中吸取的教训，结果在不经意间引起了一阵大笑，他用法语说："当我回过头去看我的屁股时，我看到它被分成了相等的两个部分。"大多数英国人都懂一些法语，足够他们用法语来说几句话逗乐。但是一般人掌握的法语并不会比丘吉尔好多少。无论英国人在学校可能学到哪门外语（我本人学的是法语、德语、古典希腊语和拉丁语，它们还可能影响了我学习现代语言的方法）[2]，英国人一般都只能熟练地读和写，至于口语水平，那就可能会令自己相当难堪了。

然而，我在访问斯堪的纳维亚半岛各国的大学或荷兰的大学时却惊讶地发现，大学里每个人都能说流利的英语，甚至比大多数母语是英语的人说得都好。这个观察结论同样适用于我在大学外面遇到的每一个人：小店店主、餐厅服务员、出租车司机、酒吧调酒师，以及我在街上问路时找到的任何人。你能想象一下在英国旅游的法国人或德国人与伦敦出租车司机交谈时的遭遇吗？而且，如果与你交谈的是一个英国皇家学会成员，你的运气也不会好多少。

一般的解释是这样的，它可能确实有一点儿道理：因为英语已经在世界范围内普及，所以母语为英语的人不需要认真学习其他语言了。像我这样的生物学家，对于任何用“需要”来解释的事情，都要打个问号。拉马克主义，一个长期以来声名不佳的理论，就是将“需要”当作进化的驱动力：祖先长颈鹿需要吃到高处的树叶才能生存，于是它们努力这样做，从而导致了有更长颈部的长颈鹿出现。但是，“需要”要将自身转化为行动，还有一个重要的步骤要先完成。祖先长颈鹿尽力向上伸长颈部，使得自己的骨骼和肌肉越伸越长……嗯，不用再说了，你们都知道我下面要说的是什么。[3] 真正的达尔文主义的机制是，成功地满足了需要的那些长颈鹿幸存了下来，并将它们的遗传倾向传给了下一代。

我们或许可以这样想，因为学生预料到自己的职业生涯中必定需要英语，所以有了在课堂上努力学习英语的动机。而母语为英语的人则可能在深思熟虑后决定，用不着认真学习其他语言。当我还是一个初出茅庐的年轻科学家时，有一次，为了参加一个国际会议，我特意参加了一个德语强化学习班。但是一位同事明确地告诉我：“你不会真的想这样做的，你这样做只会鼓励他们。”不过我认为，大多数人不会这样过于世故。

我认为，以下解释更值得重视，因为与上述的“需要”假说不同，它真的给出了一些解决思路。当然，这个解释的前提依然是，英语的使用范围比其他欧洲国家的语言要广泛得多。但是论证的下一步就不同了。整个世界不断受到英语（特别是来自美国的）电影、歌曲、电视节目和肥皂剧的“轰炸”。所有的欧洲人每天都会接触到英语，因此他们能够像孩子学习母语那样耳濡目染地学习英语。婴儿从来不是为了满足自己感知到的某种未来的“需要”而与其他人交流的。婴儿能够毫不费力地学会母语，只因为那些语言每时每刻“就在那里”。即使是成年人也可以用这种方式学习外语，尽管他们已经部分失去童年时期的语言学习能力。[4] 因此，我的解释的要点是，英国人在很大程度上“被剥夺了”随时随地浸染于自己的语言之外的其他语言中的机会。即使英国人经常出国旅行，也很难提高自己的外语能力，因为他们遇到的很多人都渴望说英语。

这种“沉浸式”学习理论与前面所说的那种“需要”理论的另一个不同点在于，它还为英国人学习外语提供了一个补救方案。例如，可以改变电视台的政策。现在，英国各家电视台每晚都会播出国际新闻，人们会在电视上看到外国政治家、足球经纪人、警方发言人、网球运动员或流行歌手，以及与他们有关的新闻。通常，人们只能听这些人说几秒钟的法语或德语，又或者是其他语言。然后，真人的声音会被消去，取而代之的是口译员的声音（从技术上说，这不是真正的配音，而只是一种“诠释”）。甚至当本来说话的那个人是一位伟大的演说家或政治家的时候，比如戴高乐将军，英国的电视台也会这样处理。这是非常令人感到遗憾的。详细分析英国电视台这种奇怪惯例背后的原因，超出了本文的范围。但是，当一位有重要历史地位的外国政治家发表演说时，我们会想听听他自己的声音——他特有的节奏、重音、戏剧性的停顿，从强烈的激情转为自信的平静，等等。即使听不清楚演说的具体内容，我们也可以领略个中神韵。我们在这种情况下不想听到一个毫无表现力的口译员的声音，即使口译员为了取得更有戏剧性的效果而尽力渲染，也无济于事。

劳伦斯·奥利弗（Laurence Olivier）或理查德·伯顿（Richard Burton）的解说可能比戴高乐将军本人的表述还要清晰，但是那又怎么样？我们想听到的是政治家本人的声音。他真诚吗？他会说到做到吗，还是在虚张声势？听众对他的演讲的反应如何？他对听众的反应的回应又有多精彩？而且，除了这一切之外，还有我最想强调的一点，那就是，即使演讲者不是戴高乐将军这样的名人，而是记者在街上随机采访的普通公民，我们也可以借此机会学习法语、德语、西班牙语或其他语言，就像许多欧洲其他国家的人每天从电视新闻中学习英语一样。

“沉浸效应”的力量也表现在美式英语在英国的广泛传播上。这也是一个顺理成章的结果。另外，有些英国和美国青年在说话时喜欢滥用升调，使陈述句听起来像是疑问句，出现这种情况的原因也许可以追溯到澳大利亚肥皂剧的流行上。我相信这是同一个过程的不同表现——“沉浸效应”溢出到了本国语言上。这个效应可以解释为什么许多欧洲国家民众的英语水平都相当高。

就外国电影来说，有些国家会为引进的外国电影配音，有些国家则在保留原声的同时配以字幕。德国、西班牙和意大利就有为外国电影配音的传统。有人认为，这是因为从无声电影到有声电影的过渡期恰好与这几个国家的独裁统治时期重合，当时它们迫切渴望扩大本国语言的影响。与这几个国家不同，斯堪的纳维亚半岛各国和荷兰则会使用字幕。有人告诉我，德国观众对“德国肖恩·康纳利”的声音的熟悉程度，就像英国观众对康纳利自己的独特声音的熟悉程度一样。这种真正意义上的配音成本相当高，而且要求配音演员拥有极高的技巧，包括将声音与口型配合得天衣无缝。[5]

对于故事片，尽管我本人总是更喜欢字幕版，但是喜欢配音的人也有很有力的理由，在此不必多说。我关注的并不是引进的电影和电视剧要不要花费高昂的成本进行对口型配音的问题。我更在意的是每天的电视新闻是打字幕还是消去原声，另配以本国语言。我的观点是，我们没有理由选择配音，因为相比之下，字幕肯定更好。

有人说，电视台没有足够的时间去为新闻准备字幕。这种理由非常荒谬。我们看到的几乎所有新闻报道都不是现场直播的，而是重复滚动播放的，所以有足够的时间准备字幕。即使是实时播放，即使完全不借助计算机翻译（它仍然不完美），准备字幕的速度也不会成为一个大问题。唯一一个比较有力的理由是，盲人无法看字幕。但是聋哑人不是听不到声音吗？那么配音又有何用？无论如何，现代技术已经为残障人士提供了可行的解决方案。我强烈地感觉到，如果你真的要求电视台高层证明配音的合理性，你很可能只会听到这种托词：“我们一直以来都是这样做的，我们从来没有想过使用字幕的可能性……”[6]

有人说，他们“更喜欢配音而不喜欢字幕”，但是同样有人“更喜欢字幕而不喜欢配音”。我在前文中以“戴高乐将军的演讲”为例的那一段话表达的就是后一种偏好。不同人的不同偏好往往是可以相互抵消的，也经常是多变的。不如这样说吧，个人偏好难分高下，天平应该向对外语教育更加有利的那个方向倾斜。我有强有力的理由认为，改用字幕将有利于提高英国人的外语水平。

写在后面

这篇文章公开发表几个月之后，我又给《展望》（*Prospect*）杂志写了一篇文章。在那篇文章中，我提到我正在努力提高自己的德语水平。我给出的理由是：“我为自己身为一个英国人而觉得羞耻。”这可以说是一句玩笑话，也可以说是真的。

SCIENCE IN THE SOUL

21 如果让我来统治世界……

每个人可能都曾经嘟囔过："如果让我来统治世界，我会如何如何……"事后想想这似乎挺蠢的。然而，当主编真的向我提出这个问题，让我有机会在纸面上放飞自己的思绪时[1]，我的头脑却好像有些"断片"了。霎时间涌上心头的许多念头似乎都过于琐碎：禁止嚼口香糖、戴棒球帽，禁止妇女穿全身式罩袍，在所有火车上都安装手机干扰器。很显然，这种鸡毛蒜皮的小事应该配不上编辑慷慨给予的版面。那么想象另一种极端的场景——乌托邦式的、天上掉馅饼式的普世幸福，消除一切饥饿、犯罪、贫穷、疾病和宗教呢？这又过于不现实了。再三思量之后，我这里给出的是相当温和但仍然颇有野心的计划：如果让我来统治世界，我会适当地削弱既定规则的作用，只要有可能，就尽可能以人道的、聪明的自由裁量取而代之。

我是在飞机上写下这段话的，通过希思罗机场的安检时发生的一件事情仍然历历在目。那是一位年轻貌美的女子，同时也是一位母亲，机场工作人员禁止她把为年幼的女儿准备的湿疹药膏带上飞机，这令她非常沮丧。安检人员彬彬有礼，但是态度异常坚决。甚至当她提出只用一个小瓶子装一小部分药膏时，也未能得到许可。我觉得很难理解，她这个建议为什么不可行。但是规则就是规则。安检人员请出了他的上级，这位主管也同样非常有礼貌，但是也同样顽固。[2]

我当然也帮不上什么忙。我建议安检人员到一个网站上去看看，那里有一位化学家在视频中以喜剧风格详细地讲解了如何用一种二元液体制造出一颗真的可以爆炸的炸弹。他在飞机厕所中忙活了好几个小时，利用的是香槟冷柜继电器中的大量冰块，而那是在机组人员帮助下顺利地通过安检门拿上飞机的。但我的建议并没起什么作用。

禁止旅客携带超过非常低的标准的液体或其他物品登机，这个规定显然是非常荒谬的。事实上，它源于一种姿态——“看吧，我们采取了果断的行动”。这个规定给公众带来了极大的不便，而目的却只是使那些支配人们生活的、蠢笨死板的官僚（dundridge）[3]感觉到自己很重要，而且表面上看起来很忙。

还有一个规定是，在接受安检时，我们必须把自己的鞋子脱下来。这是这类糊弄人的官方正式规定的另一个典型，面对这种无厘头的行径，本·拉登先生又怎能不摸着自己的胡子发出胜利的大笑呢！另外，稍微迟一点儿到机场（注意，是在飞机准备起飞之前）就不得登机也是一个奇异的规定。不用再举例了。让我先来讨论一下关于规则的一般原则吧。规则手册本身是通过某些人的判断组合在一起的。但人经常会做出一些不好的判断，而且在任何情况下，那些制定规则手册的人做出的判断也不一定比必须在现实世界遵守规则的人更加聪明或更有资格做出这种判断。

任何一个有理智的人，在看到希思罗机场发生的那个场景时，都不会真的担心那个女子打算炸掉飞机。她所携带的药膏，即使在药厂里鼓捣 100 万年，也不可能制造出炸弹，在狭窄的飞机厕所里就更加不可能了。安检官员和他的主管都是人，显然也希望自己能够做一些优雅的、不会辜负万物之灵这个称号的事情，但是他们无能为力，被规则手册捆住了手脚。但是他们想过没有，用不可涂改的墨水印在纸上的东西，怎么可能像灵活的人类大脑那样，有自由裁量能力和同情心，或者说，人性。

这只是一个例子，而且看上去似乎微不足道。但是，亲爱的读者，我非常肯定，你们每个人都可以从自己的亲身经历中找出六七个类似的例子。[4]与任何一位医生或护士交谈，他们都会告诉你，他们是何等沮丧，因为不得不花费相当一部分时间用于填写各种表格、打各种卡。谁会真心认为这是一种利用专家的宝贵时间的好方法？他们本来可以将这些时间用在照顾病人上。当然没有人会，甚至连律师也不会。怎么能让一本规则手册一手遮天呢？

有多少犯罪嫌疑分子是因为“技术性”的原因远走高飞的？本来可以逮捕嫌犯的警官，可能因为忙于背诵正式的警告而放松了警惕。在需要做出将会严重影响一个人的生活的判决时，法官往往无权行使自由裁量权做出适当的判决，尽管法庭上的每一个人，甚至包括被告和他的辩护律师，都明白这种判决的正义性。

当然，所有事情都不会如此简单。自由裁量权也可能被滥用，规则手册就是防止这种滥用的重要保障。但是，现在天平显然发生了倾斜，更该受到强烈谴责的是僵化的规则。我们必须找出一些方法，重新引入明智的自由裁量权，推翻规则手册的“暴政”，同时又不能打开滥用权力的后门。如果让我来统治世界，我会致力于找到这种办法。[5]

SCIENCE IN THE SOUL

SELECTED WRITINGS OF A PASSIONATE RATIONALIST

第五辑

大自然“神圣不可侵犯”的真相

本辑的标题与本文集的第一篇文章中的一段评论遥相呼应：对于科学家来说，“关于大自然的真相几乎是神圣不可侵犯的”。那篇文章要讨论的是科学真理的神圣性，而在这里，我要为通过观察辉煌、复杂的自然世界得出的真理欢呼。本辑的核心是两篇与加拉帕戈斯群岛有关的文章。加拉帕戈斯群岛是最丰产的生态研究热点，是坚定的达尔文主义者的“圣地”。

不过，本辑的第一篇文章关注的并不是位于赤道的海滩，而是一个高度抽象的概念，那就是时间概念。本辑开篇的《论时间》一文原是一篇演讲稿。这篇文章，以及本辑的最后一篇文章，都散发着一种淡淡的抒情韵味，其中也贯穿了优雅的反思，间或被自然世界出人意料的神奇之处和令人着迷的怪异之处带来的巨大惊喜打断。自然世界真是既荒谬又令人着迷，比如太平洋矶沙蚕为了实现繁殖的目的会将自己分成两截；有翼却不会飞的鸮鹦鹉在惊慌失措时会从树上贸然起飞，然后一头栽在地上。

时间这个主题在接下来的两篇“故事”中延续了下去。这两篇“故事”的标题，让我回想起道金斯的《祖先的故事》（*The Ancestor's Tale*）中最有创意、最富激情的那几章。这两篇都是道金斯于2005年在加拉帕戈斯群岛旅行时写的，充满了他在这个极具超现实感的“世外桃源”朝圣时的喜悦。每一篇文章的主角都是一种动物（巨龟、海龟），分别讲述了这两种动物在普通人难以想象的地质时代从海洋迁移到陆地（有时又会回到海洋）的曲折经历。

本辑的最后一篇文章是道金斯给一本非常精彩的著作《消逝世界漫游指南》（*Last Chance to See*）的修订本写的序言。这本书赞颂了加拉帕戈斯群岛这个天堂和更广泛的世界中的生物多样性，同时强调了其脆弱性，出自道格拉斯·亚当斯和马克·卡沃丁（Mark Carwardine）之手。道金斯在这篇文章中流露了很深的忧郁。这一点并不奇怪。这本书的重新出版不仅恰逢许多物种濒临灭绝，而且那时，包括道金斯在内的许多人仍然在哀悼道格拉斯·亚当斯的不幸离世。道格拉斯·亚当斯这位幽默大师、人道主义者、科学卫士，在年仅49岁，正当年富力强之际突然去世。《消逝世界漫游指南》是他为赞美这个星球上生物的无价财富留下的一首绝唱，也是给无价的人类奉上的一曲悲歌。

吉莉恩·萨默斯凯尔斯

SCIENCE IN THE SOUL

22 论时间[1]

时间是一个非常神秘的东西。它几乎就像人的意识一样不可捉摸，很难锚定。时间似乎是一直在流动的，像不断翻滚向前的江水。但是，使时间流动起来的又是什么东西呢？我们普通人对时间的感觉是，“现在”才是实际存在的唯一时间。过去只是一段阴影般的记忆，未来则是一种模糊的不确定性。但物理学家不这样看。“现在”在物理学家的方程式中并没有特殊地位。有些现代物理学家甚至已经将“现在”描述为一种错觉，说它不过是观察者的思维的产物。

对于诗人来说，时间完全是一种感觉。他们听到时间驾驶着有翅膀的战车，轰鸣着急匆匆地赶赴各地的战场；他们渴望时间在沙地上留下永恒的脚印；他们想象有更多的时间为自己留驻；他们希望登上时间的大篷车，哪怕只有一天也好……有谚语说，拖延就是偷走时间的小偷；时间留下的针脚没有人能数清。考古学家挖掘出了玫红色的城市，说那是历史时间走到一半时留下来的。当酒馆老板说出那一声“先生，请慢走”的时候，时间早就溜走了。我们浪费时间、消耗时间、节约时间、挥霍时间、消磨时间。

早在钟表或日历出现在地球上之前，人类，还包括所有的动物和植物，一直以天文周期来衡量自己的生命长短。天空的星辰就是巨大的钟表：地球围绕自身的轴线自转、地球围绕太阳公转以及月球围绕地球转动。

直到今天，仍然有很多人认为地球在夏天要比在冬天更加接近太阳。如果真的是这样，那么澳大利亚将与英国同时进入冬天。这种“北半球沙文主义”的另一个很明显的例子是这样的科幻故事：当一群太空旅行者在某个非常遥远的星系中旅行时，他们在怀旧的气氛中想起了自己的母星，也就是地球：“想一想我们的家园吧，现在地球应该是春天了！”

天空中还有一个大钟表是月球的轨道，它主要通过潮汐对生物产生影响。许多海洋生物根据某种“月亮历法”来“安排”自己的生活。例如，太平洋矶沙蚕生活在珊瑚礁的缝隙中。每年 10 月的下弦月期间，有两天是这种动物的特殊日子：清晨，所有太平洋矶沙蚕虫的身子的后半截会同时断开，游到海面上，展开堪称疯狂的繁殖活动。这些“后半截身子”非常了不起，不仅会游动和交配，甚至拥有自己的双眼。

同样的事情在 28 天后还会再发生一次，那是在 11 月的下弦月期间。这种繁殖活动是完全可以预见的，因此旁边海岛上的渔民都必须准时驾驶独木舟出海，捞取矶沙蚕虫的“后半截身子”，那是一道珍贵的美味佳肴。

需要注意的是，太平洋矶沙蚕并不是通过对来自天空的某种特定信号做出反应来实现同步的。相反，每只太平洋矶沙蚕都能够独立地计算月球运行周期。它们用相同的数据得出了相同的总和，就像所有优秀的科学家们都能得出同样的结论一样，它们在同一时间让身体的后半截断开。

同样的道理，植物也能够通过整合连续多天的白昼长度的变化，来实现花期的同步。许多鸟类也通过同样的方法确定自己的繁殖季节。在实验室中，不时地打开和关闭人造灯，模拟出一年中不同时间的白昼长短，就可以很容易地证明这一点。

大多数动物和植物，甚至可能所有的活细胞，都拥有生物化学形式的“内部时钟”。这些生物钟的外在表现形式是各种各样的生理节律和行为节律。衡量生物钟的方法多达几十种。生物钟与外部的天文钟相联系，而且通常与天文钟同步。但更有意思的是，如果将生物钟与外界隔离，它仍然会继续“走”下去。因此，生物钟真的是“内部时钟”。很多人都经历过飞行时差，那是个体的内部时钟在跨越了多个时区后，被外部的授时因子（Zeitgeber）[2]强行重置的结果。

经度与时间密切相关。18 世纪，约翰·哈里森（John Harrison）之所以能够在量定经度竞赛中获胜，凭借的就是一个即使被带到大洋中仍然非常准确的钟。与此类似的是，需要定时迁徙的鸟类也有能力利用自己内部的生物钟导航。

下面这个例子也可以很好地说明内部时钟的原理。正如大家都知道的，工蜂有一个“代码”，能够告诉同伴自己在哪里找到了食物。这个代码是一种“8”字形的舞蹈，工蜂们是在蜂箱内部的垂直蜂房上跳这种“8”字舞的。在“8”字中间会有一条直线，它的方向指明了食物所在地点的方位。由于“8”字舞是在蜂房的垂直面进行的，而食物所在的角度则是在水平面上的，所以这种舞蹈必定存在某种编码的惯例。据信，这种惯例是，垂直蜂房向上的方向代表了水平面上太阳的方向。因此，如果一只工蜂头朝着垂直蜂房向上的方向跳起了“8”字舞，就是在告诉其他蜜蜂离开蜂箱，朝着太阳的方向飞去。如果跳舞时，飞行直线在垂直蜂房向上方向的右侧成 30° 角，那么就是告诉其他蜜蜂，离开蜂箱，向太阳右侧 30° 的方向飞去。

确实，这是一种非常引人注目的模式，卡尔·冯·弗里希（Karl von Frisch）首次发现它时，很多人都觉得难以置信。但是，这确实是真的。[3]而且，对蜜蜂的舞蹈的进一步研究，还使我们再一次回到了对时间的感觉这个问题上来。以太阳作为参考点存在一个问题——太阳本身也在移动。或者说，由于地球的自转，太阳似乎一直在移动（在北半球是从左到右移动）。那么，蜜蜂是如何应对这种困难的呢？

冯·弗里希将蜜蜂“困”在他设置的观察箱中，连续进行了几个小时的实验。蜜蜂们一直在跳舞，而弗里希注意到了一些事实。说真的，实验结果实在太好了，简直难以相信是真的。随着时间的推移，那些跳舞的蜜蜂慢慢地改变了舞蹈中直线的方向，继续把正确的食物所在方向告诉其他蜜蜂，以纠正太阳位置的变化带来的影响。它们确实做到了这一点，而且不要忘记，它们是在蜂箱之内跳舞，因此看不见太阳。这就是说，它们使用了自己的内部时钟来补偿它们所“知道”的太阳方位的变化。

只要细想一下，我们就知道这个发现有非常重要的意义。它意味着，蜜蜂舞蹈中的直线会像一个普通时钟的时针一样旋转，但旋转的方向是逆时针的（在北半球），正如日晷上的阴影一样。如果你是冯·弗里希，难道你不会因为发现了这样重要的现象而快乐至极吗？

事实上，即使是在人类发明钟表之后，日晷仍然是必不可少的，因为它可以用来校准钟表，使钟表与天空中的巨大“钟表”保持同步。因此，在这个意义上，希莱尔·贝洛克（Hilaire Belloc）的如下诗句对日冕其实是相当不公平的：

> 我是一只日晷，我把事情搞砸了；
> 如果我是一只手表，那就可以做得好得多。

其实，贝洛克写了一系列关于日晷的诗篇，不过知道的人不是太多。这些诗有的幽默，有的阴郁，还有一些很符合我们这个展览“与时间赛跑”的主题：

影子爬得多么缓慢啊；但是，当它爬过去时，
影子落得多么快啊。真快！真快！
爬啊，爬啊，影子一直爬着，我在变老，时间在流逝。
我不能阻止你，所以你继续爬吧。
沉默的时辰之神偷偷向前走着，静静地；
每一个都可能伤害你，最后一个会杀死你。
难得有太阳照耀，
我却只是在玩耍。
我是一只日晷，走了错误的方向。
我花了我那愚蠢的女主人整整50英镑。

你们在参观这个展览时，可能会想到上面最后一节诗。展览中有一只精致的便携式日晷，它有一个内置的指南针，没有这个指南针，它就没有任何用处。

当我在前文中谈到天空（太阳系）中的巨大时钟时，我所指的时间都不超过一年。但是还有时间长得多的天文钟。太阳需要大约2亿年才能围绕银河系的中心旋转一周。据我所知，没有任何生物的生物钟对应这个宇宙钟。[4]

有些科学家严肃地指出，对生命有影响的时间最长的计时器是大约2 600万年轮回一次的大规模灭绝周期，其存在的证据包括利用化石记录对灭绝率进行的复杂的统计分析。这个大规模灭绝周期现在仍然是有争议的，还缺乏绝对明确的证明。但是毫无疑问，大规模灭绝确实发生过，其中至少有一次很可能是由于彗星的影响，在距今大约6 500万年前导致了恐龙的灭绝。对这个事实，科学家没有太大的争议。更有争议的是这样的事件可能每2 600万年会发生一次的说法。[5]

还有一个科学家建议认真对待的超过一年的天文钟，那就是11年一次的太阳黑子循环，它也许可以解释北极哺乳动物种群的若干周期性变动。例如，查尔

斯·埃尔顿（Charles Elton）发现的猞猁和白靴兔的种群变化。埃尔顿是牛津大学的一位伟大的生态学家，他是在哈得逊湾公司的兽皮生产档案中发现这一点的。不过，这个理论也是有争议的。

主席先生，你既然邀请我这样一位生物学家来为这个开幕式演讲，想必你不会对我讲到蜜蜂、矶沙蚕和白靴兔的故事感到惊讶。如果你邀请的是一位考古学家，那么他也许会深入探讨树木年轮年代学，还有放射性碳定年法。如果你邀请的是一位古生物学家，那么我们可能会听他谈到钾－氩年代测定，以及人类几乎不可能完全理解的地质时期那极为浩瀚的记录。而如果你邀请的是一位地质学家，那么他可能会用一些我们很难理解（且通常最终理解不了）的隐喻来解释久远的地质时期发生的事情。至于我自己最喜欢的一个隐喻（我得赶紧补充一句，那不是我发明的），我已经在我的一本书中用过了。这个隐喻是这样的：

> 现在请你尽量张开双臂，用这双臂来表示整个进化历史——左手指尖表示生命的起源，右手指尖表示今天。那么，从左手指尖开始，经过你的身体中线，再到右肩、一直到右上臂，生命形式仍然停留在细菌阶段。多细胞无脊椎动物大概是在你右手肘部的位置开始繁衍生息的，恐龙则出现在右手掌心位置，并在手指的末端关节处灭绝。智人和我们的前辈直立人的故事，则从指甲刀能剪到的指甲最深处开始。至于有文字记载的历史，比如巴比伦人、像来到羊圈里的狼的亚述人、制定律法的犹太人祖先、罗马军团、基督教的神父、法老的王朝、米底人和波斯人永恒的律法、特洛伊人和希腊人、拿破仑和希特勒、披头士乐队和辣妹组合……所有这些，以及所有知道他们的人，只要用指甲锉轻轻一锉，就会像尘粒一样飞得无影无踪。

如果我是一位历史学家，我将会讲述不同的人如何以不同的方式感受时间的故事：在有些文化中，人们认为时间是循环性的，而另一些文化中的人则认为时间是线性的。我还会讨论不同的时间概念会怎样影响人们对待生活的整体态度。我还会讲到，与我们按年循环的历法不同，有些国家的历法是以月球周期为基础的。我还会谈到，在伽利略将自己的心跳作为时钟发现了单摆的规律之前，人们是怎样制作钟表的，伽利略之后的工程师又是如何完善擒纵装置的。另外，我还会补充，早在公元10世纪之前，中国人就造出了一个由水力驱动的有擒纵装置的钟。

我还会提到，古埃及的水力驱动的钟的校准尺度，在一年的不同时间里必定是不同的，因为在古埃及，一个小时被定义为黎明和黄昏之间的1/12，所以夏天的一个小时要比冬天的一个小时长不少。我是从理查德·格雷戈里那里了解到这个奇异的事实的，对此，他很温和地评论道："这必定会让古埃及人拥有与我们大不相同的时间感……"

如果我是一位物理学家或宇宙学家，我对时间的反思可能最为激进。我将会尝试（这种尝试可能是失败的）向大家解释，大爆炸不仅是宇宙的开始，也是时间的开始。许多人都会问一个显而易见的问题：大爆炸之前发生了什么事情？对于这个问题，物理学家给出的答案是，或者说，物理学家试图说服我们相信，这是一个"非法"的问题。"之前"这个词不适用于大爆炸，这就好比你从北极出发，不能向北走一样。

如果我是一个物理学家，我还会试图解释说，当你坐在一辆以略低于光速的速度行驶的车子中的时候，时间本身就会减慢下来，但这是从车子之外观察时的情况，而不是车子之内的情况。如果你能以如此高的速度进行太空旅行，那么你就可以到达500年之后的地球，在此期间你几乎完全不会老去。这并不是因为高速旅行能够产生某种治疗效果，这是它对时间本身的影响。在这种情况下，时间就不再是绝对的了，这与牛顿宇宙学告诉我们的相反。

有些物理学家甚至已经在考虑真正意义上的时间旅行了——回到过去。我相信，这是每一个历史学家都梦寐以求的。令我觉得好笑的是，对于时间旅行，最主要的反对意见竟然完全依赖于假想的悖论。例如，假设你杀了自己的祖母会怎样？[6]科幻小说作家对此的回应是，他们笔下的时间旅行者必须遵守特定的、严格的行为准则，每个时间旅行者都必须发誓不干预历史。无论如何，我们有理由认为，大自然本身必定能构建某种更加强大的屏障，而不是仅仅依靠这种儿戏般的人为规定的法律和惯例。

如果我是一位物理学家，我还会考虑时间的对称性或不对称性。一个在时间上向前运行的过程与一个向后运行的过程之间的区别究竟有多大？影片向后播放与向前播放之间有什么根本性的区别吗？热力学定律似乎说明了不对称性。比如说，很明显，你不能把一只打碎的鸡蛋恢复原状，一块破碎的玻璃也不会自发地重新组装回去。

生物进化能够逆转热力学之矢吗？不能，因为熵增的规律只适用于封闭式系统，而生命是一个开放的系统，由来自外部的能源驱动向上。但是，进化论者也有自己关于时间是不是有方向的问题，那就是，进化是不是进步性的？

我不是一个物理学家，我是一个进化生物学家，因此，你最好不要让我开始讲这个迷人的问题，因为一旦开始我就停不下来了。

对于时间，任何一个演讲者都能够做到的一件事情就是耗尽它。今天晚上，我们最重要的任务是参观这个关于时间的展览。昨天，我已经有幸提前参观了这个展览，现在可以负责任地告诉你们，它确实非常引人入胜。现在，怀着非常高兴、非常荣幸的心情，我宣布，展览开幕！

写在后面

重读这篇演讲稿时我意识到，我所阐述的关于时间的各种科学小故事都过于简略了。由于演讲时间限制，我其实没能把任何一个故事真正讲透。当然，我也有很好的理由：我必须“只是大略地提一下”，只要能激发起来宾的兴趣，让他们在参观展览的同时思考关于时间的问题，我的任务就完成了。

顺便提一下，有人说，阿什莫尔（Ashmolean）博物馆其实应该改称为“特雷德斯坎特博物馆”（Tradescantian Museum），因为它最初由特雷德斯坎特父子创立，用来收藏和展示自然历史方面的各种藏品，父子两个都叫约翰·特雷德斯坎特（John Tradescant）。特雷德斯坎特父子的藏品后来落到了伊莱亚斯·阿什莫尔（Elias Ashmole，1617—1692）的手中（有人说，这是因为阿什莫尔使用了某种不光彩的手段）。阿什莫尔死前将藏品捐赠给了牛津大学，而牛津大学又进一步丰富了它的藏品。19 世纪 50 年代，特雷德斯坎特家族的藏品又被转交给了新成立的牛津大学自然史博物馆（Oxford University Museum of Natural History），而阿什莫尔博物馆则基本上成了一家艺术博物馆。

此外，关于牛津大学自然史博物馆本身，也有人认为应该改一下名字。许多来到牛津大学的人都以为这个博物馆就是皮特河博物馆（Pitt Rivers Museum）。虽然确实是“添加”在牛津大学博物馆主楼边上的，但皮特河博物馆是一个完全独立的博物馆，它的人类学藏品特别丰富，而且与通常的人类学博物馆不同，它的藏品不是按宗教分类的，而是按功能分类的：所有渔网都放到了一起、所有长笛都放到了一起、所有钟表都放到了一起，等等。为了与皮特河博物馆区别开来，我曾经建议把牛津大学自然史博物馆更名为“赫胥黎博物馆”（Huxley Museum）。如果改称为“特雷德斯坎特博物馆”，虽然能够纠正17世纪的不公，但是又会导致新的混淆。“赫胥黎博物馆”这个名字是对赫胥黎大胜威伯福士的一种纪念——当年，托马斯·亨利·赫胥黎与塞缪尔·威伯福士主教（Samuel Wilberforce）的“大辩论”就是在这个博物馆刚落成时进行的。当然，我不得不承认，对于这场“大辩论”，我的心情有些复杂，因为我有理由认为“胜利”的意义被夸大了。

23 巨龟的故事：岛内之岛[1]

我是在加拉帕戈斯群岛“朝圣”时，在一艘船上写下这篇文章的。加拉帕戈斯群岛最著名的居民就是与它同名的巨龟，而这里最著名的到访者则是思想巨人达尔文。达尔文曾经随英国皇家海军“小猎犬号”来到加拉帕戈斯群岛，那还远在他通过《物种起源》一书表达出的进化论思想形成之前。在航海日记中，达尔文是这样描写加拉帕戈斯群岛的：

> 加拉帕戈斯群岛上的生物绝大多数都是土生生物（aboriginal creations），在别的地方找不到，甚至“居住”在这个群岛的不同岛屿上的生物都有所不同。不过，它们与南美洲的同类生物之间仍然有明显的关系，尽管加拉帕戈斯群岛与南美大陆中间隔了 500 ～ 600 英里（800 ～ 960 千米）的洋面。加拉帕戈斯群岛本身就是一个小小的世界……由于这些岛屿的面积都很小，所以我们对土生生物的数量和它们各自狭窄的分布范围就更加惊讶了……加拉帕戈斯群岛上的生物帮助我们接近了一个伟大的事实，一个玄之又玄的奥秘——新生物在地球上第

一次出现的奥秘。

根据达尔文在提出达尔文主义之前接受的教育，年轻的达尔文在上面这段话中用了“土生生物”一词，而我们现在称之为特有种（endemic species），它们是在这些岛屿上进化出来的，在其他地方看不到。尽管如此，达尔文在那个时候实际上已经掌握了一个伟大真理的一束微光，在他的理论成熟后，他用这个伟大的真理照亮了整个世界。对于他观察到的一些现在被统称为“达尔文地雀”的小鸟，达尔文这样写道：

> 在这样一个小型的、密切相关的鸟类群体中，它们的构造竟然具有如此突出的级进性和多样性！人们确实会禁不住推想：在这些群岛上，最初只有极有限的几种小鸟，然后这个物种为了适应不同的目的发生了各种变异。这是何等奇妙啊！

对于岛上的巨龟，达尔文也说过类似的话。副总督劳森（Lawson）先生也曾与他进行过交流。

> 不同岛屿上的陆龟是各不相同的。劳森先生本人可以很肯定地判断出，哪种龟来自哪一个岛。有一段时间，我对这种说法没有给予足够的重视，而且我已经有点儿把来自其中两个岛的陆龟标本搞混了。我以前从来没有想到过，这些岛屿彼此之间相距只有五六十英里（80～96千米），而且绝大多数岛屿的地貌、气候、海拔都几乎完全相同，但是在各个岛屿上“居住”的陆龟各不相同。

另外，对于植物和鬣蜥，无论是海洋鬣蜥和陆地鬣蜥，达尔文也说过同样的话。

由于拥有达尔文主义“事后回顾”的优势，我们这些在达尔文之后出生的人当然不难拼出整个拼图。对应上面的每一种情况，起到重要作用的都是岛屿，尽管这种作用是偶发的。这在物种起源上是很典型的。没有岛屿提供的隔离条件，基因库的有性混合会将物种分化消灭在萌芽状态。任何本有希望出现的新物种都会被来自旧物种的基因淹没。孤立的岛屿是进化的天然实验室，它们提供的阻碍有性混合的屏障正是我们所需要的，这使基因库的初步分化得以发生。而基因库的分化就意味着物种起源，那是达尔文所说的“玄之又玄的奥秘”。

然而，“岛”并不一定是被水包围的土地。巨龟的故事可以告诉我们两件事情，这是其中的第一件。对于必须在高地进行繁殖的巨龟来说，伊莎贝拉岛是一个不错的地方，达尔文则给这个岛取了一个传统的英文名字——“阿尔贝马尔”（Albemarle）。这个岛上有5座火山纵向一字排开，每座火山都可以算是一个“岛”，岛上有可居住的绿地，被不可居住的熔岩“沙漠”包围。加拉帕戈斯群岛的大多数岛屿都是小岛，本身就是一座火山，但是伊莎贝拉岛是一座大岛，看上去像一条由5座火山连缀成的项链。在5座火山中，每两座之间的距离都大致相同，而且都与邻近的费尔南迪纳岛（Fernandina Island）上的火山之间的距离差不多。从某种意义上说，费尔南迪纳岛也可以说是伊莎贝拉岛的第6座火山。对于一只陆龟来说，伊莎贝拉岛可以说是加拉帕戈斯群岛中的一个群岛。

这两个层次上的隔离，都在巨龟的进化中发挥了重要作用。加拉帕戈斯群岛上所有的巨龟都与南美大陆上的一种名为阿根廷象龟的陆龟有关。阿根廷象龟存活至今，体型比加拉帕戈斯群岛上的任何一种巨龟都要小。在几百万年前，有一只或几只阿根廷陆龟在不经意间落到了海里，漂浮到了加拉帕戈斯群岛。在没有食物和淡水的情况下，它们是如何活下来的？我们不知道，但那肯定是一段艰难的旅程。早期的捕鲸者会把数千只加拉帕戈斯群岛巨龟带上船当饭吃。而且，为了保持肉质新鲜，他们会等到真的要吃的时候，才杀死这些巨龟。当然，在这之前，这些巨龟也不可能吃东西、喝水。捕鲸者会把它们翻转过来，让它们四脚朝天，无法逃走。我之所以要在这里说这个故事，不是想吓到读者（尽管我不得不承认，它其实已经吓到我了），而只是想说明一点，阿根廷象龟可以在没有任何食物和淡水的情况下生存好几个星期，这段时间长到足以让它们借着洪堡德寒流（Humboldt Current，又称秘鲁寒流）从南美大陆漂流到加拉帕戈斯群岛。它们也确实做到了这一点。

当阿根廷象龟漂流到加拉帕戈斯群岛后，它们所做的事情与许多其他动物来到某个岛屿之后所做的事情没什么不同：它们变得越来越大了。岛屿巨型化这个现象[2]，很久以前就被科学家注意到了。[3]如果巨龟的演变模式与达尔文地雀一样，那么它们将会在每个岛屿上都进化成不同的物种。那样的话，如果后来又从某个岛屿意外地漂流到了另一个岛屿上，两个岛屿上的巨龟之间将不可能进行交配（这正是一个独立的物种的定义），并且可以在这个新的岛上自由地进化出既不同于该岛上已有的物种，也不同于留在原来岛上的本来所属的物种的生活方式。就目前的鸟类而言，你可以说，不同的物种之间互不相容的交配习惯和偏好，在遗传上代替了通过岛屿实现的地理隔离。这就是说，虽然它们的栖息地在地理上是相互重叠的，但是它们通过交配排外性为自己构建了孤立的“岛屿”，因而在这个意义上是相互隔离的。在此基础上，它们还可以进一步分化。加拉帕戈斯群岛的大多数岛上都同时生活着大型、中型和小型的地雀，它们各有各喜爱的食物。这三个物种当然是分别在三个不同的岛屿上分化出来的，但是现在已经能够作为共存物种相安无事地生活在同一个岛屿上。它们之间从来不会杂交，也会分别啄食不同种类的种子。

巨龟似乎也走过了类似的进化之路。[4]它们分别在不同的岛屿上进化出了不同的龟壳形状。较大的岛上的巨龟往往有着更高的壳顶；而那些在较小的岛屿上生活的巨龟则有一个鞍形的壳，壳体前部的口上有高高的嘴唇状突起，为其头部所用。出现这种情况的其中一个原因是，大型岛屿上往往有足够的水可以长出水草，那里的巨龟是吃水草的。而较小的岛屿上通常没有足够的水，无法长出草，因此那里的乌龟只能吃仙人掌。前部有高高的嘴唇状突起的口的壳体，使它们能够够着仙人掌。与此对应的是，在进化的军备竞赛中，仙人掌也越长越高了。

巨龟的故事让我们看到了比达尔文地雀模型所呈现的更大的复杂性。对于巨龟来说，火山是岛内之岛。火山为它们提供了高大的、凉爽的、潮湿的、多草的绿洲，而绿洲又被较矮的干燥熔岩所包围，熔岩区对巨龟来说则相当于沙漠。大多数岛屿上都只有一座火山，这种小岛上只有单一的巨龟（或亚种，也有一些岛没有）。伊莎贝拉岛作为一个大岛，有 5 座火山，每一座火山旁都有自己的巨龟（或亚种）。伊莎贝拉岛可以说是群岛内的群岛，群岛是进化福地的原则，在这里比其他地方更加明显、更加优雅地展现了出来。这正是年轻的达尔文当年所见证的。

SCIENCE IN THE SOUL

24 海龟的故事：去而复来[1]

在“巨龟的故事”中，我讲述了这样一件事情：从南美洲不经意间漂流到加拉帕戈斯群岛的祖先陆龟，“将错就错”地占据了加拉帕戈斯群岛，随后在各个岛屿上逐渐演变出了特有的巨龟，而且每个岛屿上的巨龟的体形都比它们的祖先更大。但是，为什么我们要说占据了加拉帕戈斯群岛的是陆龟呢？直接假设这些巨龟的祖先是海龟不是更简单吗？例如，本来就生活在加拉帕戈斯群岛海域的海龟，平时徜徉在海滩上，繁殖期上岸下蛋，因为它们“很喜欢”上岸时看到的景物，所以干脆留在了干旱的陆地上并进化成了巨龟……会不会是这样呢？不会的。加拉帕戈斯群岛上几乎不可能发生这样的事情，因为该群岛本身才出现了几百万年。

不过，在更加久远的进化历史上，这样的事情确实发生过，因为所有龟的祖先原本都生活在水里。那也是海龟故事的高潮。（在这里，我想顺便提一下，萧伯纳曾经说过，英国和美国是被一种共同的语言分开的两个国家。“turtle”一词就是一个令人讨厌的明显例子。在英国英语中，“turtle”指的是海龟，生活在水中；而“tortoise”指的是乌龟，生活在陆地上。但对于美国人而言，“tortoise”指的是那种生活在陆地上的“turtle”。)

大量有力的证据表明，今天所有生活在陆地上的陆龟，包括生活在美洲大陆、澳大利亚、非洲和欧亚大陆的陆龟，以及生活在加拉帕戈斯群岛、阿尔达布拉群岛，以及塞舌尔和其他岛屿上的巨型陆龟，它们最近的共同祖先也是一只陆龟。借用霍金的说法，从它们最近的祖先开始，“乌龟背乌龟，一路叠乌龟”。总之，加拉帕戈斯群岛的各种巨龟肯定是南美洲陆龟的后代。

如果你在进化历史上回溯得足够久远，就会发现所有生物都生活在海里：水是一切生命的摇篮。在进化历史上的若干分支点上，不同动物群体中的“进取型”个体陆续离开了海洋，来到了陆地，有的甚至进入了干旱的沙漠，还随身带着自己身体内部的血液和细胞液中的一点点“海水”。除了我们在周围可以看到的爬行动物、鸟类、哺乳动物和昆虫之外，其他成功脱离海洋的动物还包括蝎子、蜗牛、甲壳类动物（例如木虱和地蟹）、千足虫、蜈蚣、蜘蛛及其近亲，以及各种各样的蠕虫。当然，我们也不能忘记植物，如果不是植物先行一步登上了陆地，那么动物从海洋向大陆的迁移就不可能发生。

这是一段浩荡的旅程，不仅仅涉及漫长的地理距离，而且意味着从呼吸到繁殖等所有方面的巨大改变。以脊椎动物为例，与今天的腔棘鱼和肺鱼有关的某些肉鳍鱼类，率先在陆地上行走并发展出了用于呼吸空气的肺部。它们的后裔爬行动物产下了有防水功能的外壳的蛋，目的是保持（从海洋中的祖先时代起所有的）脊椎动物胚胎发育所需的水分。早期爬行动物的后代包括哺乳动物和鸟类，它们发展出了广泛的利用陆地环境的“技术”，包括在沙漠中生活的习性。这极大地改变了它们的生活方式，与它们祖先的海洋生活相比，这简直难以想象。

陆地生物所表现出来的无比广泛的特化中，有一种似乎是有意违背常理的：一大批已经彻底变为陆地动物的种群后来又掉了个头，放弃了几经艰苦才获得的陆地生存装备，重新回到了水域。有些动物连这段回头路也没有走到底，海豹和海狮（例如温顺得令人叹为观止的加拉帕戈斯海狮）都只向海洋走了一段路。它们告诉我们，进化历史上的“中间物种”可能会是什么样子的。这方面最典型的要数鲸鱼和儒艮。鲸鱼（包括被我们称为海豚的小鲸鱼）、儒艮以及它们的表兄弟海牛，都不属于陆地动物，它们彻底恢复了遥远祖先的海洋生活习惯，连繁殖也不在岸上完成了。但它们仍然要呼吸空气，因为它们从来没有进化出任何相当于早期海洋动物祖先的鳃的器官。

其他从陆地返回水域的动物还包括椎实螺、水蜘蛛、水甲虫、加拉帕戈斯无翼鸬鹚、企鹅（加拉帕戈斯群岛是北半球唯一有企鹅生活的地方[2]）、海鬣蜥（只能在加拉帕戈斯群岛找到）和海龟（海洋中到处都有）。

鬣蜥似乎特别擅长在因意外漂洋过海时利用浮木生存下来，西印度群岛的大量证据可以证明这一点。毫无疑问，现在生活在加拉帕戈斯群岛周围的海鬣蜥可以追溯到一只从南美洲漂流过来的鬣蜥。加拉帕戈斯群岛中最古老的岛屿的历史不超过400万年。由于海鬣蜥只在这里繁衍生息，而在其他地方看不到，所以你可能认为400万年前就是它们返回海洋的最早时间的上限了。事实是，这里面的故事远比你想象的复杂得多。

纳斯卡板块以每年几厘米的速度向太平洋下的一系列火山热区移动，一个接一个地制造了组成加拉帕戈斯群岛的各个岛屿。随着纳斯卡板块向东移动，时不时会有地火穿出，从而又沿着固定路线生成另一个岛屿。正是因为如此，最年轻的岛屿都朝向西方，而最古老的岛屿则朝向东方。但是，纳斯卡板块在继续向东移动的同时，也俯冲到了南美板块的下方。慢慢地，这导致最东部的岛屿沉没在了海平面以下（以每年大约1厘米的速度）。我们现在知道，露出海平面的最古老的岛屿只有400万年的历史，在这个地区其实还有一个不断向东移动和向下沉没的群岛，它的年龄至少有1 700万年。现在淹没的这个群岛，在上述时段的任何一个时刻都可能为鬣蜥的定居和进一步进化提供最初的避风港。这就是说，在鬣蜥原来的祖先定居的岛屿沉没在惊涛骇浪之下以前，它将有足够的时间以各个岛屿为跳板迁移。

至于海龟，则在比那更早的时候就已经回到了海里。海龟仍然要回到沙滩上来下蛋，因此从这个角度来说，它们回归海洋的彻底性大大不如鲸鱼和儒艮。另外，与所有从陆地回归海洋的脊椎动物一样，海龟也呼吸空气，但在这个方面，它们又做得比鲸鱼更好一些。许多海龟能够通过身体后部的一对富含血管的体室从水中提取额外的氧气。任何澳大利亚人都会毫不犹豫地说，澳大利亚河龟确实是通过"屁股"呼吸得到绝大部分氧气的。

有证据表明，所有现代海龟都是一只祖先陆龟的后代，而且这只陆龟生活在大多数恐龙之前。从早期恐龙时代起，就有两种分别被称为原颚龟（Proganochelys quenstedti）和原陆龟（Palaeochersis talampayensis）的关键化石，它们似乎就是所有现代海龟和陆龟的祖先。你可能会想知道，古生物学家是如何判断化石动物的，特别是当发现的只是一些碎片的时候，到底怎样判断该动物是生活在陆地上还是水域中。有的时候证据很明显，很容易判断。鱼龙是与恐龙同时期的爬行动物，它有鳍和流线型的身体。鱼龙的化石看起来很像海豚，因此它们肯定像海豚一样生活在水中。但是海龟的这些特征没有这么明显。一个简单的方法就是测量化石动物前肢的骨头。

耶鲁大学的沃尔特·乔伊斯（Walter Joyce）和雅克·高蒂尔（Jacques Gauthier）测量了 71 种现有的海龟和陆龟的臂骨和手骨，得出了三个重要的指标，然后将这三个指标一一描到了三角坐标纸上。结果表明，所有这些陆龟物种对应的点都集中到了三角坐标纸的上部，而所有海龟物种对应的点都聚焦到了三角坐标纸的下部。两个密集区块之间没有重叠，除非将一些有时生活在水中、有时生活在陆地上的物种加上去。这就说明，这些两栖物种在三角坐标纸上出现在了"湿群"和"干群"之间。那么，下一个要问的问题就很明确了：原颚龟和原陆龟的化石分别落在什么位置？它们在图上的点位在“干群”最密集的地方。这就清楚地告诉我们，这两种化石都是旱地龟的化石，它们生活在海龟回到海洋之前的时代。

你也许会认为，现在的陆龟很可能是从那些早期的陆居时代以来就一直停留在陆地上的，就像大多数哺乳动物一样（除了少数几种哺乳动物回到了海洋上之外）。但是，这显然不是事实。如果你把所有现代海龟和陆龟的谱系图画出来，就会发现几乎所有的分支都是水生龟。今天的陆生龟构成了一个单一的分支，深深地嵌套在由水生龟组成的分支之间。这表明，现代陆龟并不是从原颚龟和原陆龟开始就持续地停留在陆地上的。相反，它们的祖先是那些回到海洋中去的祖先中的某一个，它先回到了水中，然后又在（相对）更近的时间里重新出现在了陆地上。

陆龟是一个非常典型的二度回归者。与所有的哺乳动物、爬行动物和鸟类一样，它们的远古祖先是海鱼，更早的祖先是或多或少像蠕虫的生物，再早则是原始细菌，它们全都生活在海洋中。陆龟后来的祖先则来到陆地上并在陆地上生活了很多代。更后来的祖先则又变回海洋生物，也就是成了海龟。最后，它们又回到了陆地上，成为陆龟，其中有一些（不是加拉帕戈斯巨龟）现在甚至生活在极度干旱的沙漠中。

我将 DNA 描述为“死者的遗传书”。在一定意义上，自然选择发挥作用的方式决定了，动物的 DNA 就是对它们的祖先被自然所选择时的世界的“文字说明”。对于一条鱼来说，“死者的遗传书”只有一章，它描述了当时当地的海洋。对于人类和大多数其他哺乳动物来说，“死者的遗传书”则分为两章，前面一章是关于海洋的，后面一章是关于陆地的。而对于鲸鱼、儒艮、海洋鬣蜥、企鹅、海豹、海狮、海龟以及陆龟来说，这本书还有第三章，它叙述的是它们史诗般地回归遥远的祖先曾经生活过的海洋。对于陆龟来说，这本书还有第四章（这也许是独一无二的）：它们又重新回到了陆地上。这会不会是最后一次？除了陆龟，还有别的动物在“死者的遗传书”上记载了多次进化之路上的 U 形转弯吗？

SCIENCE IN THE SOUL

25 永别了，梦想家

我最后一次见道格拉斯·亚当斯[1]，是在1998年9月的剑桥大学，他受邀在数字生物区系国际研讨会上发表公开演讲。昨天晚上，我梦见了一个类似的事件：一些与道格拉斯志同道合的人又在一起开了一个会，这些人可以说是居住在动物学与计算机技术之间的蛮荒地带。那是道格拉斯最喜欢游荡的地方，他当然要去那里啦，他要去那里"上朝""接受朝拜"（不过，正如我将在下面指出的，既大度又谦虚的道格拉斯不会同意这种说法）。在这个梦境中，我隐隐约约地意识到他已经死了，但还是对他朝着我们侃侃而谈的事实一点儿也不觉得奇怪，似乎他本来就应该一直站在我们之间，讨论科学问题，利用他特有的科学智慧引我们大笑。我梦见他在午餐时热切地与我们讨论一种鱼身上的非常显著的适应性特征。他告诉我们，只需要发生27个突变，鳟鱼就可以进化成这种鱼。我多么希望自己可以记得那都是些什么样的显著适应，因为这确实就是道格拉斯会在某个地方说起的内容，而且"27个突变"也正是他喜欢的那种细节。

从剑桥大学到科莫多岛（Komodo），从电脑到龙，对于一个梦想家来说，这些算不上很大的跨越。因此，道格拉斯所说的那种鱼也许就是弹涂鱼，道格拉斯在讲述科莫多龙那一章的结尾时，促使他反思“祖先的倒影”的正是弹涂鱼。他在这一章中，以弹涂鱼以及它们（以及我们的）距今 3.5 亿年前的先驱为线索，把相关内容串联了起来，而且借此消解了他自己因没有为那只倒霉的山羊主持正义而产生的内疚之情。甚至连不幸的鸡也可以作为一个隐喻，他以那些鸡所承担的悲剧性角色为引子，为那只悲惨地咩咩叫着的山羊铺垫：

> 与四只活鸡同乘一艘小船进行长途旅行，绝对不可能是一次舒适的经历。一路上，它们一直瞪大眼睛盯着你，带着深沉而可怕的怀疑，你很难缓和这种气氛。

自佩勒姆·伍德豪斯（Pelham Wodehouse）以后，已经几乎没有人会这样写了。又如下面这一句：

> 一个善良的人身上永远带着道歉的牧师的气质。

或者，描写一只正在吃草的犀牛的这一段：

> 看着它，就像看着一辆 JCB 牌挖土机，它轻轻地向前推进，同时把草割掉……这只动物的肩膀高约 1.8 米，向后倾斜，延伸到了躯体后部和后腿。它的腿部肌肉十分发达。它的身体的每一个部分都如此巨大，充满力量，对我们的心灵产生了一种可怕的吸引力。犀牛移动它的腿的时候，哪怕只是微微移动一点儿距离，巨大的肌肉都会在沉重的皮肤下游动，就像一辆在寻找停车位的小汽车……犀牛注意到了我们在拍它，于是转身离去，就像一辆敏捷的坦克一样横穿过草原。

最后一句话完全是“伍德豪斯范儿”的，但道格拉斯的优势是，他还拥有源于更多科学知识的独特的幽默感。伍德豪斯本人是永远都不可能这样写的：

> 这种感觉，就好像我们亲眼看到了一个三体物理学问题的产生，它们在犀牛身体重力的牵引下不断摆动。

道格拉斯对菲律宾食猿雕是这样描写的：

> 这个会飞的东西非常不可能出现在这里。通常，你可能会预期飞行物降落在航空母舰上，而不会想到它也能攀附在一棵树上。

这本书第一章对“末梢技术”（Twig Technology）的设想有很高的原创性，任何严谨的科学家都会认真对待它。他还有一个同样很有原创性的想法，那就是把犀牛视为一种适应于一个以嗅觉而不是以视觉为主的世界的动物。道格拉斯不但非常了解科学，他还懂得科学的幽默，当然，他的幽默并不是拿科学来开玩笑。他拥有科学家的思维方式，能看透表面现象，深入挖掘科学真相；他的幽默带着文学和科学上的双重机智，有着他自己独一无二的格调。

这本书的每一页我都愿意一读再读，而且每一次重读时都会禁不住大声笑出来，比我读他写的小说时笑得更多、更大声。除了睿智幽默的语言，书中还有渗透着充满喜剧色彩的美妙故事，例如在上海搜寻避孕套的经典段落：他要给麦克风戴上避孕套，放到水下，以便截听白鳍豚的声音。又如，失去了双腿的出租车司机窝在仪表板下方驾车，不得不用手去操作离合器。当然，书中间或也有讽刺性的喜剧，例如，在道格拉斯和他的同事马克·卡沃丁的天真和纯洁的反衬下，蒙博托治下的扎伊尔官僚们的腐败恶行显得无比丑陋。这种情况让他们回想起了无辜的鸮鹦鹉（kakapo，以下按音译称为“卡卡波鸟”），它在这个残酷无情的世界里显得特别“有深度”：

> “卡卡波鸟”是一种超越了这个时代的鸟。如果你仔细看它硕大的、圆形的、棕绿色的脸，你会觉得它拥有人类无法理解的宁静和天真，让你想拥抱它，并告诉它，一切都会好起来的，虽然你知道可能不会好起来。
>
> 这是一种非常胖的鸟。一只成年的“卡卡波鸟”的体重大约为六七磅（3 千克上下）。它也长有翅膀，看上去，如果它需要跳过某个东西，它的翅膀似乎刚刚合适。然而不幸的是，“卡卡波鸟”似乎不但忘记了怎么飞，而且还忘记了它自己已经忘记了怎么飞行这件事。在受到较大的惊吓时，“卡卡波鸟”会跑上一棵树，然后从树上跳起来想飞走，结果却是像一块砖头一样，非常不优雅地头朝下栽倒在地上。

根据道格拉斯在书中给出的解释，“卡卡波鸟”是为数不多的岛屿动物之一：它们的“装备”相对于捕食者和竞争对手而言严重不足，而它们的捕食者和竞争对手的基因库已经在生态环境更加恶劣的大陆上经受了充分的磨炼。

> 所以，你很容易想象，当大陆的物种被引入岛屿中时会发生什么。那就好比将黑帮老大阿尔·卡彭（Al Capone）和传媒大亨鲁伯特·默多克引入怀特岛（Isle of Wight），当地人不会有任何机会。

在道格拉斯·亚当斯和马克·卡沃丁考察的那些濒危动物中，有一种在接下来 20 年的时间里都没有再出现，那就是白鳍豚。我们现在已经失去了看白鳍豚最后一眼的机会。或者说，我们已经无法再听到它们的声音了。后者可能更加重要，因为白鳍豚生活在一个看不看得到并不是太重要的世界里，白鳍豚依靠自己发出的声呐生存。随着航运业的发展，大规模的噪声终于将它们赶尽杀绝了。

白鳍豚的消失无疑是一场悲剧。这本书中描述的其他一些“主人公”也可能很快就会步白鳍豚的后尘。马克·卡沃丁在他最后的陈述中讲了一句话，说出了我们为什么必须非常关注物种（或者说动物和植物的整个主要种群）灭绝这个问题。他给出了如下常见的论据：

> 每一种动物和植物都是它们的环境的一个组成部分。即使是小小的科莫多龙也能在维护它自己精致的岛屿家园的生态稳定方面发挥重要作用。如果这些动物和植物消失了，那么许多其他物种也会消失。保护它们与人类自身的生存息息相关。动物和植物为我们提供了维持和拯救生命所需的食物和药物。它们可以为作物授粉，可以为许多工业制品提供原料。

是的，这些都没有错。我们必须这么说，人们也期待我们会这么说。然而，遗憾的是，我们竟然需要这样一个人类中心主义的、功利主义的理由来为保护濒危物种辩护。在这里，我想用一下自己以前曾经在一个不同的语境中用过的一个类比：这种辩护，就像说我们之所以需要音乐，是因为拉小提琴或弹钢琴有助于锻炼手部肌肉一样。毫无疑问，保护这些奇妙的生物的真正至关重要的理由，马克在书中也说了很多次。事实上，他自己显然更喜欢如下的理由：

> 为什么要保护濒危物种，还有最后一个理由，而且我相信，有了这个理由，就不需要其他理由了。这当然也是这么多人愿意将自己的一生奉献给保护犀牛、长尾小鹦鹉、卡卡波鸟和海豚的原因。这个理由说出来非常简单：没有它们，世界将成为一个更加贫瘠、更加黯淡、更加寂寞的地方。

说得好极了！没有了道格拉斯·亚当斯，整个世界都会变得更加贫穷、更加黯淡、更加寂寞。幸运的是，他还留下了书、录音带、备忘录、有趣的故事和感人至深的轶事。我根本无法想象，除了他之外，还有哪个公共人物的去世曾经激起过如此普遍的哀伤，无论是认识他的人，还是不认识他的人都为此感到痛惜。他特别受科学界的喜爱。因为他理解科学家，而且能够比科学家更加清晰、更加有力地向公众阐述科学知识和科学发现，解释为什么科学会让科学家热血沸腾。我在电视纪录片《打破科学之樊篱》(*Break the Science Barrier*)中也用过“让科学家热血沸腾”这种说法。在那部纪录片中，我问道格拉斯：“科学真正让你热血沸腾的东西是什么？”他的即兴回答精彩绝伦，应该被粉刷到每一间科学教室的墙壁上：

> 我们的世界是一个高度复杂、极其丰盛、无比新奇的，是唯一真的可以说一句“棒极了”的东西。我这样说的意思是，复杂的事物不但可以由简单的事物进化而来，而且很可能可以从“空无一物”进化而来。这是一个非凡的、神奇的思想。一旦你发现了某种事物可能是怎么起源的线索，那将是非常美好的事情。而且……在这样一个世界中好好地活上 70 年或 80 年而不虚度任何时光，是我非常愿意的。[2]

好好地活上 70 年或 80 年？如果真能这样该多好啊。

这本书的每一页都闪耀着科学本身和科学的智慧，以及通过“世界级的想象力”的彩虹棱镜观察到的世界的光芒。道格拉斯对于艾艾狐猴（aye-aye）、鸮鹦鹉、北方白犀牛、回声鹦鹉、科莫多龙的解说，没有夹带令人不适的故作深沉和多愁善感。因为道格拉斯非常了解，应该如何舒缓有致地推动自然选择之磨。他知道，要进化出一只山地大猩猩、一只毛里求斯粉红鸽、一头白鳍豚，需要多少万亿年。他也目睹了进化造就的如此精致的片段是如何被摧毁和遗忘的。他试图做一些正确的事情。我们也应该做一些正确的事情，为了纪念他，这个不可能再出现的智人的标本。在他身上，智人这个物种的名字是当之无愧的。

SCIENCE IN THE SOUL

SELECTED WRITINGS OF A PASSIONATE RATIONALIST

第六辑

偏要嘲笑那些活着的恶龙

在某种程度上，将本文集的某一辑归入“幽默”一类是一种错误的做法。如果你是从第一辑开始按顺序读下来，一直读到这里的，你应该知道为什么我要这么说。即使是在最沉重的主题上，道金斯的文章也总是闪现着幽默的光华，那些主题也许很幽暗，很压抑，非黑色幽默不足以化解。当然，在较轻松的主题上，幽默就更显得无可压抑了。那么为什么要编选这一辑？对我来说，一直有一件很难理解的事情，或者说，一件很气愤的事情，那就是许多介绍道金斯的文章，或者采访道金斯的报道，都说“道金斯是一个非常聪明的人，但是没有幽默感”。还有人说：“像道金斯这样的无神论者的一个很大的麻烦就是，他们完全没有幽默感。”至少，从要下结论必须先有证据这个要求来说，说道金斯没有幽默感显然是完全错误的，这样说的人从来没有给出什么证据。我这个要求也是与科学方法的要求相一致的。

这一辑的5篇文章可以说是理查德·道金斯的幽默感的结晶，同时也代表了他心目中尊崇的那些幽默讽刺作家的所拥有的，以及他自己在这方面表现出来的极其可观的才能——从完美的戏仿到澎湃的创造力，再到辛辣的讽刺。所有这些文章的共同特点是，文风机敏睿智和语言准确敏锐。在这里，幽默的黄金矿层从地面上露了出来。

当然，在托尔金的奇幻小说《霍比特人》中，正是因为人们寻找黄金，才惊醒了恶龙。即使是书中那位勇敢无畏的“小矮人”比尔博也不得不告诫自己：“千万不要嘲笑活着的恶龙！”道金斯从来不惧怕任何会喷火的怪物，但是他急于戳穿邪恶和荒谬的举动很可能会令巫师们极度不满。

最严肃深沉的问题，却以最轻松幽默的手法去分析，道金斯通过两篇模仿伍德豪斯风格的文章传递了非常重要的信息——必须揭露赎罪神学的虚伪，而这依赖于简明而深刻地阐述自然选择的进化机制。《大巴士之谜》和《贾维斯与生命谱系之树》，都是向英国文学前辈致敬的作品，读者在阅读的时候定能会心一笑，就像听到了爱人走上楼梯的脚步声时一样。

从伍德豪斯到罗伯特·马什（Robert Mash），文学界形成了一种完整的寓言文学传统，《恐龙幻想乐园的圣人长老政治家》一文接续了这个传统。是的，这里存在着一种文学语言传统，一个文字爱好者的家园，道金斯在这种传统中显然如鱼得水。在为罗伯特·马什的《如何饲养恐龙》（*How to Keep Dinosaurs*）一书撰写的序言中，道金斯先描述了幽默文学的传统形式，表明了自己热爱它们的立场，然后带着满心的喜悦进入了一个平行世界，拿起指挥棒，加上了自己蓬勃向上的终曲。

在享用了这顿丰富的恐龙盛宴之后，道金斯又给读者上了两道清爽明快的讽喻“小吃”。《反索尔主义：希望它成为持久的时尚》一文，用现代神学的语言和论证打了现代神学自己的脸，而且还带着“一脸坏笑”。而《道金斯定律》一文则披着哲学话语扭曲和挫败的外衣，同时又以无可比拟的智慧精准地揭示了真相。

即使是甘道夫，也不可能不被打动。

吉莉恩·萨默斯凯尔斯

SCIENCE IN THE SOUL

26 大巴士之谜[1]

贾维斯：（看到那辆公共汽车时，我正走在摄政大街上，欣赏着琳琅满目的圣诞装饰。那是一辆老旧的两节式公共汽车，伦敦市长一直声称要让这种公共汽车退役。当车子开过我身旁时，我抬起头来，车身上印的标语透过单片眼镜直直地刺入我的眼中。那一刻，一根羽毛就可能将我打倒在地。还有一次，一个讨厌的家伙真的差点儿打倒了我，当时我正准备前往渣滓俱乐部，打算在那里好好地呼吸一口节日的空气。那时，我也看到了一辆同样的公共汽车。经常读我的文章的读者都知道，渣滓俱乐部经常会有一些相当深刻的思想家光顾。但是当我跟他们说起令人烦恼的公共汽车问题时，这些思想家对此都表示没有什么印象。甚至连斯沃蒂·波斯尔思韦特（Swotty Postlethwaite）也一样，他是渣滓俱乐部一个温驯的知识分子，所以我决定去问一个更有权威的人。）

道金斯：（我歪戴着帽子，一边大声喊着，一边打开了那个陈旧的总部门锁，一路穿过了大厅，去吧台找那个“无所不知”的家伙问一下。)“贾维斯，那些公共汽车到底是怎么一回事啊？”

贾维斯：“先生，你说什么？”

道金斯：“你知道的，贾维斯，我说的是那些公共汽车。‘这些嗡嗡声是什么东西发出来的，总是响个不停？’[2]就是那一大堆‘弯曲巴士’，铰接式的交通工具。贾维斯，到底发生了什么事？那些‘弯曲巴士’在参与什么竞选吗？”

贾维斯：“先生，虽然灵活性通常被认为是一种美德，但是这些特殊的巴士并没有获得一致的满意评价。约翰逊市长……”

道金斯：“和约翰逊市长没有关系，贾维斯。把鲍里斯抛到脑后，拿豆子去扔那些公共汽车吧。我指的并不是这种弯曲度本身，①如果我说对了的话。”

贾维斯：“完全正确，先生。拉丁语短语可以按字面上的意义来解释……”

道金斯：“那样来解释这个拉丁语短语是可以的，贾维斯。但不要再考虑弯曲度的问题了。我要你把注意力放在车身刷的口号上面。你要很专心，不然还没等你正确地读出那个口号，那些橙色和粉色的文字就一闪而过了。上面的口号似乎是‘根本就没有上帝！因此不如住口，和你的孩子一起漱漱口’。也许我看得不够清楚，但是它的要点应该就是这个，不会有错。”

贾维斯：“哦，先生，差不多是这样。这句口号我已经很熟悉了，它说的是：‘上帝

① “本身”一词原文为 per se，源自拉丁语。——编者注

很可能并不存在，因此请你不要再担忧，尽情享受人生吧！’”

道金斯：“就是这个，贾维斯。‘上帝很可能并不存在。’这句话是什么意思？上帝不是好端端地就在那里吗？”

贾维斯：“嗯，先生，有人会说这取决于你自己的意思。例如，上帝是一个绝对无限的存在，或者换句话说，是一个包含了无限属性的实体，这些属性中的每一个都表达了永恒的本质——斯宾诺莎。”

道金斯：“谢谢，贾维斯，如果我也是这样，我也不会很介意。你刚才说的我没听说过。但只要是你说的，总能一语中的，能触及其他人无法触及的地方。我就要一大杯斯宾诺莎好了，要摇的，不要搅拌。”

贾维斯：“不是的，先生。我刚才说的是哲学家斯宾诺莎，他是泛神论之父，虽然有些人更喜欢称他为万有在神论。”

道金斯：“哦，那个斯宾诺莎呀。我记得他是你的一个好朋友。你最近常与他见面吗？”

贾维斯：“我没有见过他。先生，我不是生活在17世纪的人。斯宾诺莎是爱因斯坦的最爱，先生。”

道金斯：“爱因斯坦？贾维斯，你说那个头发乱蓬蓬、不穿袜子的人？”

贾维斯：“是的，先生，爱因斯坦可以说是有史以来最伟大的物理学家。”

道金斯：“嗯，没有比这更厉害的了。爱因斯坦是不是也相信上帝？”

贾维斯：“他相信上帝，不过不是那种传统的、人格化的上帝。先生，爱因斯坦特意强调了这个区别。爱因斯坦所相信的是斯宾诺莎式的上帝。爱因斯坦的上帝只在有序和谐的存在中现身。他相信的不是一直在关心个人以及人类的命运和行为的上帝。”

道金斯：“上帝啊！贾维斯！这里还真有点儿门道。[3]但是我觉得我能理解你说的东西。上帝只不过是大自然的另外一个名字。我们向他祷告，祈求他指明方向，完全是浪费时间。”

贾维斯：“是这样的，先生。”

道金斯：“就算上帝确实有一个行动的大方向，那又怎么样呢？”（我闷闷不乐地加上了一句，因为我发现了一个深刻的悖论，但它是任何一个普通人都能发现的，随便问渣滓俱乐部的一个人都行。我又有了一个令人不安的想法。）“这是否意味着，我在学校学习《圣经》也是浪费时间？我还获得过《圣经》知识大赛的优胜奖呢。那是我唯一一次受到奥布雷·奥普科克（Aubrey Upcock）牧师的嘉奖。尽管那个家伙全身臭烘烘的，说的每一句话都像是喃喃自语，但是那个奖项可以说是我学术生涯的一个亮点。难道它就全无用处，只配冲入马桶，成为我的人生起跑线上的一道伤痕吗？”

贾维斯：“不完全是这样，先生。《圣经》的一部分具有很大的文学价值，特别是它的一个英文翻译版——英国国王钦定本。《圣经》中的“传道书”和一部分“先知书”，节奏和韵律都非常优美，几乎不可能被后人超越。”

道金斯：“贾维斯，你说过的，传道人说，虚空的虚空，凡事都是虚空，那个传道人到底是谁呢？”

贾维斯：“那不知道，先生，但是大家都认为，这个传道人是一个聪明人。‘啊，少年人啊，你在幼年时应当快乐。幼年的日子，使你的心欢畅。’先生，这个传道人的心头还萦绕着丝丝忧郁。‘人怕高处，路上有惊慌；杏树开花，蚱蜢成为重担；人所愿的也都废掉。因为人归他永远的家，吊丧的在街上往来。’先生，《新约全书》也有很多崇拜者。‘上帝爱世人，甚至将他的独生子赐给他们……’”

道金斯：“你说的这些真的很有意思，贾维斯。我与奥布雷牧师争论的也就是这一段，他那次清了好几次嗓子，没有来回踱步。”

贾维斯：“的确如此，先生。那位已故的校长不满意的东西的确切性质是什么？”

道金斯：“所有关于为我们的罪恶而死、救赎和赎罪的东西，所有那些‘因他所受的刑罚，我们才得平安’的教条。我也经常受老奥普科克的惩罚，尽管不是那么重，因此我会直接用这些去和他争论。‘我犯下了一些轻微的过错’，还是叫‘行为略有不当’，贾维斯？”

贾维斯：“这两种说法都可以，先生。这取决于所犯的过错的严重程度。”

道金斯：“正如我所说的，当我被发现犯下了轻微的过错，或略有行为不当时，我可以预计某种惩罚迅速且直接地落在我——伍夫特头上，而不会使某个穷人无辜地受大板打屁股之刑罚？你明白我的意思吗？”

贾维斯：“当然，先生。‘替罪羊原则’在伦理学和法理学上的有效性一直都是有疑问的。现代刑罚理论还对报应式惩罚的思想提出了质疑，即使受到惩罚的是作恶者本人。因此，我们很难证明对无辜的‘替罪羊’进行替代式惩罚的合理性。先生，听说你受到了适当的惩罚，我很高兴。”

道金斯："那相当不好受，贾维斯。"

贾维斯："我很抱歉，我的意思并不是……"

道金斯："不用解释，贾维斯。我并没有怀恨在心，我甚至没有觉得不快。我知道什么时候需要尽快放下，继续向前走。还有很多东西没有讨论到，我的思路还在延伸。我刚才说到哪里了？"

贾维斯："你刚刚开始讨论各种惩罚替代手段的不公正性，先生。"

道金斯："是的，贾维斯，不公正性，你说得很好。受到不公正的打击，甚至连椰子也会裂开，这种声音将发出回响，而且还会变得更糟。现在，像我这样，拿出美洲狮一般的精神来。耶稣就是上帝，我说得不错吧？"

贾维斯："根据早期教会颁布的'圣父、圣子、圣灵'三位一体教义，先生，耶稣是'三一上帝'中的第二个人。"

道金斯："这正如我所想。上帝，那个创造了这个世界的上帝，他拥有足够的理性，潜入了智慧之海，而让爱因斯坦在浅水处喘着粗气挣扎游动。就是那个全知全能的上帝，就是那个打开和关闭一切的创造者，高于一切的完美者，智慧和权力的源泉，却想不到一个更好的方式来原谅我们的罪恶，他只能把自己变成一个执法宪兵，并且亲自行动。贾维斯，回答我这个问题。如果上帝想原谅我们，他为什么不直接原谅我们呢？为什么他要折磨我们？为什么不直接原谅我们？难道只能去问你那台维克多拉牌唱机？"

贾维斯："先生，你超越了自己。你说得太好了。恕我冒昧，先生，你甚至可以更进一步去想。根据传统神学著作中许多受到高度评价的段落来看，耶稣所努力要赎的罪，主要是亚当犯下的原罪。”

道金斯：“见鬼！贾维斯，你是对的。我记得自己以前曾经花费了大量精力来论证这一点。事实上，我认为这可能就是我赢得了《圣经》知识大奖赛的原因。但是请你先继续讲下去，贾维斯，你说的我很感兴趣。这很奇怪，亚当的原罪是什么？我想肯定有什么东西非常有吸引力，有什么可以震撼地狱之基的东西？”

贾维斯：“传统的说法是，亚当偷吃苹果被发现了，因而犯下了原罪，先生。”

道金斯：“偷苹果？[4]就是这个？这就是耶稣不得不，或者说主动选择用自己的生命去赎的罪？我听说过以眼还眼、以牙还牙的事情，但没有听过钉死在十字架上来为偷苹果赎罪。贾维斯，我看你一直在调制雪利酒，你不是说真的吧？”

贾维斯：“《创世纪》没有明确指出那种被偷的可口水果到底是什么，先生。不过，传统上人们一直认为就是苹果。但现代科学告诉我们，亚当这个人实际上并不存在，因此可能根本没有发生过这种原罪。”

道金斯：“贾维斯，我认为这是一种‘柿子捡软的捏’的取巧行径。耶稣因为其他人的罪恶而备受折磨，最终被钉死在十字架上，这已经很不好了。接着你告诉我，所谓的其他人，其实只是另外一个人，那就更加糟糕了。当然，更糟糕的是，那个人犯下的所谓的罪行只是试图偷窃一个水果。而现在你竟然告诉我，这个嫌犯其实并不存在。贾维斯，我知道我并不以脑袋大、有智慧出名，但就算我再蠢，也可以看出这是彻头彻尾的神经错乱。”

贾维斯：“我自己不会冒险去采用这种表达，先生。但是你说的确实是有道理的。

出于调和的目的，我应该告诉你，对于亚当的故事和他的原罪，许多现代神学家都只考虑其象征意义而不是字面意思。”

道金斯：“象征意义？贾维斯？象征意义！鞭子从来不是象征性的，十字架上的钉子也从来不是象征性的。试想想，当我被奥布雷牧师按在椅子上用鞭子痛殴时，如果我抗议说，我的轻微过错或行为不当，要选择哪种说法你随意，这些只不过是象征性的，你觉得他会说些什么？”

贾维斯：“这我很容易想象，先生。他会根据自己的经验，认为这样一种防御性辩护非常不可靠。”

道金斯：“事实上，你是对的，贾维斯。奥普科克确实是一个难缠的家伙。直到今天，当天气变得潮湿时，我仍然会觉得屁股上一阵阵地疼痛。这是因为我没有把这种象征主义的论点充分地表达出来吗？”

贾维斯：“那样的话，先生，有些人可能会认为你过于匆忙地下了判断。神学家可能会认为，亚当的象征性原罪并不像看上去那么微不足道，因为它所象征的就是人类所有的罪恶，包括那些尚未犯下的罪。”

道金斯：“贾维斯，这完全是胡扯！‘尚未犯下的罪’？我要请你好好动一下脑子，回过头去想一想那个牧师上课时，学生们觉得暗无天日的情景。我的身子处于比瘫在扶手椅中的他高两倍的有利位置，假设我对他说：‘校长先生，当你把最好的六个苹果都‘合法’地拿到了手中时，我可不可以要求得到另外六个苹果，考虑到我所有其他轻微过错或行为不当，以及在无限期的未来的任何一个时候，可能会犯也可能不会犯的罪？或者，所有未来的轻罪，都不仅仅是我会犯的，而且是我的任何一个朋友都会犯的。’贾维斯，这根本说不通。”

贾维斯："先生，如果我说我倾向于同意你的看法，希望你不会认为我过于冒昧了。现在，请你原谅我失陪一下，先生，我要用冬青和槲寄生去装饰一下这个房子，为每年一度的圣诞庆祝活动做准备。"

道金斯："如果你坚持要去的话，尽管去装饰房子好了，贾维斯。但我必须实话实说，我认为这种装饰没有任何意义。贾维斯，继续说吧。你自己相信上帝吗？"

贾维斯："不相信，先生。我以前就提到过。格雷斯特德（Gregstead）太太打来了电话，我要接一下。"

道金斯：（我大惊失色地说）"格雷斯特德姨妈？她不是要来这里吧？"

贾维斯："她确实有这样的意图，先生。我听到她说，她建议你在圣诞节的时候陪她去一下教堂。她认为这可能会对你有帮助，虽然她很怀疑已经没有任何东西能够帮到你了。我还听到了脚步声，她现在应该已经走上楼梯了。先生，我是不是可以提出一个建议……"

道金斯："说吧，什么建议？贾维斯，快点儿说。"

贾维斯："我已经打开了安全出口的门，先生。"

道金斯："贾维斯，你错了。上帝确实存在，你就是。"

贾维斯："先生，非常感谢你。希望我的服务令你满意。"

SCIENCE IN THE SOUL

27 贾维斯与生命谱系之树[1]

道金斯："听我说，贾维斯，来一下。"

贾维斯："先生？"

道金斯："'close on me'（靠近我）是正确的表达吗？"

贾维斯："这是一个军事用语，先生。当军官要求自己的下属过来的时候，他们会这么说。"

道金斯："那'Lend me your ears'（现在听我说）呢？"

贾维斯："这个表达同样是合适的，先生。马克·安东尼……"

道金斯："这跟马克·安东尼没有关系。我要说的东西很重要。"

贾维斯："好的，先生。"

道金斯："你知道吗？贾维斯，在北部各地区，我，B. 伍夫特在成绩簿上的排名并不高。但是我确实完全凭自己的努力取得过一次伟大的学术胜利。我敢打赌，你不知道那是什么。"

贾维斯："但是我已经知道了，先生。你已经不止一次向大家介绍过这次胜利了。你在预科学校获得了《圣经》知识竞赛大奖。"

道金斯："是的，贾维斯。我得到了这个奖。这令奥布雷・奥普科克牧师大吃一惊。他是那所臭名昭著的地狱般的学校的地产所有者和校长。尽管我与那些习惯于做早祷或晚祷的小伙子不同，但从那时起，对于专家所称的《圣经》，我还是会不时地加以关注。现在我们就来讨论这个'要点'（nub），还是叫'关键点'（crux）更合适一些？"

贾维斯："已经非常合适了，先生。或者也可以称为'关键细节'（nitty gritty），这些日子里我经常听到有人这么说。"

道金斯："好。关键是，贾维斯，作为一个《圣经》爱好者，我一直特别喜欢其中的《创世纪》。上帝在六天之内创造了世界，我说得没有错吧？"

贾维斯："是的，先生……"

道金斯："上帝的创世行动非常迅速，从'要有光'开始，他马不停蹄地创造出了植物、会蠕动爬行的动物、有鳍有鳞的动物、有羽毛的在树林里穿梭的动物、有毛的住在地下的动物……最后，他还创造了人类。在那之后，他在吊床上好好地休息了一天。我说的对吧，贾维斯？"

贾维斯："是的，先生。你很好地总结了关于这个世界和人类的起源的其中一个神话，如果我可以这么说的话。”

道金斯：“但是现在似乎还有续集，贾维斯。昨天晚上，在渣滓俱乐部的圣诞晚会上，一个家伙在我耳边絮絮叨叨地说了一些挺新奇的东西。似乎有一个叫达尔文的人，他说《创世纪》记载的全是一些不真实的陈词滥调。上帝的作用被夸大了，他并没有创造任何事物。达尔文还声称有一个东西叫‘评估’（evaluation）……”

贾维斯：“是‘进化’（evolution），先生。达尔文在他于 1859 年出版的划时代巨著《物种起源》中提出了进化论。”

道金斯：“就是这个。进化，你相信这个吗？这个叫达尔文的家伙，希望我相信自己的曾曾曾……祖父是一种以香蕉为食、用自己的脚趾挠痒痒、在树梢上摇来荡去的动物。贾维斯，请你回答我：如果我们都是黑猩猩的后代，那么，为什么现在仍然有那么多黑猩猩？我上个月在动物园里就看到过一只。为什么它们都没有变成渣滓俱乐部的成员（或者成为雅典娜俱乐部的成员，个人偏好不同）？这是怎么回事？”

贾维斯：“请允许我冒昧地说一句，先生，你似乎有所误解。达尔文先生并没有说我们是黑猩猩的后代。他说的是，黑猩猩和我们都是一个共同祖先的后代。黑猩猩是现代猿类，和我们一样，都从共同祖先的时代进化而来的。”

道金斯：“嗯，我想我明白你说的这个，贾维斯。这就像我那个瘟疫般讨厌的堂弟托马斯和我都是同一个祖父的后代。但是，我们两个人看起来都不怎么像祖父，我们也没有他那样的络腮胡子。”

贾维斯：“是这样的，先生。”

道金斯：“先等一下，贾维斯。我们长期信奉《旧约》经文，这种知识就算是造成了困惑，也不能如此轻易放弃。我的祖父也许是一个全身长着毛的怪物，但他肯定不是你所说的那种像黑猩猩一样的东西。我非常清楚地记得，他的指关节并没有拖到地面上，相反，他是一个站得笔直的军人，一直到晚年都是这样。而且，从我的家族的画像来看，我最古老的祖先也不像黑猩猩，贾维斯。我们伍夫特家族在阿金库尔战役中立了大功，在喊着‘上帝保佑亨利、英格兰和圣乔治’的口号奋勇冲杀时，也从来没有任何猿人帮助过我的祖先。”

贾维斯：“先生，我认为你低估了进化所需的时间跨度。自阿金库尔战役以来才过去了几个世纪。但是我们与黑猩猩的共同祖先生活在距今500多万年前。先生，请问我可以不可以进行一次想象中的时间旅行？”

道金斯：“当然可以，维纳斯。尽管去试一试，我会祝福你的。”

贾维斯：“我们现在这样假设：你在时间之梯上往回走一英里，就到了阿金库尔战役发生的时代。”

道金斯：“那相当于从这里直接到达渣滓俱乐部，是吗？”

贾维斯：“是的，先生。在同样的尺度上，要回到我们与黑猩猩的共同祖先生活的时代，你必须从伦敦一直走到澳大利亚。”

道金斯：“这样啊，难怪在我的家族祖先的肖像中看不到猿人了，而且在阿金库尔也看不到这种没有教养的、把胸膛拍得‘砰砰’响的东西。”

贾维斯："的确如此，先生。我们继续往回走，最后会看到我们与鱼的共同祖先……"

道金斯："等一下，贾维斯。你是在告诉我，我是某种在水中畅游的东西的后代吗？"

贾维斯："我们与现代鱼类有着共同的祖先，先生。如果我们能看到它们，它们肯定会被称为'鱼'。你可以放心地说，我们是从鱼变来的，先生。"

道金斯："贾维斯，有时你走得似乎太远了一些。虽然，当我想到古西·黑克－沃特尔（Gussie Hake-Wortle）的时候……"

贾维斯："我不会拿自己去做比较的，先生，那太冒险了。不过，我应该还是可以继续这想象中的时间旅行吧？要走到我们与鱼族'表兄弟'的共同祖先……"

道金斯："让我猜猜，贾维斯，你是不是必须绕着整个地球走一圈，然后回到出发的地方？"

贾维斯："先生，你还是严重低估了这趟旅程。你必须走到月球然后走回来，并且还要把整个旅程再来一遍，先生。"

道金斯："贾维斯，对一个有点儿宿醉未醒的小伙子来说，一下灌输这么多东西似乎太过了。在我能够接受更多的东西之前，你先搞一点儿能够让我提神的东西吧。"

贾维斯："好的。事实上，我早就准备好了。昨晚你在俱乐部里尽情玩乐、一醉方休的时候，我已经在构思这种东西了。”

道金斯：“太好了，贾维斯。但是先等等。刚才我们说的进化还有一个问题。那只达尔文地雀说这一切都是偶然发生的，就像在勒图凯（Le Touquet）转动那个大轮盘一样。或者像布夫蒂·斯诺德格拉斯（Bufty Snodgrass）偶尔一杆进洞，然后请整个俱乐部的人喝了一个星期的酒一样。”

贾维斯：“不是的，先生，这样说是不正确的。自然选择涉及的并不是偶然的好运。突变是一个随机的过程，但自然选择不是。”

道金斯：“你说之前先预热一下，贾维斯。如果你不介意的话，请再给我来一杯，这一次你调得慢一点儿，不要旋转。先告诉我什么是突变？”

贾维斯：“请你原谅，先生，我太冒昧了。突变这种说法源于拉丁语 mutatio，这是一个阴性词，意思是‘变化’。简而言之，一个突变就是基因复制时出现的一个错误。”

道金斯：“是不是就像书中的印刷错误一样？”

贾维斯：“是的，先生，就像一本书中的印刷错误一样。突变通常不一定会导致改进，但偶尔也会导致改进。在出现了改进的情况下，突变的个体就更有可能生存下来并将突变传递给后代。而那就是自然选择。先生，突变是随机的，因为它并不会偏向于改进。相比之下，自然选择则自动偏向于改进，而改进就意味着更高的生存能力。对此，我们可以用这样一句话来总结——谋事在突变，成事在选择。”

道金斯：“确实很简洁，贾维斯。这句话是你自己想出来的吗？”

贾维斯：“不是的，先生。是某位不知名人士模仿托马斯·肯皮斯（Thomas à Kempis）的句式说的。”

道金斯：“好的，贾维斯。我得再想想，看我自己是不是真的理解了。我们看到的许多东西看上去都像是一个天才的设计，比如眼睛或者心脏。我想知道它们是怎么来的。”

贾维斯：“这很好，先生。”

道金斯：“这些东西不可能是完全通过偶然的机会得到的，因为那样的话，就很像布夫蒂的一杆进洞，尽管好处是我们可以喝一整个礼拜的酒。”

贾维斯：“在某些方面，它比斯诺德格拉斯先生在喝得醉醺醺的情况下一杆进洞更加不可能发生。事实上，这就像斯诺德格拉斯被蒙住了双眼，背对着球洞随机挥杆击球，他既不知道球是不是放在了球座上，也不知道球会不会朝正确的方向飞去，结果却一杆进洞，是这样的不可能。先生，如果斯诺德格拉斯先生在那种情况下只能击一次球，那么他一杆进洞的机会，就可以与人类身体的所有组成部分随机洗牌后自动组装起来的机会比一比。”

道金斯：“如果布夫蒂在这种情况下先喝了几杯酒又会怎样，贾维斯？你知道，他先喝酒再去击球是很有可能的。”

贾维斯：“一杆进洞这种偶然事件发生的概率是非常小的，先生。而且，这种计算本身也只能取近似结果，因此我们也许可以忽略酒精这种兴奋剂可能产生的影响。球座与球洞之间的角度……”

道金斯：“好吧，先不要计算了。贾维斯，不要忘记我的头还痛着呢。我现在已经看清楚了，随机的机会不用过多考虑，在选择开始后，这个因素会被擦掉、冲刷掉。但是，我们究竟怎样才能得到像人体这么复杂的事物呢？”

贾维斯：“先生，达尔文已经回答了这个问题，这是达尔文先生的一个伟大成就。进化是逐渐发生的，而且要经历很长的时间。每一代人都与上一代人无法区别，任何一代发生不可能的事件的概率都非常低。但是，经过了数百万代人之后，进化造就的最终产品却确实是极其‘不可能’的，而且看起来好像是由一个天才的工程师特意设计出来的。”

道金斯：“但是，它真的只是看起来像那些口袋里装着卡尺、绘图板和圆珠笔的设计师的作品吗？”

贾维斯：“是的，设计的错觉源于大量很小的改进在同一个方向上的不断积累。每一个改进都非常小，甚至可能是由某个单一的突变造成的；但由于整个累积过程非常长，最终导致了在任何一次机会事件中都不可能出现的最终结果。先生，对这个过程，我们有一个很好的比喻：在非常平缓的上坡路上走了足够长的时间后，你将会站立在‘不可攀登’的高度之上。”

道金斯：“贾维斯，这确实是一个很好的想法，我开始注意它了。但是我一开始把它称为‘评估’而不是‘进化’，也没有错得太离谱吧？”

贾维斯：“没有，先生。这个过程有点儿类似于赛马的育种。育种专家会对跑得最快的那些赛马进行评估，而最好的马则被选为后代的祖先。达尔文先生意识到，在本质上，自然选择发挥作用的原则也是如此，只不过不需要任何育种专家来进行评估。奔跑速度最快的那些动物自然更不容易被狮子抓住。”

道金斯:“或者说老虎,贾维斯。老虎也跑得非常快。因奇·布拉马普尔(Inky Brahmapur)上个星期刚刚在渣滓俱乐部告诉我这个。”

贾维斯:“是的,老虎也是捕猎者。可以想象得到,如果骑在大象上,我们将有很好的机会观察马和老虎奔跑的速度。这里的关键要点在于,跑得最快的马能够生存下来并完成繁殖,从而将那种使它们跑得很快的基因传递给后代,因为它们被大型捕食者吃掉的可能性比其他马更低。”

道金斯:“不错,贾维斯,这可以说明很多问题。而且我认为,跑得最快的老虎也最容易繁殖,因为它们最有机会抓到猎物,生存下来,并产下小老虎,而这些小老虎长大后也跑得很快。”

贾维斯:“是的,先生,是这样。”

道金斯:“但是这一点已经够惊人了,贾维斯。不仅仅马和老虎是这样,所有生物也是这样对不对?”

贾维斯:“是的,先生。”

道金斯:“但是还要再等一下,贾维斯。我现在已经看到,这个理论推翻了《创世纪》的传说。但是,它又将上帝置于何地呢?听起来,达尔文这个家伙似乎是在说,上帝根本没有做什么事情。贾维斯,你应该明白我的意思。我很清楚失业的含义是什么,现在看来上帝已经失业了。贾维斯,如果你真的明白我的话,那么上帝确实失业了。”

贾维斯:“真的,你说得对,先生。”

道金斯："好吧。我就直说了。我要说的是，既然如此，在这种情况下，为什么我们还会相信上帝呢？"

贾维斯："是啊，为什么呢，先生？"

道金斯："贾维斯，这是一个令人吃惊的事情。为什么人们会相信一个失业的上帝？"

贾维斯："确实令人难以置信，先生。"

道金斯："我要用新的眼光看世界了。不能再像《圣经》学者说的那样通过一扇模糊的窗子看世界了。不用再给我调制提神饮品了，我发现我现在已经不需要它了。我有一种被解放了的感觉。把我的帽子和手杖递给我，还有达芙妮姨妈在上次古德伍德赛马会上送给我的双筒望远镜。我要去公园欣赏树木、蝴蝶、鸟儿和松鼠，体会你告诉我的这一切。我对你告诉我的所有东西感到惊喜和赞叹，你不会介意吧，贾维斯？"

贾维斯："当然不会，先生。惊喜和赞叹不正是最恰当的反应吗？很多人也都告诉我，他们在理解这些事情后，都体会到了同样的被解放的感觉。先生，我可以再给你提一个建议吗？"

道金斯："提吧，快提吧，贾维斯，我随时乐意听取你的建议。"

贾维斯："那好，先生，如果你还想进一步思考这个问题，我这里有一本不太厚的小书，你可能会有兴趣仔细阅读。"

道金斯："贾维斯，对我来说，这可算不上一本小书啊。不管怎样，我还是会认真读的，它的书名是什么？”

贾维斯：“它的书名是《地球上最伟大的表演》（*The Greatest Show on Earth*），先生。就是这本书，它的作者是……”

道金斯：“贾维斯，它的作者是谁没有关系，你的朋友就是我的朋友。书先放你这里吧，我回来之后再细读。现在，请你递给我双筒望远镜、手杖和帽子。我要去公园欣赏、领略、赞叹大自然的神奇了。”

SCIENCE IN THE SOUL

28 恐龙幻想乐园的圣人长老政治家[1]

真正伟大的幽默大师是不讲笑话的。他们会埋下新笑话的种子，然后帮助它们成长为风行一时的笑话。或者，他们只是静观其变，看着笑话自我传播、成长，并不断增殖、成长。斯蒂芬·波特（Stephen Potter）提出的“克敌绝招”（Gamesmanship）就是这样一个精心策划的笑话，它靠“先发制人”（Lifemanship）和“高人一筹”（One-Upmanship）催生和维系。这个笑话很有生命力，它“长大成熟”后又不断繁衍，一直没有因重复而消失，反而变得越来越有趣了。波特还通过植入“鬼蜮伎俩”（ploy）和“舍车保帅”（gambit）等更多的支持性“模因”来帮助这个笑话成长，此外还加入了伪学术脚注以及虚构的合作者奥多雷达（Odoreida）和加特林-芬恩（Gattling-Fenn），他们也许不是完全虚构的。在波特去世30多年之后，如果我创造出了一个类似的术语，比如“后现代技法”（Postmodernship），或者“通用汽车策略”（GM-manship），你都会想到波特的笑话，并且可能自己也想编一个。吉夫斯（Jeeves）讲的绝大多数故事都是一个原型笑话的变体，这是一个不断进化、长大的物种。随着故事的一再重述，它变得越来越有趣，而不是越来越乏味。这种情况也同样出现在了《1066年以及所有那一切，一个爱尔兰治安官的回忆录》(*1066 and All That, The Memoirs of an Irish RM*)，当然还有《阿黛尔夫人都记得》(*Lady Addle Remembers*)，现在这本《如何饲养恐龙》也属于这个伟大的传统。

从我们的学生时代开始，罗伯特·马什就成为一个新生代幽默大师。不仅如此，他还是新的幽默进化谱系的热心传播者。如果说他有一个前辈的话，那就是普史密斯（Psmith）。在我看来，“你听到了低沉的呻吟声，那是在我门外徘徊的一匹狼”这种表达，与马什说“我是一个穷光蛋”的方式别无二致。普史密斯式的反应，也正是马什式的对刚刚在派对中遇到的女人的一种夸张的反应。在得知对方是一所著名学校的校长之后，女人无话找话地提出了一个天真的问题：“你有女朋友吗？”而马什的回答则只有一个词——“偶尔”，有意显得与普史密斯不可动摇的一本正经相反。

马什给“天啊，真是讨厌！”（Stap m'vitals）提供了一个极具想象力的变体，带动了整个朋友圈，人们都开始忙于创造新的变体。而且，随着这个物种通过模因扩展实现的微观文化进化，这些变体显得越来越令人啧啧称奇。英国许多酒吧的名字也有类似的变体。例如，牛津的“玫瑰和皇冠”酒吧是我们的“主场”（事实上，那个酒吧是早期大部分进化的发生地），但是我们在提到它的时候很少直接用这个名字。“我们在大教堂和胆囊见面吧。”在进化的某个阶段，我们经常听到有人这么说。当然，后来出现的某些称呼似乎只有在它们进化出来时的背景下才会显得有趣。马什种下的一个幽默种子是“我们的……朋友”这样的表述，它有无穷无尽的变体。开始时，“玫瑰和皇冠”被说成了“我们的有花的皇室朋友”，但是到了后来，它进化成了一个填字游戏形式的巴洛克式隐喻，要破译它需要相当好的古典知识。所有这些马什式的幽默物种最终所属的“门”，可以称为“遁词门”。

作为幽默大师，罗伯特·马什可以说非常年轻，但是这一点往往会使人们忽视他是一个成熟的、严肃的学者。在这本书中，当他根据自己的职业专长，细致地解说恐龙的生活习性、它们可能患上的疾病及其治疗方法，以及怎样喂养它们时，他严肃的一面就表露无遗了。事实上，马什这个名字长期以来一直是恐龙奇幻故事的一个象征。从展览会到拍卖厅，从跑马场到翼龙游乐园，恐龙迷的聚会在人们轻声奔走相告“马什已经来了”之前，就不能说是圆满的。甚至连那些肉食类恐龙，也似乎能感觉到这位大师的存在——它们的双足似乎会走动得更快，它们布满了带状菌斑的下颌也似乎在发出阵阵冷笑。他似乎随时都会伸手去拍拍秀颌龙的后脑，安抚它们，或者向它们的主人提供一些建议。

你的膝上恐龙是否已经到了需要修剪脚指甲的年龄？这是一个不好对付（更不用说不舒服）的年龄。马什建议你，在不好的结果，比如大量眼泪、意想不到的剖腹手术（说得这么轻松）等出现之前，一定要好好地修剪。你的枪恐龙会不会变得过于兴奋？在它发现太多的猎犬之前，请打电话向马什求助（你的猎犬的嘴巴里发出的声音，可能就像你的嘴巴被鞋带捆住时发出的闷哑的哭叫声一样无力，而且两者都没什么用）。在那种令人尴尬的时刻，当一只小盗龙忘记了自己身在绘图室时，马什的建议无疑既简洁又有效。又或者，你想把一大堆禽龙粪肥运到小农场去？马什正是你要找的人。

虽然现在他更出名的称号是恐龙幻想乐园的圣人长老政治家，但是罗伯特·马什也非常注重行动。看过他“高高站起”的人，很少会忘记他漫不经心地把获得的“杀手”称号，因为他照顾了一个一跳六七米高的无敌猎手。在盛装舞步环节，在他贯注了热情的缰绳的指引下，即使是一只懒洋洋的腕龙也会像一只受过严格训练的似鸟龙一样腾跃起舞的。当他在 20 只伶盗龙的陪伴下挥舞着鞭子登场时，他的视线转到哪里，哪里的运动员的脉搏就会加速，而那本来血就很冷的不幸的斑比盗龙的血则会进一步降到冰点。不过，当他穿上了裁剪得体的皮革服装后，却不会引人注目，要知道，他作为一名顾问很受阿拉伯王室成员的追捧。他新近“驯服”的翼手龙熟练地起飞后，迎着风飞翔驰骋，并利用它新型的威力强大的腕铠制服抓住了始祖鸟。

多年以来，恐龙圈内的许多朋友和追捧者、仰慕者都敦促罗伯特·马什写一本书，把自己一生的经验总结一下。于是，《如何饲养恐龙》第一版问世了。不出意料，这本书脱销的速度比迷惑龙拍打尾巴的速度还快。在漫长的大面积脱销的那些年里，盗版越来越多，其印刷也变得越来越精美。许多盗版书都变得非常珍稀，不少人把它们精心地包装、保护起来。这样一来，出版第二版就成为一项紧迫的任务，我很高兴有机会为第二版的问世间接提供了帮助（找到好的出版者是一件好事。——仿《箴言书》18：22）。当然，第二版也大大受益于马什与世界各地的恐龙主人不懈的往来。

我们可以从很多个层次和角度来阅读这本书。它不仅是一本用户手册（尽管它首先可以被当作一本用户手册）。这本书给出了大量非常有益的实际操作建议。这些建议显然出自专业动物学家之手，因为它们都是以扎实的理论和前沿学者的最新研究为基础的。这里的许多事实都是非常准确的。人们对恐龙世界一直都充满了好奇和兴趣，马什的这本手册必定会给这个世界留下浓重的一笔。而在神学那一端，即使是创造主义者（现在他们又自得其乐地将自己称为“智慧设计理论家”），也可以从这本书中找到宝贵的资源，用于反对如下荒谬的谣言：人与恐龙的地质时间相差 6 500 万年。

正如罗伯特·马什本人可能警告我们的那样，每一只恐龙都是一个生命（蜥脚类动物通常都很长寿），而不仅是能够使圣诞节显得更热闹一些的玩物。对于马什的这本书，我们也可以这样说。不过，它确实可以成为一件非常好的圣诞礼物，而且无论送给谁（无论什么年龄），对方都会非常开心地收下它。我还相信，今后无数个圣诞节都将如此。

SCIENCE IN THE SOUL

29 反索尔主义：希望它成为持久的时尚[1]

现在，反索尔主义（Athorism）似乎变得相当时尚了。瓦尔哈拉主义者（Valhallan）与反索尔主义者之间能不能展开富有成效的对话？除了那些天真的拘泥于字面意义的人之外，那些久经世故的神学家们很久以前就不再相信雷神索尔的强大锤子的物质实体性了。但是，锤击的精神实质则仍然保持了它雷击般的启蒙性。同时，锤击论信仰不仅在新瓦尔哈拉主义的末世论中保留了特殊的地位，而且还与雷声科学理论在其不重叠的教理上实现了富有成效的对话。激进的反索尔主义者是他们自己最大的敌人。他们不理解索尔神学的精妙观点，而且他们真的应该立即抛弃那种顽冥不化的、不可容忍的稻草人攻击术（strawmandering），并以索尔信仰以往一贯受到的那种独一无二的、受保护的尊崇来对待它。无论如何，这些激进主义者都注定要失败。人们需要雷神索尔，无论什么都不可能把他从文化中一笔抹去。如果你们要打倒索尔，那么请先想好了：你们真的知道用什么来取代他吗？

写在后面：

这个笑话可以继续讲下去，索尔学派的女权主义者倾向于轻描淡写索尔父权制强硬的一面，而对后现代索尔学派来说，锤子是解构的强力象征。

SCIENCE IN THE SOUL

30 道金斯定律[1]

道金斯“困难守恒定律”（Law of the Conservation of Difficulty）

在任何一个学术科目中，愚昧主义都会不断膨胀，以填补该科目内在的简洁性带来的真空。

道金斯“圣灵刀枪不入定律”（Law of Divine Invulnerability）

上帝不可能输。

引理 1：当知识扩展时，上帝会收缩，但是随后上帝会重新定义自己，从而恢复原状。

引理 2：当事情顺利的时候，人们会感谢上帝；当事情不顺的时候，人们会感谢上帝没有令事情变得更坏。

引理 3：对来世的信仰只能被证明是正确的，永远不会错。

引理 4：捍卫站不住脚的信念时，愤怒的强度与这些信念的可辩护性成反比。

道金斯地狱与诅咒定律

$$H = 1/p$$

其中，H 表示地狱火焰灼人的温度，p 代表感觉到它存在的可能性。

用一句话来概括，即惩罚的威胁性与其合理性成反比。

下方的法则更为古老，人们也经常误认为是我说的，在这里，我将其表述为：

“敌对辩论定律”（Law of Adversarial Debate）

当两个互不相容的信仰被不同的人以同等的强度提倡时，真理并不一定位于两者的中点，有可能其中一方就是错的。

SCIENCE IN THE SOUL

SELECTED WRITINGS OF A PASSIONATE RATIONALIST

第七辑

没有人是一座孤岛

牛顿说自己的成就是“站在巨人的肩膀之上”取得的，事实上，无论在那之前还是之后，科学一直都是一项合作事业。不可否认，有些科学工作者低估了自己的成果中包含的他人的贡献，否认这点的人明显过于乐观了，而且是典型的“非道金斯主义”者。更多的科学工作者则都承认，自治共享、合作精神和相互尊重是极其重要的，这也正是本文集第一辑第一篇文章中重点强调的科学的主要价值观之一。当然，这种价值观还会因每位科学工作者的个人情感和道德敏感度而变得更加丰富多彩，同时它们也不仅仅是科学家特有的，而是人类文明共有的。在为全书收尾的这一辑中，我们收录的各篇文章在一定意义上都是在为这种价值观的胜利而欢呼，它们作为道金斯怀念他人、赞颂他人的部分文章，代表了他在这方面的思考。

《怀念一位大师》这篇文章是道金斯在纪念诺贝尔奖获得者、著名生物学家尼古拉斯·廷伯根的国际会议上的开幕致辞。它不仅反映了道金斯在专业上对廷伯根的尊敬，而且充分反映了他的归属感，这种归属感因共同研究、一起探索而产生；同时也表现了他们这些人的自豪感，这种自豪感并非仅因为他们同属于一个精英机构，而且还因为他们同属于在教学和科研方面有天赋的一群人。

这篇开幕致辞还表明，他们这些人深切地感到，自己有义务保证知识的火炬代代相传："我们希望人们能够接过尼古拉斯传下来的火炬继续前进，奔向未来。"

接下来的两篇文章《悼念我亲爱的父亲：约翰·道金斯》和《悼念我的叔叔："比尔"·道金斯》，闪耀着理查德对自己的家族深深的自豪感，无论是过去，还是现在。如果是他人处在理查德·道金斯的位置上，也就是左派自由主义者的儿子和侄子，只要稍微有点儿不诚实，就可能抗拒不了诱惑，从而极力淡化、掩饰甚至拒斥那种钢铁般的"帝国遗产"。如果真是那样的话，理查德·道金斯也不可能如此坦诚地写道："当然，在非洲的英国人有坏人，也有好人，坏的可能非常坏，但是好的也非常好。比尔正是最好的那些人中的一个。"这些深情的回忆通常都闪耀着幽默的火花，例如，他在回忆叔叔比尔阅读取缔闹事法时的情景时这样写道："我可以想象，那些文字被缝入了他头盔的里衬。"道金斯还回忆起父亲在家庭农场搞了很多"稀奇古怪但并不实用的发明"。父亲和叔叔对道金斯的爱都是毫无掩饰的，而且道金斯对这种感情与对自己的先辈所取得的（相当多的）世俗成就同样深感自豪："指挥他人的天赋和军事功绩其实无须多说，比尔还有更多值得敬佩的优秀品质。"

我希望，读者在阅读这一辑的各篇文章时能够体会到道金斯关注的广泛领域，他的热情和才华光芒所及，无远弗届。他既是科学家、教师、雄辩家，也是幽默大师，不过，他首先是一位杰出的作家。本文集的最后一篇文章为《向希钦斯致敬》，我之所以选择它，是为了将上面这些令人眼花缭乱的头衔集中到一个辉煌的焦点上来。这是道金斯为当时已经身患绝症的克里斯托弗·希钦斯颁发美国无神论联盟理查德·道金斯奖时的演讲稿，通篇都回荡着"敬佩、尊重和爱"。有一个事实颇令人惊异，而且有一点儿恰到好处的讽刺意味，那就是道金斯用来赞颂希钦斯的许多褒奖词，用在他自己身上也非常公允："我们无神论者／世俗化运动的领军知识分子和学者"、"年轻人和弱者的良师益友"、能够运用"深刻的逻辑思维"、拥有"洞察一切的智慧"和"勇敢无畏的反传统精神"。难怪他们两人能够成为灵魂兄弟。

理查德·道金斯总是会面临众多的批评者。在批评他的人当中，有些人认同他的目标，也有一些人对他满怀敌意。但我认为，任何一个诚实的读者都很难否认这一点："当今时代，确实有一些英国作家不怎么样。但好的那些作家是非常好的，理查德·道金斯无疑是最好的英国作家之一。"

吉莉恩·萨默斯凯尔斯

SCIENCE IN THE SOUL

31 怀念一位大师[1]

尊敬的各位嘉宾：

欢迎各位。在场的很多人都不是第一次来牛津大学，我要对这些人说一声：欢迎回到牛津大学！还有一些人甚至可能会觉得，回到牛津大学就像回到自己的家一样。那可太好了。还有很多朋友是专程从荷兰远道而来的，我非常高兴，也欢迎他们！

上个星期，除了极少数最后一分钟才能决定的事情之外，这个会议的一切已然准备就绪。然而噩耗传来，有消息说莱斯·廷伯根（Lies Tinbergen）去世了。很显然，早知如此，我们肯定不会选择这样一个时间来举行这次会议。我相信，我们所有人都会向廷伯根家人表示深切的悼念。我很高兴地看到，她的很多家人就在这个会场上。我们讨论了我们应该做什么，最终决定继续召开这个会议，因为在这种情况下，没有其他什么可以做的。我们征求了所有能够联系到的廷伯根家人的意见，他们表示完全同意。我想，大家都知道，莱斯对尼古拉斯的支持很重要，但我认为其实很少有人真的知道莱斯对尼古拉斯的支持究竟有多大，特别是在他患上了抑郁症的那些黑暗时期。

我应该解释一下，为什么要召开这个纪念会议。每个人都有自己表达悲伤的方式。莱斯纪念尼古拉斯的方法是，完全遵从尼古拉斯的要求——不举行葬礼，不举行任何纪念仪式。当然，那是典型的尼古拉斯式的谦逊。我们当中有许多人都完全赞同不举行任何宗教仪式，但还是有必要举行一些活动，以纪念我们这么多年来一直热爱和尊重的这个人。我们想要以各种非宗教的形式纪念廷伯根。例如，考虑到廷伯根家族有那么多出类拔萃的音乐人才，我们曾建议举行一场纪念音乐会，在欣赏音乐的间隙，我们还可以朗诵献词和诗歌。但莱斯斩钉截铁地告诉我们，她不希望举行这样的仪式，而且她非常肯定尼古拉斯也会这么想。

因此，我们当时什么也没有做。然而，在经过一段时间之后，我们开始意识到，不妨举行一个纪念会议，那与葬礼有很大的不同，不能算违背了尼古拉斯的遗愿。莱斯同意了。在筹备会议的时候，她曾说自己也想出席纪念会议，但是她后来又改变了主意。原因是她特别谦虚，而且完全错误地以为自己出席会议会有些“碍手碍脚”。

非常高兴今天来了这么多老朋友，这是对尼古拉斯最好的致敬。这么多的老学生，这么多的朋友，其中很多人不远万里而来，聚集在牛津大学，令我们感动不已。这场会议，在另一个意义上也是老朋友的重聚，其中很多人可能有30多年未曾相见了。对我来说，只要读一下来宾名单就足以让我心潮澎湃。

我们所有人都记得尼古拉斯和他的同事们，有幸成为他们的同路人是我们的幸运。就我自己而言，我与尼古拉斯相处的经历始于我还是一个本科生的时候，当时他是我们的老师，不过一开始他给我们讲授的并不是动物行为，而是有关软体动物的知识。这样做的原因是，阿利斯特·哈迪（Alister Hardy）有一个奇怪的想法：所有老师都应该参与讲授“动物王国”课程，该课程是牛津大学动物学诸多课程中的神圣之物。当时，我并不了解尼古拉斯是一个何等杰出的人物。我相信，如果我早就认识他的话，我会对他不得不接受安排去讲软体动物课程感到非常愤怒。廷伯根放弃莱顿大学的教授职位来到了牛津大学，由于牛津大学僵化而势利的制度，他不得不从头来过，成为“廷伯根先生”。对于他讲授的软体动物知识，我现在已经忘得差不多了，但是我还分明记得他的笑容：温和、慈爱、友善，散发着父爱的温暖，虽然他那时的年纪要比现在的我大得多。

我相信，我当时肯定已经被尼古拉斯和他那渊博的知识、深刻的思想迷住了，所以我问我的大学导师，可不可以请尼古拉斯担任我的辅导老师。我不知道他是如何设法帮我做到这一点的，因为我知道尼古拉斯通常不会亲自指导本科生。而且我怀疑我可能是他亲自指导过的最后一个本科生。他的指导对我产生了巨大的影响。作为一名导师，尼古拉斯的风格是独一无二的。他不会给出一份集中于某个主题的阅读清单，相反，他只提供一项非常详细的研究，例如一篇博士论文。我记得，在尼古拉斯的指导下，我最早阅读的是 A. C. 佩尔德克（A. C. Perdeck）写的一本专著——我很高兴地告诉大家，佩尔德克教授今天也在这里。尼古拉斯要求我，在读完论文或专著后写一篇报告，内容可以是任何我在阅读过程中想到的东西。尼古拉斯这种指导方式，一定意义上是赋予了学生完全的平等地位，将学生视为一个同事，而不仅仅是一个学习知识的学生，他认为对所讨论的研究的任何看法都值得一听。在此之前，我从来没有遇到过这样的老师。我很快就发现，这种学习方式令我非常着迷。我写了一些篇幅很长的文章，需要很长的时间才能读完。由于尼古拉斯经常会打断提问，所以我很少能够按时读完。当我在朗读自己的文章的时候，他会在房间里走来走去，偶尔随意坐在某个被当作临时椅子的旧箱子上休息。他一根接一根地抽着烟，显然把全部的注意力都放到了我的文章上。我得承认，对于我自己的绝大多数学生，我都无法做到这一点，因此要在这里对他们说一声抱歉。

由于接受尼古拉斯指导的经历非常美妙，所以我非常想让他做我的博士学位论文导师。此后，我成为“大师门徒”俱乐部的一名成员，从而开始了一段我永远不会忘记的生活。我记得特别清楚的是每个星期五晚上举行的研讨会。除了尼古拉斯之外，当时的另一个主角是迈克·卡伦（Mike Cullen）。在科学研讨活动中，尼古拉斯是一个非常固执的人，他不会放过任何不准确的字句，因此只要报告人没有严谨地界定清楚术语，研讨会就可能无限期地停滞不前。所有人都会参加讨论，每个人都渴望做出贡献。因此，一次研讨活动通常不会在两个小时之内结束，在下一周，上次没有结束的讨论将会继续，而不管以前制订的计划是怎样的。

当时，我每一天都在期待每周五晚上的研讨会，我渴望在那里受到知识之光的照耀，尽管现在想来，这种期盼不过是年轻人的天真所致。但当时我们确实感到自己是一个精英团体的成员，高居动物行为学的雅典神庙之中。来自其他研究团体的许多人也都有类似的感受。我认为，这种氛围是尼古拉斯特意为年轻同事营造出来的。

在某种意义上，尼古拉斯举办的星期五晚上的研讨会，实际上代表了非常严格的逻辑常识。这样说，初听起来也许没有什么非常了不起的地方，有人甚至可能会觉得这相当平常。但正是在这些研讨会上，我开始明白，严格的常识对于很多人来说都是非常不明显的。事实上，常识在很多时候都需要我们提高警惕，严加捍卫。

在整个动物行为学界，尼古拉斯的视野最为广阔。他不仅提出了关于生物学的“四大问题”视角，而且还在他认为这四大问题的某一个受到了忽视时，极力倡导和推进对这个被忽视的问题的研究。由于现在人们普遍认为尼古拉斯对关于行为的功能性意义的实地研究产生了极其重要的影响，所以我想在这里回顾一下他的职业生涯究竟有多少是献给了这些研究的，比如对动机的研究。在这个方面，我本人对尼古拉斯讲授的动物行为学本科课程的主要回忆是（无论我的回忆有没有价值），他对动物行为及其背后的机制，都持有严格的机械主义立场。我对他首创的两个术语“行为机制”（behaviour machinery）和“生存设备”（equipment for survival）印象尤其深刻。后来，当我着手写自己的第一本书时，我将这两个术语组合成了一个更简短的术语“生存机器”（survival machine）。

在筹备这次会议时，我们决定会议主题将以尼古拉斯在世时取得过卓越成就的那些领域中的问题为主，但是我们并不希望只回忆往昔。毫无疑问，我们愿意花一些时间回顾尼古拉斯的成就，但同时也希望人们能够接过尼古拉斯传递下来的火炬继续前进，奔向未来。

这种火炬接力活动已经在一系列全新的、令人兴奋的方向上展开了。事实上，新方向是如此之多，以至筹备这个会议的尼古拉斯的学生和同事不得不事先制订了一个完善会议流程，光是制订计划就令人头疼得不行了。“到底怎么做才好呢？”我们不停地问自己，“可以让大家随便发言吗？不行，我们只能邀请 6 位发言人上台。”或许，我们可以将发言人限制在尼古拉斯自己的学生——他的科学的孩子的范围内，但这样做将严重贬低他的影响，包括他对学生的学生以及其他人产生的巨大影响。或者，我们也可以只邀请那些没有在由杰勒德・贝伦兹（Gerard Baerends）、科林・比尔（Colin Beer）和奥布里・曼宁（Aubrey Manning）主编的廷伯根纪念文集中露过脸的人，但那肯定也会留下遗珠之憾。最后我们终于搞明白了，到底由哪 6 个人作为他的思想继承人的代表发言，并不影响尼古拉斯本人的成就和影响。也许，这正是衡量他的伟大的最佳尺度。

32 悼念我亲爱的父亲：约翰·道金斯[1]

我的父亲，克林顿·约翰·道金斯（Clinton John Dawkins），以 95 岁的高龄安详辞世，结束了他充实的一生。

1915 年，我的父亲约翰出生在缅甸的曼德勒（Mandalay），在三兄弟中居长。他们三个兄弟都非常有才华，两个弟弟也都追随他们的父亲和祖父的脚步进入了英国殖民地公职机构。我父亲从小就热爱各种花卉，后来，在马尔伯勒公学就读时，他这个爱好又受到了一位老师的鼓励和强化，那位老师名叫 A. G. 朗兹（A. G. Lowndes），是一位声名卓著的中学生物学老师。最终，我父亲决定到牛津大学攻读植物学。接着，为了申请尼亚萨兰（Nyasaland）初级农业官员的职位，他又先后在剑桥大学和爱尔兰总工会深造，学习热带农业学。我父亲和母亲赶在父亲动身前往非洲之前结了婚。我母亲名叫琼·拉德纳（Jean Ladner），不久之后，母亲也到了非洲与父亲团聚。在父亲应召去英王非洲步枪团（King's African Rifles）服役之前，他们辗转于一些偏远的农业开发站，度过了一段田园诗般的新婚生活。我父亲没有跟随团队行动，他是自行前往肯尼亚报到的，我母亲也偷偷地陪着他一起启程。而这种行为在当时是非法的，我时常猜想，我自己也是"非法"地在内罗毕（Nairobi）出生的。[2]

后来，我父亲回到了尼亚萨兰担任农业官员，但是接下来，他突然从一个非常远的表亲那里继承到了一份意想不到的遗产，他的这段职业生涯也随之结束。18世纪20年代以来，欧文诺顿庄园（Over Norton Park）一直是道金斯家族的财产，赫里沃德·道金斯（Hereward Dawkins）在寻找遗产继承人的时候，翻遍了道金斯家族的家谱，结果发现我父亲是最近的一个亲属，尽管他以前从来没有见过我父亲，甚至从来没听说过这个远在尼亚萨兰的年轻的堂侄。

赫里沃德·道金斯选对人了，这对年轻夫妇决定离开非洲，立志将欧文诺顿庄园作为一个商业农场来经营，而不是让它继续充当一个绅士的宅院。他们这项计划很可能会失败，家族的其他成员和家族律师都曾劝阻过他们。但最终，他们成功了。公平地说，是我的父母拯救了这份家族遗产。

他们把大宅子分隔成了一间间的公寓，给那些专为殖民地公职人员服务的仆人放了长假。那个时代的拖拉机是没有顶盖的。我父亲总是戴着那顶旧的英王非洲步枪团军帽（请想象一下澳大利亚伐木者的形象），驾驶着他那台低矮的弗格森牌（Ferguson）拖拉机，隔着两块地都可以听到他吟唱赞美诗（"摩押是我的沐浴盆"）的响亮声音。幸好这辆拖拉机非常小巧轻便，有一次，他不小心被拖拉机压过了自己的身子，结果也没有什么大碍。

我父亲在庄园养的泽西奶牛是小型的奶牛品种。它们产的牛奶脂肪含量很高（这种牛奶现在已经不受欢迎了），从中分离出的奶油大部分销售给了牛津的各个大学以及众多商店和餐馆；脱脂牛奶则被约翰用于他称为"音乐和运动"的有机养殖——脱脂牛奶滋养了一大群肥硕的欧文诺顿猪。奶油分离这项工作充分体现了约翰那种典型的制造结构精巧但实用性可疑[3]的工具的创造力，他曾用一些捆绑在一起的绳子来充当分离工具，灵感来自一个长期为他们服务的养猪人写的一首"妙不可言”的打油诗：“蒸汽腾腾的云彩啊，明晃晃的闪电，它们如此壮观。当搅拌机带动尼龙绳子旋转起来时，就像舞台上的仙女在翩翩起舞。”

我父亲的聪明才智和创造力，不仅体现在上面这种“多股尼龙绳奶油分离装置”上，也不局限于他所从事的“农业生产”领域。在他的一生中，约翰一个接着一个地搞发明，而且他的发明都离不开他储存下来的大量红绳子和又脏又旧的废金属。每个圣诞节，我父亲都会送给家人一大堆自制的礼物。在非洲的时候，他就为我和妹妹手工制作了很多玩具，后来，当孙子辈、重孙子辈出世后，他仍然乐此不疲，继续为他们手工制作各种各样非常好玩的礼物。

约翰是英国皇家摄影协会（Royal Photographic Society）的会员，他独创了一种特殊的摄影艺术形式：使用两台投影机将照片按顺序“分解”为精心匹配好的图像序列。每个序列都有一个主题，约翰涉足的主题非常广泛，从秋天的落叶到他钟爱的爱尔兰风光，再到他自创的一种抽象派艺术——拍摄隐藏在雕花玻璃制成的醒酒器塞子深处的光谱图案。约翰还实现了上述“分解”过程的自动化：他为交替播放的投影机自制了“可调光圈”，它们通过橡皮筋连在一起，成本低廉却非常有效。[4]

直到 90 多岁后，约翰才开始放慢了发明的脚步，他的记忆慢慢衰退了。但他非常优雅地接受了自己已经是一个不折不扣的老年人了这个事实，就像他热爱自己以往的激情燃烧的岁月一样。去年，他和琼举办了一个盛大的家庭聚会，庆祝他们的白金婚——时光荏苒，他们两人已经相亲相爱、相互扶持着过了 70 年。约翰学会了以快乐的微笑来对待自己的年老无力，这更加激发了我们这个大家庭所有成员之间的深深爱意。这真是一个大家庭！约翰的曾孙辈有 9 个。他们现在舒适地生活在四栋独立的房子里，所有这些房子的墙壁都用干爽的科斯沃尔德石头垒成，它们都位于欧文诺顿庄园。是约翰和琼守护了这个庄园。[5]

33 悼念我的叔叔：“比尔”·道金斯[1]

1972 年，英国政府试图找到一个能够妥善解决罗得西亚（Rhodesla）问题的办法。当时担任外交大臣的亚历克·道格拉斯－霍姆（Alec Douglas-Home）爵士组建了一个皇家委员会，由皮尔斯勋爵（Lord Pearce）领衔，前往罗得西亚各地巡视，同时调查民意。这个委员会的委员们都是一些德高望重的殖民地公职退休人员，拥有丰富的经验。比尔·道金斯是皮尔斯委员会的理想候选人。不出意料，他被重新征召了。

在那个时期，我所在的牛津大学有一位既固执又有点儿话痨的“老派”导师，他以往的生活经历与殖民地公共服务密切相关。这位导师就是克里斯托弗爵士，他非常关注皮尔斯委员会的工作，特别是他会时刻追踪比尔·道金斯的一举一动，这可能是因为英国广播公司每天晚上的新闻节目都会让比尔这个老帅哥出镜吧。正如拉拉（Lalla）所说，比尔在电视上的本色演出实在太出彩了。虽然从来没有见过比尔本人，但克里斯托弗爵士一直觉得自己认识他，并将他视为大英帝国的正直品质和性格力量的代表。他经常对我说，“道金斯的叔叔很快就会结束这一切”，或者“我倒想看看，谁敢在道金斯的叔叔头上要阴谋诡计！哼！”。

皮尔斯委员会的委员们每两人一组结伴到各地巡视。与比尔·道金斯同行的是另一位老殖民地公职人员布尔金肖（Burkinshaw）。由于比尔是委员会的标志性人物，所以英国广播公司的新闻团队选择跟随拍摄道金斯和布尔金肖的调查任务。克里斯托弗爵士万分激动地在电视屏幕前守了一整天。直到今天，我还清楚地记得克里斯托弗爵士对前一天他在电视上看到的东西的总结。他用独特的老“说书人”的语调大声说道：“对于布尔金肖，我实在没有什么好说的。但是很显然，道金斯是一个习惯于发号施令的人。”

戴维·阿滕伯勒告诉我，他对比尔的印象与克里斯托弗爵士完全一样。他是从自己的亲身经历中体会到这一点的。1954 年，阿滕伯勒在塞拉利昂旅拍时，曾经与比尔及其妻子黛安娜同行，而且在那之后他们一直是很好的朋友。

我从来没有想象过，有人会用“阿瑟”或“弗朗西斯”来称呼比尔，虽然“阿瑟”或“弗朗西斯”也是相当好的名字。确实，在他的一生中，除了“比尔”，他从来没有被别人用其他名字称呼过。事实上，从婴儿时代起，他就被许多人说神似《爱丽丝梦游仙境》里的比尔。而我自己，从我遇见他的第一天起，我就是仰视他的。那是在 1946 年，当时我只有 5 岁，住在马利恩（Mullion）的家中。比尔当时一定刚从非洲回来，我的父亲带他的弟弟来看我。我被这个高大英俊的男子吓了一跳。他的头发和胡子又黑又密，眼睛碧蓝，身体强健。我一辈子都非常崇敬比尔，把他当作在非洲的最好的那些英国人的光辉榜样。当然，在非洲的英国人有坏人，也有好人，坏的可能非常坏，但是好的也非常好。而比尔是最好的那些人中的一个。

比尔曾经是一个赫赫有名的运动员。当我进入他在 25 岁前曾经就读的预备学校时，我因为是这位学校百米赛跑纪录保持者的家人而备感自豪。当然，这个速度与他后来在第二次世界大战初期代表英国陆军打橄榄球比赛时的表现相比，不过是小巫见大巫。我查过 1940 年 4 月 22 日《时代》周刊对一场橄榄球赛的报道。在那场激动人心的比赛中，陆军代表队最终获胜。

> 陆军队的传球依然很糟糕，但是道金斯和伍尔勒两人依靠自己的冲刺速度和个人能力不断得分。这很快提醒了大不列颠队：这两名球员只要有一丝机会，就可能改变一切。道金斯先以极快的速度将伍尔勒送了上去，后者在终点处以一个惊人的鱼跃达阵得分。然后，伍尔勒又将道金斯送了上去。

显然，让比尔打破学校百米赛跑纪录的冲刺能力并未离他而去。在这里，"冲刺"显然是一个非常恰当的词语。"跨着大步""闪电般的冲刺"和"显然是一个习惯于发号施令的人"，等等，这些描述无不令人印象深刻，但是它们只能代表我们牢记在心的比尔的很少一部分品质。比尔也是一个温情脉脉的、充满爱心的父亲，他在写给 6 岁的女儿彭妮的一封信中这样说道：

> 你还记得房子外面的牵牛花吗？你送我去上班的路上，我们习惯了一边走一边数开了几朵牵牛花，最多的一次是 54 朵。但是今天，仅一面墙上就有 91 朵啦。你应该不用别人的帮助就可以读到这里吧？因为我没有使用像 ANTIDISESTABLISHMENTARIANISM 这样复杂的单词。有吗？
>
> 无限爱你的爸爸

我知道，为了得到这样的一个父亲，无论是谁都愿意付出任何代价，事实上，他只是一位继父。

比尔于 1916 年在缅甸出生。在他的父母仍在殖民地任职时，他和哥哥就被送进了英国的寄宿学校。他们在德文郡和祖父母一起度过了很多个假期。可能就是因为如此，比尔非常喜欢美丽的乡村。

后来，出于巧合，在第二次世界大战期间，比尔又回到了缅甸，投入了与日本人的战争。由于英国有在热带作战时派遣来自热带地区的军人的传统，所以比尔成了塞拉利昂军团的一名军官。在战争中，他成长为一位少校，并得到了通令嘉奖。[2]

在战争时期指挥塞拉利昂军团的经历，使比尔爱上了塞拉利昂人民。战争结束后，比尔遵循道金斯家族在殖民地公共服务机构任职的传统，申请为塞拉利昂人民服务。1950 年，比尔升任塞拉利昂地区专员。

这无疑是一项极具挑战性的任务。比尔偶尔不得不设法平息骚乱甚至暴乱，但是他依赖的并不是武器，而是他天生习惯于发号施令的慑人气魄。那些暴乱不是针对英国殖民政府的，而是发生在相互敌对的部落之间的。作为地区专员，比尔面对这种暴乱从不退缩。他阅读了《取缔闹事法》(*Riot Act*)。说他阅读《取缔闹事法》并不是隐喻，他确实逐字逐句地阅读了每一个字。(可以想见，那些文字就像缝入了他头盔的里衬)。在一场暴乱中，比尔救起了一名受伤的男子，并将他带到安全的地方。暴乱者试图说服比尔不要管那个人，比尔拒绝了，他知道只要自己带着那位男子，那些人就不敢伤害他。这种暴乱发生和发展的方式都相当奇异，甚至有点儿超现实主义意味。这种戏剧性高潮在一场暴动中体现得最为明显：正当群情激愤之际，突然一切都变得非常安静，有人大喊："地区专员快要累倒了！"接着，楼上高高的窗户里放下了一根绳子吊着一张桌子和一条凳子。这个故事是彭妮告诉我的，据她说，桌子上还放了一瓶啤酒，人们请比尔坐下来喝杯啤酒，小憩一会儿。比尔照做了。然后，桌子和椅子又被吊回到了楼上，而暴乱继续，好像中间什么事情都没发生过一样。

在另一场暴乱中，一名非洲人用最大的声音向所有可能听到的人喊出了这样一番安抚人心的言辞："大家不用慌张，很快就没事了。因为'唐金斯'（Donkins）少校已经来了。"这个人可能曾经在比尔在缅甸时指挥的塞拉利昂军团中服役，而且很显然，他从那个时代起就习惯于这样说了，因为比尔在和平时期从来不会提到自己的军衔。比尔的姓在塞拉利昂被广泛地误读为"唐金斯"。更有意思的是，有人给比尔写了一封信，上面只写了"殖民地的驴，弗里敦"（The Colonial Donkey, Freetown），竟然也被成功地交到了他的手中。

这里还有另一封信，它的落款日期是1954年11月22日，虽然写于同一个时期，但是这封信与暴乱无关。它来自一位满怀感激之情的非洲人。这封信是这样写的：

我亲爱的先生：

我最真挚的朋友，离开了您，我现在也不得不与我曾经与您共享的快乐和欢笑说一声再见了。我们曾经努力团结如一人，现在却不得不忍痛挥手作别。我是多么不情愿与您分开。要与您告别，我的心一直在下沉。虽然我的身体已经离开了，但是我的心在祷告中仍然与您在一起。我多么希望，未来的某时某刻，我仍然能为您效力。

就像耶稣基督，作为人类亲爱的朋友，他留下他的身体和血液给他的门徒，作为象征和纪念，他们永远不会忘记他，我希望您也能够留给我一个象征，那就是一张许可证，让我可以购买一支单管霰弹枪……

要结识一个新朋友并不容易，如果我这一次无法解决这个问题，那很可能还需要等上好几年。然而，在这个场合下提出这件事情应该是合适的，因为它将会成为一份记忆。通过这支枪，我将永远记得您。

向您致以最大的敬意，先生！
我永远是您最顺从的仆人
1954 年 11 月 22 日

虽然写这封信的人也带着自己的目的，但也难掩它饱含的感情和敬意。我们可以肯定，至少这一部分是真诚的。

比尔在地区专员任上的成功在 1956 年得到了承认。那一年，他被提升了。这次升职是一个意料之外的惊喜：他被调到西印度的蒙特塞拉特（Montserrat）岛担任总督。比尔全家都搬到了这个岛上的政府大楼中。不那么严格地说，在这个岛上，比尔就是“王”。在那个时代，蒙特塞拉特岛仍然是一个天堂，当时，造成灾难性后果的飓风“雨果”尚未袭来，火山也没有爆发。比尔是英国女王陛下的正式代表，所以他们要把皇冠安在比尔的车上，而不是只挂一个普通的车牌。车子的发动机罩上还插了一面旗，只有“总督阁下”本人真的在车上时，这面旗帜才会展开。黛安娜则扮演着总督夫人的角色，我们可以肯定，她做得非常完美，她在那里担任英国女童军的赞助人，设立了开放的集市和义卖市场，等等。这个岛屿似乎与塞拉利昂的丛林有很大的不同。黛安娜在这方面一直非常能干，正如她在与比尔共同生活的所有其他方面一样。比尔还会代表蒙特塞拉特岛与西印度其他岛进行板球比赛，有一次在保卫球门的时候受了相当严重的伤。

在蒙特塞拉特岛待了一段时间之后，比尔的任期结束了，他又得到了到西印度群岛中的另一个岛格林纳达（Grenada）担任总督的机会，但是他选择了重返非洲，那里挑战更大，对他的需要也更迫切。比尔回到了塞拉利昂，并晋升为省专员。在塞拉利昂宣布独立后，比尔在那里的任期结束了，他又被任命为另一个西印度岛——圣文森特的总督。而且，这一次比尔将要担任的是全权总督，而这意味着他将首先被授予爵位。然而，他的父亲（我的祖父）年纪已老，分别在剑桥和马尔伯勒（Marlborough）求学的女儿彭妮和儿子托马斯也更需要比尔和黛安娜回到英国安家，他们决定从殖民地公共服务的职位上退下来，回国定居。后来，比尔担任了布伦特伍德中学（Brentwood School）的校长一职。

比尔曾经在牛津大学贝利奥尔学院修读过数学，所以他教中学数学绰绰有余。很快地，他就在布伦特伍德中学取得了巨大的成功。他年轻时黝黑的英俊脸庞也变得更加威严，他在布伦特伍德中学获得的绰号是"德古拉"。当然，这也许只是他保证课堂井然有序的能力的反映。在这方面，相信没有几个中学校长能够与他相比。再一次，他又充分发挥了自己"习惯于发号施令"的天赋。

比尔指挥他人的天赋和军事功绩其实无须多说。更重要的是，他还有更多值得敬佩的优秀品质。比尔是一个慈爱的丈夫、兄弟、父亲、祖父以及……我的叔叔。比尔不仅是我的叔叔，他还是我的教父。后来，当我渐渐长大之后，他曾开玩笑说自己是一个失败的教父，但是事后看来，这只是因为他不仅对我这个教子怀有父爱之心。他这样说，是因为他对每个人都非常友善，觉得自己对教子的成长没有特别关照。

在他即将走到生命之路的尽头时，他给了我一个教父的建议。他可能也对别人说过同样的话，但是我分明记得，他对我说这句话时，湛蓝的双眸发出了穿透一切的光芒，同时又充满了智慧和经验。他给我的是一个严重的警告，对一个教子的警告："你知道吗？老年人容易惹人嫌。不是吗？"

他现在已经"解放"了，平静地离开了人世。他可能习惯于发号施令，但是那些受他指挥的人都非常爱戴他，所有认识他的人都热爱他。他离开世界时，确实使这个世界变得更好了，世界各地许多不同的地方都留下了他的印迹。今天，我们哀悼他的离世，但是同时我们也为他高兴，为他留下的东西高兴。

写在后面

我的父亲最小的弟弟名叫科利尔·道金斯（Colyear Dawkins）。科利尔是三兄弟中学术天赋最高的一个。我没有机会为他写讣告，但是我在《基因之河》（*River Out of Eden*）① 一书中的扉页为他写下了如下的献词："谨以此书纪念牛津大学圣约翰学院教授，亨利·科利尔·道金斯，一位明断事理的大师。"有两件逸事很能说明他的个性，值得我在这里补充一下。第一件逸事是他的老同事罗伯特·普伦普特里（Robert Plumptre）在讣告中透露的。那是在第二次世界大战期间，当科利尔在印度洋某个地方服役时，他自己动手制造了一个六分仪，以搞清楚自己身在何方（由于安全方面的原因，参战的士兵是不允许知道这个信息的）。这个仪器后来被没收了，在一段时间里，他还曾经因为这件事被怀疑是一名间谍。

第二件逸事，会令我们想起那些支配着我们的生活的蠢笨死板的官僚（我在前面抨击过这类官僚[3]），这个故事与我在《如果让我来统治世界……》一文的注释中叙述的那个故事可以放在一起看。

在我的自传体回忆录《道金斯传》一书中，我也提到了这个故事：

在牛津火车站，停车场的出入口是被一根机械栏杆拦住的。当司机在一个插槽中插入一张卡并付完款后，机械栏杆才会抬起，这样司机就能把车子开走。有一天晚上，科利尔从伦敦乘坐最后一班火车回到牛津。机械栏杆的控制部件发生了故障，一直卡在下面无法抬起。车站里的工作人员都下班回家了，被困在停车场里的汽车车主想出门而不得，无计可施。这

① 基因从何而来，又将走向何方？在《自私的基因》出版20年后，理查德·道金斯再度动笔写下他对基因问题的最新思考。《基因之河》中文简体字版已由湛庐文化策划、浙江人民出版社出版。——编者注

> 事本来与科利尔无关，因为他是骑自行车的。然而，出于他堪称典范的利他主义精神，他奋力抬起机械栏杆，狠狠地把它折了下来，并把它扛到了站长办公室门口，然后留下一张字条，解释了他这样做的理由，同时附上了自己的名字和住址。说起来，科利尔本应获得一枚奖牌。然而事实恰恰相反，他被起诉上了法庭并被处以罚款。不言而喻，这种事情会对公共精神产生何等可怕的反向激励。这是一个意义深远的典型例子，说明在今天的英国，痴迷于僵化规则的法律条文造成了何等严重的困境。

这个故事还有一个"续集"。多年以后，在科利尔去世之后，我偶然碰到了杰出的匈牙利科学家尼古拉斯·库尔蒂（Nicolas Kurti）。库尔蒂是科学烹饪的先驱，用皮下注射器将调料注入肉里面再下锅等烹饪手法都是他率先使用的。当我说出自己的名字时，他的眼睛顿时亮了起来。

"道金斯？你是说道金斯吗？你与在牛津火车站停车场折断机械栏杆的那个道金斯有关系吗？"

"嗯……有关系，我是他的侄子。"

"那太好了。我要再和你握一次手。你的叔叔是个英雄！"

对科利尔罚款的那个治安官真应该读读这段文字。我希望你会觉得羞愧。不过，你可能会说，你只是在履行职责，维护法律。算了，算了，就算是吧。

SCIENCE IN THE SOUL

34 向希钦斯致敬[1]

今天，大会主办方要求我为一位伟人颁发这个奖项。这个人的名字注定会载入无神论运动的史册，与伯特兰·罗素、罗伯特·英格索尔（Robert Ingersoll）、托马斯·潘恩、大卫·休谟等人并列。

希钦斯是一位有着无与伦比的直率风格的作家和演说家。他遣词造句的能力罕有能与其匹敌者，他运用古今中外的文学典故和历史隐喻的自如程度更是无人能及。我住在牛津，他和我共同的母校就在那里。

希钦斯也是最好的读者。他的阅读广度、深度和综合程度，完全配得上“才高八斗、学富五车”这种今天看来显得有点儿古板、老套的成语。当然，希钦斯本人则是所有“才高八斗、学富五车”的人当中最古板老套的一个。

他还是一个雄辩家。与他辩论的任何人都会成为倒霉的“受害者”，被他批驳得体无完肤。而且，他总能非常优雅地做到这一点：他会解除对手的武装，使对手无从抗拒，不得不举手投降。有些不入流的辩论者认为，辩论中谁嗓门最大，谁就会成为赢家，但是希钦斯显然不属于这个“门派”。他的对手可能会大声嚷嚷，甚至以尖叫吸引他人的注意力。事实上他们就是这样做的。但希钦斯根本不需要大声喊叫。他的言语，他信手拈来的事例和隐喻，他在多个专业领域的知识储备，他快如闪电的机智反应……他的《上帝没什么了不起》（*God is not Great*）一书出版后，我在伦敦版《时代》周刊上发表了一篇书评：

> 那些被蒙骗的人心中想必已经掀起了惊涛骇浪。克里斯托弗·希钦斯无疑是要“对此承担责任”的始作俑者之一。另一个人是哲学家 A. C. 格雷林（A. C. Grayling）。我最近与他们两人一起组队参加了一场辩论。事实证明，我们三人是一个非常好的组合，以绝对优势胜过了那些三心二意的宗教辩护士（“当然我不相信真的存在一个长着很长很长的白胡子的上帝，但是……”）。在那之前，我并没有见过希钦斯本人，但是当格雷林给我发电子邮件讨论辩论策略时，我就对希钦斯是怎样的一个人有了基本概念。格雷林在给他自己和我设想了几种策略后，就直接总结道：“……至于希钦斯，他会用他特有的方式，将 AK47 子弹扫射到对方身上。”

当然，格雷林对希钦斯的描述有点儿漫画化，没有反映出希钦斯所拥有的用老派绅士特有的礼貌来抑制自己的好斗性的能力。而且，上面所用的“扫射”一词隐含着子弹四处乱飞的意思，这就低估了希钦斯的攻击致命的准确性。如果你是一位宗教辩护士，有人邀请你与克里斯托弗·希钦斯辩论一场，你最好一口回绝。他机智的回击、他信手拈来的取之不尽的历史典故、他教科书般的雄辩口才、他轻松流畅的论证形式，还有他优美雅致的语言，都会令你无从招架，无论你事先准备得多充分都无济于事。当希钦斯在美国发表巡回演讲、推销他的新书时，一连串试图与他辩论的有神论者和“神学家”的悲惨下场，已经充分地证明了这一点。

希钦斯以他一贯的、特有的“胆大妄为”精神，有意选择美国的“圣经带”

（Bible Belt）巡回推销他那本“亵渎神明”的《上帝没什么了不起》。他前往美国南部和中部各州（从地图上看，这些州组成了一个爬行动物的大脑的形状），而没有选择北部和大洋沿岸各州（从地图上看，这些州组成的图形有些像大脑皮层）。他得到的反馈非常令人满意。美国的内火已经在翻腾。

希钦斯被认为是一个左派知识分子。然而，事实上，他的思想太复杂了，无法用简单的左－右尺度来衡量。在这里我还要顺便多说一句。我一直非常惊讶，这样一个单维的左－右政治光谱在衡量人们的政治立场时为什么会如此有效！在描述一个人的个性的时候，心理学家需要很多个维度的指标，而在描述一个人的政治观点时，为什么就可以这么简单呢？对于绝大多数人来说，这个一维的左－右尺度能解释的东西确实不少。如果你了解了某个人对死刑的看法，你通常可以相当准确地猜测他在税收问题或公共卫生问题上的看法。

然而，希钦斯是独一无二的，他是不可分类的。也许，我们可以称他为一个永远反对多数观点的逆向思维者，但是他自己又明确地拒绝了这个称号。当然，他是正确的。他就在那里，位于他自己的多维空间之内。你不知道他会说些什么，直到你听到他说的话。而且，只要开口说话，他肯定能说得非常好。他总是有充分的证据支持自己的论点，如果你想与他辩论，最好三思而后行。

在世界各地，希钦斯都被公认为是顶尖的公共知识分子之一。他撰写了很多著作，发表了无数文章。他是一个无畏的旅行者和勇猛的战地记者。

当然，希钦斯在我们倡导的无神论者运动／世俗化运动中占有非常突出的位置。他是这个运动的领军知识分子，他是所有自命不凡的废物的强大对手，那些人要么非常愚蠢，要么在智识上不诚实，他对这些人从来都毫不留情。而对于年轻人，对于那些自信心不那么充足，初步开始独立思考但同时又觉得未来不那么明朗的人，他是一个温和的、善于鼓励人的朋友。

他总是妙语连珠，我们都把他的警句视为无价之宝。在这里，我只引用我最喜欢的一些。

隐含了深刻的逻辑性的：

> 任何东西，如果是没有证据就可以断言的，那么也就不需要证据即可摒弃。

尖锐而机智的：

> 确实，每个人心中都有一本书，但是在绝大多数情况下，那书就应该留在那里。

勇敢无畏、彻底反传统的：

> （特蕾莎修女）绝不是穷人的朋友。她只是贫穷的朋友。她说，痛苦是上帝的恩赐。她将自己的一生都用于反对唯一已知的根治贫困的方法，那就是赋予妇女权力，并将妇女从强制性的、牲畜般的繁殖任务中解放出来。

他尊重女性和她们的权利：

> 在现实生活中，你最喜欢的女英雄是谁？在我心中，最值得尊敬的女性是阿富汗、伊拉克和伊朗的妇女，她们冒着生命危险，蔑视肮脏的神权。她们是最美丽的。

尽管希钦斯不是一位科学家，他也从来不假装自己是科学家，但是他非常理解科学对推动人类物种的进步、摧毁迷信等方面的重要意义。他告诫我们：

> 我们必须旗帜鲜明地告诉大家：宗教起源于史前时代，那时没有人明白世界上发生的一切到底是怎么一回事，即使是提出“世间所有事物都由原子构成”的伟大的德谟克里特也是一样。宗教产生于人类物种的婴儿时代，那是一个充满了哭叫和恐惧的时期。宗教是一个婴儿式的尝试，目的是满足我们不可避免的对知识的渴求，以及舒适、安心等其他婴儿式的需求。今天，即使是我受教育程度最低的孩子，他们对自然秩序的理解，也已经远远超过了两千年前的人。

他启迪我们、激励我们、鼓舞我们。反过来，我们也每天都在为他加油鼓劲。为了他，我们甚至专门创造了一个新词——“希氏掌掴”（hitchslap）。对于希钦斯，我们仰慕的不仅仅是他的智慧、他的好斗和善战，以及拒绝妥协的精神，还有他直言不讳的态度、不屈不挠的坚韧，以及真诚到极点的诚实。

他直面自己的绝症的勇气和态度，也是他一贯的反对宗教的立场的生动体现。就让那些信仰宗教的人怀着对死亡的恐惧，趴在虚幻的神灵脚下哭泣呜咽吧；就让那些信仰宗教的人守着对现实的否定，度过自己的惨淡人生吧。希钦斯告诉我们，要迎面直视病魔，不要否认它，更不要屈从于它，而要诚实地、勇敢地正面抗击它。这种勇气激励着我们所有人。

在被病魔击中之前，希钦斯作为一位博学的作家和散文家，一位激情四溢、拥有摧毁一切辩论者的力量的演讲者，领导我们发动了一场战役。他是一位英勇无畏的骑士。即使在患病之后，他也仍然为自己的“军械库”和所有人的“军械库”补充了另一种武器，它可能是我们所有武器中最强大的，也可能是敌人最害怕的武器，那就是他的个性。是的，希钦斯的个性已经成为一个不可动摇、最明显、最突出的标志，它不仅是无神论的诚实和尊严的象征，而且还是人类的价值和尊严的象征。人类的价值和尊严是绝对不可能贬抑的。

每一天，希钦斯都在以自己的一言一行，证明着那个谎言——“散兵坑中没有无神论者”。希钦斯这个无神论者就身在散兵坑中，而且在用最大的勇气、诚实和尊严直面一切。我们所有人都会像他一样，也应该像他一样。我们为此感到自豪。在抗争过程中，他证明自己理应获得更大的崇敬、尊重和更多的爱。

今天，我应邀为克里斯托弗·希钦斯颁奖。我要说的是，他今天接受了这个以我本人的名字命名的奖项，其实是他将更大的荣誉颁给了我。女士们，先生们，同道们，我们一起请克里斯托弗·希钦斯上台！

写在后面｜

克里斯托弗·希钦斯是一位勇猛无畏的真理斗士、一位彬彬有礼的世界公民，他有摧枯拉朽的千钧之力，是一切谎言和伪善最大的敌人。也许，他并不拥有不朽的灵魂，我们谁都不曾拥有。但灵魂这个词只有在一个意义上才是真正有意义的，克里斯托弗·希钦斯也正是在这个意义上是不朽的。

译者后记

《自私的基因》可能会给读者留下一些刻板印象。事实上，理查德·道金斯应该是一位性格相当复杂的人。这一点，我在阅读他的自传时就已经感觉到了。他似乎有点儿喜欢显摆，也很擅长讲段子。虽然他对科学与宗教之间的界线的坚持是完全不可妥协的，但是他也永远保持着好奇心，愿意接纳和讨论各种可能性。他所坚持的无神论，不是独断的无神论，而是基于证据的无神论。

这个印象，在我翻译道金斯的这本最新著作的过程中越来越深。说是“最新著作”，其实并不准确，因为这本书收录了他在过去几十年来所写的 34 篇文章，其中不少是演讲稿，这些文章讨论的问题更是无所不包：亲缘选择、利他主义、群体选择、网络收益、外星生命、人工智能、间断均衡论、动物受难、优生学、巨龟、恐龙、宗教，等等。书中还包括他悼念自己的亲人、老师和挚友的文章。从这本书中，读者有机会一窥道金斯思想的全貌。

无疑，道金斯是天才的辩论家，他为理性的辩护可能是古往今来最有力的。这种力量缘于他的解释才能，他在解释时不仅特别彻底，而且总能找到令人愿意接受的方式。

道金斯还是一位语言大师。他在本书前言中提出了一个问题：为什么诺贝尔文学奖不能颁发给（写科普著作的）科学家呢？很显然，如果真有这样的事情发生，那么道金斯本人无疑是最有可能获奖的人（没有之一！）。道金斯的用词典雅考究，修辞贴切得当，即使是期刊论文，也丝毫不会令人觉得枯燥。他还屡屡自创新词，而且每个新词都有震撼人心的力量。他在《自私的基因》一书中创造的“模因”一词（也有人译为“弥母”“迷因”“文化因子”）已经进入日常语言。在本书中（其实是在本书收录的文章中），他还创造了“athorism”（反索尔主义）、“dundridge”（蠢笨死板的官僚）等别出心裁的新词。希望它们早日进入《牛津英语辞典》和日常语言。

这本书特别有意思的还有一点，那就是，它还可以说是“道金斯对话录”。道金斯给收录在本文集中的每篇文章都增加了许多脚注，有些文章还增加了篇幅相当长的后记，这其实是今日之道金斯与昨日之道金斯、历史上的道金斯与现实中的道金斯的对话。他的坚持和蜕变，他的性情和做派，都从这种对话中流露了出来。

我翻译的书也不算少了，道金斯这本书可以说是令我最费心思的一本。翻译过程中，专业知识上的要求是一个方面，文学修辞上的斟酌更是消耗脑细胞。因此，我特别要感谢太太傅瑞蓉的帮助，我的每一本译著都有她一大半的功劳。感谢儿子贾岚晴，他是我的热心支持者和严厉监督者，也是我的快乐之源。感谢汪丁丁教授、叶航教授和罗卫东教授的教诲。感谢何永勤、虞伟华、余仲望、鲍玮玮、傅晓燕、傅锐飞、陈叶烽、罗俊、邓昊力、陈姝、黄达强、李燕、李欢、丁玫、何志星等好友的支持和帮助。

书中错漏之处在所难免，敬请专家和读者批评指正。

注释

第一辑 科学的价值

01 科学的价值观与价值观的科学

1. 牛津“大赦讲座”是一个系列讲座，由大赦国际协办，每年在牛津谢尔顿剧院举行。每年的讲稿都会结集成书，由牛津的学术出版社出版。1997年的牛津“大赦讲座”的主持人（兼文集的主编）是韦斯·威廉斯，主题是“科学的价值观”，演讲人包括丹尼尔·丹尼特、尼古拉斯·汉弗莱、乔治·蒙比尔特（George Monbiot）、乔纳森·李（Johnathan Rée）等人。我是7位演讲人当中的第二位。
2. 如果萨姆·哈里斯（Sam Harris）发人深省的《道德景观》一书在这次演讲前就已经出版了，我会删除这里所用的“强烈”一词。哈里斯在他的著作中很有说服力地阐明了，有一些行为本身就是不道德的（例如将强烈的痛苦强加于他人），科学在识别这些行为时可以发挥非常重要的作用。在这一点上，我们可以说事实和价值的二分被过分强调了。（关于本书所引用的著作和论文的详细信息，请参阅本书英文版的参考文献。）
3. 在这个问题上，我喜欢斯蒂芬·古尔德的说法：“在科学上，‘事实’一词最多只是意味着‘已经在如此高的程度上被证实了，以至不暂且表示赞同相当于执迷不悟’。我可以说，明天苹果可能会往天上飞，但是在物理学教室里，这种可能性是不值得耗费与另一种可能性同样多的时间讨论的。”（“进化作为一种事实和一种理论”，收录于古尔德的《母鸡的牙齿和马的蹄》[*Hen's Teeth and Horse's Toes*]一书）

4. 所谓的"妇女研究"领域的大牌教授们经常会沉溺于赞颂所谓的"女性特有的认知方式"，似乎这种特殊的未知方式不同于、甚至优越于科学或逻辑的认知方式。正如史蒂芬·平克指出的，这种赞美其实是对女性的侮辱。
5. 转引自卡尔·萨根的《魔鬼出没的世界》一书第 234 页。另外也请参见保罗·格罗斯和诺曼·莱维特的《高级迷信》一书。格罗斯和莱维特的这本著作将一系列毛骨悚然的对科学的野蛮控诉摆在了读者面前，对诸如"文化建构主义""非洲中心主义科学""女权主义代数"和"科学研究"等流行名词进行了无情的剖析——当然，不要忘记桑达尔·哈丁（Sandar Harding）的令人震惊得瞠目结舌的说法，他竟然将牛顿的《自然哲学的数学原理》一书称为"强奸手册"。
6. 当然，这句话源自温斯顿·丘吉尔。
7. "Candle in the Dark"和莎士比亚《麦克白》中的一句名言一起，组成了我的第一本回忆录《黑暗中的微烛》（*Brief Candle in the Dark*）的标题。
8. 下面这种经验是很常见的。我最近与一名大律师交谈过，她是一位专门从事刑事辩护的很高明的年轻律师。她说，她对自己雇用的私家侦探的表现很满意，因为后者发现了可以证明她的客户犯下了被指控的谋杀罪的证据。我对她表示祝贺，然后提出了一个许多人都会问的问题：如果发现的证据明确地证明她的客户有罪，她该怎么办？她毫不犹豫地告诉我，她会压下该证据，而让检方自行寻找证据。如果机会主义失败了，那只能说明他们太笨。对于这个故事，我做出了愤怒的反应，但是她不以为意。显然，在与不是律师的普通人交谈时，她曾经多次遇到过这样的事情。我也没有因为她的做法而责怪她。我只是要追问这个问题，并将它作为我现在的观点的一个论据。
9. 在撰写《延伸的表现型》一书的过程中，我发现必须从一开头就承认它是一本"毫不掩饰的鼓动的小册子"。我用了"毫不掩饰"一词这个事实本身就触及了科学的价值的实质。什么样的律师会因为"毫不掩饰"辩护意见而向陪审员道歉呢？鼓动、有偏见地鼓动，律师接受的训练就是做这个，而且他们还因此收入颇丰。政客也一样。另外，广告从业者、市场营销人员，也都要进行"鼓动"。科学很可能是所有行业中最正直、最诚实的一个了。
10. 我最近听说，伦敦有一名物理学家声称，只要当地的成人教育学院仍然开设占星学课程，他就拒绝向地方政府纳税。在澳大利亚，一位地质学教授起诉当地的一位神创论支持者诈骗，因为后者声称找到了诺亚方舟并以此敛财。请参见彼得·波克利（Peter Pockley）在 1997 年 4 月 23 日的伦敦《每日电讯报》上发表的评论。
11. 我认为很难找到理由去资助那些宣称人种与智商之间存在相关性的研究。我并不认为智力高低无法衡量，也不认为人种不是一个"生物现象"，我也不同意有些人所声称的种族只是一种"社会契约"的观点（对此，请参见杰出的遗传学家 A. W. F. 爱德华兹［A. W. F. Edwards］在《人类的遗传多样性：路翁亭谬种流传》一文中对这种谬论的精彩批驳）。但是，研究人种与智商之间的相关性到底有什么意义呢？很显然，任何政治决策都不可能以这种研究为基础。我怀疑，这一点也正是路翁亭所要表达的，如果真是这样，那么我毫无保留地表示赞同。只不过，令人遗憾的是，作为一名总是带着意识形态目标的科学家，路翁亭有意地将自己的观点以扭曲的（错误的）科学陈述的形式表达出来，而没有直接阐述为一个（值得赞赏的）政治观点。

12. “BSE”是“Bovine spongifom encephalopathy”的首字母简称，这种病学名为牛海绵状脑病，即通常人们所称的“疯牛病”。1986 年，“疯牛病”疫情首先出现在英国并引起了广泛的警觉，部分原因是它会诱发对人类极度危险的克罗伊茨费尔特 – 雅各布病（Creutzfeldt-Jakob Disease，简称“CJD”）。

13. 我自己最喜欢的道德哲学家，同时也是从不卖弄语言、一心只追求明晰性的哲学家的典范是乔纳森·格洛弗（Jonathan Glover）。例如，他的《置人死地还是拯救生命》（*Causing Death and Saving Lives*）是一本充满远见卓识的著作，在科学进步使得许多主题进入人们视野很久之前，它就提出了它们；他的《人性》（*Humanity*）则是对反人性者的震撼心灵的控诉；而他的《择孩而生》（*Choosing Children*）一书则探讨了几乎已经成为禁忌的优生学问题，充分证明了一位实证的道德哲学家勇闯禁区的智识勇气。

14. 赫胥黎与道金斯先后担任牛津大学新学院的动物学导师。

15. 赫胥黎的《生物学的进步及其他进步》一文，是他的《生物学家文集》（*Essays of a Biologist*）中的第一篇文章。这篇文章的其中一些段落发出了在进化论旗帜下武装起来的号召，例如这一段：“（人类）也转到了与不断进化的生命的主流相同的方向上来。人类的最高使命，人类长期以来感知到的必须通过拼搏去实现的最终目标，就是拓展新的可能性。千百万年以来，自然女神一直忙于推进这种拓展过程，人类的加入，带来了越来越不会导致浪费的方法，并能够通过人类的意识去加速过去完全依赖盲目的、无意识的力量完成的工作。”这一段话突显了我将在下文提出批评的一种倾向，那就是，将科学“诗意化”的倾向，不过，那里所指的不是好的“诗意”，而是不好的“诗意”。我在本科生时就读过朱利安·赫胥黎的《生物学家文集》，它对那时的我影响很大。但是我现在对它有些不以为然了，而且我开始认同彼得·梅达沃的公开评价：“朱利安的问题在于，他根本不理解进化！”

16. 斯蒂芬·古尔德在他的《生命的壮阔》（*Full House*）一书中，正确地攻击了这样一种“进步观”——进步就是向人性这个最高的进化等级不断前进。不过，我在对他这本书的批判性书评中（发表于 1997 年《进化》杂志），也捍卫了如下意义上的“进步观”——向更高程度的复杂适应性进化，而其驱动力往往来自“进化中的军备竞赛”。

17. 从达尔文本人开始，这一点已经被阐述过很多次了，我在《基因之河》一书中也用了一章的篇幅来讨论这个问题（那一章的标题是“效用函数”）。

18. 双生子研究是一种强大且易于理解的技术，它可以用来估计基因对方差的贡献。在同卵双生子（其基因是相同的）身上测量某个指标（任何你喜欢的指标都可以），然后对他（她）们彼此之间的相似度与异卵双生子的相似度进行比较（异卵双生子共同的基因并不比普通兄弟姐妹更多）。如果一对同卵双生子的（比如智力）相似度显著高于异卵双生子，那么就可以得出结论：基因是原因所在。双生子研究在某些罕见的情况下特别有说服力——例如，同卵双生子一出生后就分开了，然后在不同的环境下长大。

19. 任何一种由政府强制推行的优生政策，即对某些本国政府非常偏好身体或智力特征，比如奔跑速度或智力水平，进行积极的选择性“培育”，都要比自愿的优生政策更加难以辩护。体外受精技术是指用激素刺激妇女超量排卵（有时会一次性排出多达十几个卵子），然后在培养皿中进行受精，再在成功受精的那些受精卵中，选出两个或三个重新植入妇女子宫，希望其中的一个或多个能“成孕”。选择两个还是选择三个，通常是随机的。现在的技术已经可以从八细胞孕体中除去一个细胞而不会造成损伤，同时还可以进行基因检测。而这也就意味着重新植入哪一个、丢弃哪一个的选择对于基因来说可能是非随机的。很少会有人反对将这种技术用于对抗某些特殊的疾病，例如血友病。这就是“消极优生学”。而“积极优生学”（尽管使用的是完全相同的技术）就有许多人反对。如果听任“积极优生学”的发展，就意味着我们未来有一天将有机会在培养皿中选择（例如）音乐能力。这是许多人无法同意的。然而，这些人并不反对雄心勃勃的父母强行要求孩子们学音乐、练钢琴。这个双重标准也许有很好的理由，但是这个问题至少是需要拿出来讨论的。至少，必须对由父母自愿实施的优生行为与由政府强制实施的优生政策加以清晰的区分，后者的一个例子是纳粹推行的野蛮政策。
20. 见罗斯（Rose）、卡米曼德（Kaminand）、路翁亭合著的《并非基因》（*Not in Our Genes*）。奇怪的是，在这本书的美国版中，作者排序发生了变化——罗斯和路翁亭的位置倒过来了。我在《新科学家》杂志上发表了一篇书评，将这本书批得体无完肤，以至罗斯等人威胁要起诉我和《新科学家》杂志。我愿意为这篇书评的每一个字负责。
21. 指的是爱德华·威尔逊，《社会生物学》（*Sociobiology*）一书的作者。
22. 对于这个主题，许多科学家也许都会有兴趣。读者可以参阅丹尼尔·丹尼特的《活动余地》（*Elbow Room*）一书。丹尼特后来的著作也讨论了这个问题，例如《自由的进化》，以及《心智的进化》。不过，并不是所有科学家和哲学家都赞同丹尼特这种相容主义（compatibilism）观点，杰里·科因（Jerry Coyne）和萨姆·哈里斯就是其中两个。至于我自己，在多次发表公开演讲后，我开始有点害怕听众再向我提出“你相信自由意志吗”这个问题了。有的时候，我会引用克里斯托弗·希钦斯的一句充满睿智的话来回答：“我没有其他选择。”在回应罗斯和路翁亭的时候，我更有信心的是，在“决定论”前面加上“基因”这个前缀，并不会使它变得更有决定论的意味。
23. 见威尔斯的《机械和科学进步对人类生活和思想的影响及反应之展望》。我在下面的演讲中还会引用威尔斯的这本书。
24. 这是我视野所及的对现存物种数的最高估计。真实的数字现在还无从得知，也许要比 1 000 万种少得多，不过，如果把现在已经灭绝的物种也包括进来，那么肯定会更多。如果你想把所有种系图都画在一张纸上，那么这张纸的面积将超过 6 个曼哈顿岛。为此，詹姆斯·罗辛戴尔（James Rosindell）想到了一个好主意，他开发了一个名为“OneZoom”的软件，用一个分形来表示整个生命之树。这样，你就可以在电脑屏幕上像游览“谷歌地球”一样来浏览它了。只要你愿意，你可以“钻进去”深入了解你想要了解的任何一个支系。现在，“OneZoom”的更新是由詹姆斯·罗辛戴尔和王焱（Yan Wong）共同进行的，后者是我的《祖先的故事》一书的合著者（《祖先的故事》第二版就充分利用了这个软件）。罗辛戴尔和王焱希望热心人士（我也算是其中之一）提供赞助，以便将更多的物种加入生命之树。

25. 当然，那是在 19 世纪，华莱士不可能提到基因。

26. 到底是谁说的？似乎没有人知道。有人怀疑，说这些东西的就是尼古拉斯·汉弗莱本人。但是这种怀疑并不影响这个故事的启发意义，而且福特本人应该也不会介意。由于我经常引用汉弗莱这个故事，所以我的朋友、极其幽默风趣的鱼类学家戴维·诺克斯（David Noakes）还捉弄了我：他费尽心思搞到了一个 T 型福特车的主销轴，并选择一个我完全无法预料的时机寄给了我。当我收到这个主销轴后，我发现它还相当新，而且很沉，看起来确实是“过度设计”的。

27. 由于拥有一头非常漂亮的、浓密的头发和相称的白胡子，他看上去有些像上帝（的画像），据说（又一个传说！），他利用这一点从那些富有的妇人那里得到了不少捐款。

28. 玛丽安·斯坦普·道金斯是《动物苦难》一书的作者，也是这个研究领域的顶尖学者。她曾经与我讨论过，正文所述的这种选择性育种是不是可以在理论层面上为规模化畜牧业养殖面临的伦理问题提供一些解决方案。例如，如果被禁闭在层架式鸡笼中的鸡非常“不开心”，那么是不是可以试一下培育一种能够享受这种条件的鸡呢？她认为，许多人都倾向于对这种建议嗤之以鼻。也许，这种想法确实与一些深层次的人类价值观有所冲突——类似于那种所谓的“恶心感”。但是我们很难否认，这其实是一种相当平和的功利主义推理，只要我们能够确定选择性育种真的改变了动物对疼痛的感受，而不是试图改变动物对痛苦的反应，同时让动物对痛苦的感觉一如既往——那是一种恐怖的想法。

29. 也正是因为这个原因，我给我的《登上不可攀登之山》一书中讨论眼睛的进化的那一章取了这么一个名字：“通往光明之路的 40 个轮回”。事实上，关于这个问题，也许应该写上整整一章。因为自从威廉·佩利以来，眼睛已经成了创造论主义者最喜欢引用的例子——我把他们这种论证方法称为“诉诸个人的无知”（argument from personal incredulity）。达尔文本人也承认过，眼睛的进化乍看上去似乎是不可能的。但是他承认这个其实只是虚晃一枪的修辞手法，因为他紧接着就证明了，要解释它的逐渐进化非常容易。似乎生命本身就急于在一系列光学原理的基础上进化出眼睛似的。这一点与语言不同。我在这篇文章中将给出解释。

30. 这种说法可能有争议，不同的观点依赖于争议者对语言的定义。一只蜜蜂能够非常准确地告诉别的蜜蜂，在多远的地方、在（相对于太阳的）哪个方位可以找到食物。非洲的长尾绿颚猴在传达危险信号时，有三个不同的“单词”——取决于威胁是来自蛇、鸟，还是豹子。但是我不会将这种东西称为语言，因为它不具有递归性、层级性的嵌入结构。正是这种结构，使得人类语言拥有了无限的灵活性。只有人类，才可能说出这样的话：“那只产下了幼崽的猎豹，平时会坐在山那侧的河边的树林中，现在却蜷缩在一个用茅草搭建的、属于区长的父亲所有的小屋中。”从理论上说，这种嵌套的层数是没有限制的，表示相对关系和修饰关系的从句可以无限地相互嵌入，不过，要追踪复杂的多重嵌入需要耗费很多脑力。史蒂芬·平克的《语言本能》一书以优美的语言从进化角度对这些问题进行了很好的阐释。

31. 进化心理学的开创性著作是《适应的心智》(*The Adapted Mind*)，它由巴罗（Barlow）、科斯麦迪斯（Cosmides）和图比（Tooby）主编，撰稿者都是这个领域的顶尖学者。在这次演讲之后，史蒂芬·平克又出版了巨著《心智探奇》。出于某种我不清楚的原因，进化心理学在一些我未曾预料到的地方激起了强烈的敌意。许多人的批评似乎都集中在一些构想不当或执行不力的特定研究上。但是，瑕不掩瑜，我们不能以少数不好的特例为由贬低整个进化心理学。事实上，进化心理学的最佳践行者，例如莉达·科斯麦迪斯、约翰·图比、史蒂芬·平克、戴维·巴斯、马丁·达利，以及已故的马尔戈特·威尔逊（Margot Wilson）等人，从任何标准来看，都是非常优秀的科学家。
32. 目前的主流观点是，人类祖先曾经数度离开非洲向外扩展。遗传学证据表明，在大约距今 10 万年以前，非洲以外所有地区的人口的发展都陷入了一个瓶颈期，即人口急剧减少。王燚曾用我的基因组（那是我的完整基因序列，我本来是为了拍一部电视纪录片而对我自己的基因进行测序的）估计了人类进化史上各时间节点上的人口规模。他是通过比较我的母体基因和父体基因来做到这一点的。方法是，估计每一对基因“合并”之后、消失之前的时间，即从它们从一个共同的祖先基因分离出来之后的时间。我的基因对当中，有相当一部分是在距今约 6 000 年前合并的，这个事实意味着，在那个时候（距今大约 6 000 年之前），人类的人口规模相当小——那是一个“瓶颈期”。有可能这个瓶颈期就代表了某个特定的“离开非洲”的移民事件。
33. 我没有时间在这个讲座中说明为什么说这样直接得出结论太草率了。原因是，同一个村的村民不仅可能是你最亲的亲戚，他们也可能与你竞争食物、伴侣和其他资源。在进行亲缘选择的计算的时候，亲缘度并不是用某个绝对数值来表示的，而是表示为高于随机人群的亲缘度基线的某个增量。在一个联系紧密、近亲结婚的村庄内部，你遇到的每一个人都可能是你的“表亲”。亲缘选择理论的预测是，你只会对比平均水平还要更“亲”的人表现出利他主义——尽管平均水平已经相当“亲”了。在这种情况下，一个村庄全部由“表亲”组成，亲缘选择理论的预测是，人们对来自外面的陌生人会有仇外心理。我的同事艾伦·格拉芬在《进化生物学牛津指南》一书中提出了一个非常漂亮的几何模型，用来解释亲缘选择理论；我认为，那是解释 r 的真正含义的好方法（r 指亲缘系数，是亲缘选择理论的核心概念）。许多人并没有真正理解汉密尔顿的通俗解释，结果无法理解为什么 r 的值与我们所有人相互共享超过 90% 的基因的事实之间会出现如此明显的不匹配。我在收录在本文集中的另一篇文章《对亲缘选择理论的 12 个误解》中也给出了这方面的一个例子。格拉芬的几何模型确实很能说明问题，而且是以一种直观生动的形式：r 就是高于整个种群的基准共享程度之上的额外亲缘程度。
34. 在为由企鹅出版社 2006 年版的《合作的进化》撰写的序言中，我描述了我将阿克塞尔罗德介绍给汉密尔顿的过程。我促成了他们富有成果的合作——将进化理论与社会科学理论结合起来，对此我深感自豪。

35. 在这个问题上，我喜欢引用著名分子遗传学家西德尼・布伦纳（Sydney Brenner）的话。他曾经不无讽刺地设想过这样一个天真的生物学家，后者猜测：在寒武纪时代，某个基因受到了“偏爱”，因为“到白垩纪它就可能会派上用场”。（他说话的时候带着浓重的南非口音，话里充满着讥讽，眼里闪烁着俏皮的光芒。）

02 给查尔斯王子的公开信

1. 里斯系列讲座是一个年度系列讲座，最初是通过广播电台播放的，而现在是在电视上播放，由英国广播电台主办。该讲座以 BBC 的创始总裁里斯勋爵的名字命名。里斯是一位不苟言笑的苏格兰人，他很有理想——但是大部分都被 BBC 放弃了。英国人至今仍然以被邀请参加里斯讲座为荣。2000 年的里斯讲座尤其不同寻常，它以“尊重地球”为主题，共有五位演讲者，查尔斯王子就是其中一位。这封公开信就是针对查尔斯王子的演讲而发的，最初刊登在 2000 年 5 月 21 日出版的《观察家》杂志上。
2. 许多人说这句话就是我自己说的。尽管我非常想拥有它的“版权”，但是我很肯定，我是从其他地方得来的。
3. 在查尔斯王子发表这个演讲后的这些年来，保护生态的任务变得越来越紧急。气候发生极端变化的信号更加明确了，许多人痛心疾首地指出，我们很可能已经错过了扭转危局的时间节点。然而与此同时，美国总统却公开宣称，他认为气候变化问题只是“精心策划的一个骗局”。当然，现在仍然有人相信像极地冰盖消失这样的现象并不是人类行为所致（尽管这种论调明显越来越不可信了）。无论如何，除了那些有意视而不见的人之外，气候不断恶化、变得越来越危险已经是一个众所周知的现实了。这种灾难的阴影（还包括低海拔地区被全球性洪水淹没的可能性）正在不断扩大。这些问题比查尔斯王子不断地喊着“狼来了”的那些问题严重得多。不幸的是，他不想做真正重要的事情。
4. 在当时，我还坚决反对处死萨达姆・侯赛因，这不仅是因为我一贯反对死刑，而且还因为我有科学上的理由。同样，如果希特勒没有了结自己的生命，我也会建议不要处死他。这是因为，第一，我们需要尽可能多地获取一切有关的信息，以便搞清楚这些恶魔的心智状态；第二，反社会者可能并不像人们通常想象的那么稀少，因此，像希特勒这样的极端反社会者，究竟是怎样攫取并保住权力、甚至在“民主选举”中胜出的，非常值得研究。希特勒真的是一个拥有“颠倒众生”的魅力的演说家、一个双眼有催眠大师般的魔力的政治家吗？有些见过希特勒的人确实信誓旦旦地声称如此。或者，这是不是权力的光环下孕育出来的一种幻象？如果希特勒未曾身亡并遭到了监禁，那么对于各种可能令他变得理智的做法，例如，针对犹太人的病态的排犹政策的冷静而清醒的质疑，他又会有什么反应？通过希特勒这样一个“典型病例”（假如他不死的话），我们的精神病理学是否能取得长足进步，从而对未来更加有利呢？希特勒的童年，或者萨达姆・侯赛因的早期教育阶段，是不是发生了什么特殊的事情，设定了他们成年后的“自我”的进化之路？未来的教育改革，能不能未雨绸缪，提前消除这种令人恐惧的隐患？处死这些标本般的恶人也许能够满足某种“原始”复仇心理，却堵死了进行研究、防止他们的同类人在未来重新出现的机会之门。

5. 我还借用达尔文这个短语来作为一本文集的标题，于 2003 年出版。
6. 指我的《解析彩虹》一书，1998 年出版。

03 科学与感性

1. 在 20 世纪行将结束之际，BBC 主办了一个系列讨论会，在 BBC 广播电台第三频道播放。这个系列讲座的主题是“世纪的回响：20 世纪将会为它的继承者留下什么”。我发表演讲的时间是 1998 年 3 月 24 日，其他的演讲者还包括戈尔·维达（Gore Widal）、卡米尔·帕利亚（Camille Paglia）和乔治·斯坦纳。得知自己是演讲者中唯一一位科学家后，我有点儿不自在，因此才有了这句话。我这个演讲的部分内容也可以在我的《解析彩虹》一书中找到（当时我正在写这本书）。
2. 我对“普通民众”这个概念本身就持怀疑态度。伟大的科学家弗朗西斯·克里克曾经被一个出版商说服，决定为“普通民众”写一本书。这个任务令克里克相当为难（这其实不难理解），他不得不向同事、杰出的神经科学家拉马钱德兰求助：“拉马啊，请问你认识‘普通民众’吗？给我介绍一下。”
3. 在这个问题上，我也许过分悲观了。现在，以及 20 世纪，我在参加海伊文学节（Hay Festival）和切尔腾纳姆音乐节（Cheltenham Festival）等活动时，总会受到许多乐观的、热情的学者的鼓励，我的许多同事，比如史蒂夫·琼斯（Steve Jones）和史蒂芬·平克，也都是乐观主义者。
4. 后来，“逝者的天书”这个短语成了我的《解析彩虹》一书其中一章的标题，在那里，我对这个主题进行了更加深入的阐述。我用这个术语表达的意思是，在未来，对于一位训练有素的生物学家来说，只要给他一只动物（或者动物的 DNA），他就能够“解读”并“重建”那只动物及其祖先的生存和繁衍的环境。而且，不仅是物理环境——天气、土壤的化学成分，等等；还包括生物环境，以及该动物及其祖先所参与的进化“军备竞赛”的对手——猎物或天敌、寄生虫或宿主。
5. 1867 年，苏格兰工程师指出，弗莱明·詹金（Fleeming Jenkin）代复一代，“融合遗传”将会使得种群中的所有差异消失得一干二净。如果你把黑色的颜料与白色的颜料混合在一起，你将得到灰色的颜色；而且要想再用灰色的颜色分别混合出黑色和白色的颜料，那就永远不可能了。因此，在融合遗传中，自然选择很快就会发现根本没有什么可供选择了。詹金据此认为，达尔文的理论必定是错的。但是，詹金忽视了，说每一代都比自己父母更“灰”显然是不准确的。这是一个事实。詹金以为自己是在批驳达尔文，其实他是在批驳明显的事实。变异很显然不会一代接一代地逐渐消失。詹金并不知道，他并没有证明达尔文的理论是错的，相反，他其实证明了融合遗传理论是错的。詹金本来有机会舒舒服服地坐在椅子上，完全依靠推理就总结出孟德尔遗传定律的——而不需要像孟德尔那样，亲自不知劳苦地在修道院的菜园里种上一堆豆子。

6. “人类基因组计划”确实在 2003 年正式宣告完成，虽然还有一些细节问题仍有待改进。
7. 在不到 10 年之后，凭借 21 世纪的科学技术，人类做到了这一点，尽管针对的不是同一颗彗星。2004 年，欧洲太空总署（ESA）发射了“罗塞塔”号航天探测器。它在升空 10 年后（飞行 64 亿千米），最终到达了 67P / 楚留莫夫 - 格拉希门克彗星的轨道。在这过程中，它先后利用了火星、地球（两次）的引力弹弓效应，途中还会与两颗大型小行星密切接触。“罗塞塔”号随后发射了“菲莱”号探测装置，并成功降落在了 67P / 楚留莫夫 - 格拉希门克彗星上。为了固定在彗星上，它使用了一种类似于携抱式鱼叉的机器，因为彗星的重力场很弱。
8. 我在本辑第一篇文章中已经批驳过这种令人恼火的哗众取宠的谬论。
9. 不过令人高兴的是，查尔斯·达尔文的儿子——数学家和地球物理学家乔治·达尔文爵士（Sir George Darwin）与其他人一起见证了这一点。查尔斯·达尔文的三个儿子都受封为爵士，虽然他们的父亲从来没有获得过这个荣誉。
10. 现在，还出现了其他寻找行星的方法，包括通过检测行星过境时发生的微弱的光线。“系外行星”的家庭在不断扩大，而在它们的成员总数已经超过了 3 000。

04 杜立德和达尔文

1. 2004 年，科学文化推动者和“掌门人”约翰·布罗克曼（John Brockman）邀请他的圈子里的思想家和科学家一起来写作一本书《当年我们年少但有知：孩子如何成长为科学家》。我早有写一本自传的打算（后来，我写成了一部两卷本自传，两卷分别名为《追求奇迹：一位科学家的养成》和《黑暗中的微烛：我的学术人生》）。我为布罗克曼撰写的这篇文章与我自传的侧重点不同。在这里，我选择赞美一本儿童文学书，我认为，它确实对我的一生产生了影响。
2. 语出诗人德莱顿（Dryden），尽管他上的是剑桥大学。
3. 在我 9 岁时，我在学校举行的征文比赛中“无耻”地借鉴了杜立德医生的形象。我的英文老师对我的想象力赞不绝口，还预言我长大后会成为一名著名的作家。他根本不知道我是从休·洛夫廷那里“剽窃”来的。
4. 我当时一直想知道，这种“拉拉扯扯羊”怎么才能把它的两个嘴巴吃下去的食物变成的粪便排出体外呢？显然我并不是唯一对此有疑问的孩子。
5. 阿加莎·克里斯蒂（Agatha Christies）的一些早期作品中的这种倾向更加严重，但是据我所知，她从来没有受到过类似的指责。例如，在《斗牛犬德拉蒙德》一书中，那个 20 世纪 20 年代的詹姆斯·邦德曾经将自己伪装成非洲人探案。最终，他以极富戏剧性的形式披露了自己的真实身份之后，对当地人说出了这样一番话：“每一根胡子都不是假的，但是每一个黑人都要去嗅上一嗅。那个胡子也不是假的，亲爱的，但这个黑鬼却不闻不问。所以我相信这里肯定有问题。”只要比较一下，就不难发现，说布姆波王子想让自己变成一个白人王子，其实是相当温和的。

第二辑 全然无情的荣耀

1. 出现在戴维 · P. 休斯（David P. Hughes）、雅克 · 布鲁迪厄（Jacques Brodeur）和弗雷德里克 · 托马斯（Frédéric Thomas）写作的《被寄生生物操纵的宿主》（*Host Manipulation by Parasites*）一书的前言中。

05 论达尔文与华莱士携手发表的论文

1. 1858 年，查尔斯 · 达尔文因收到了一封信而大惊失色。这封信是当时名不见经传的博物学者、收藏家华莱士从马来联邦（Federated Maley States）寄来的。华莱士的论文阐述了基于自然选择的进化论的各个方面的细节。达尔文自己在20年前就想到了这个理论，出于某些原因，他一直没有公开发表，尽管他在 1844 年就已经写出了很多东西。收到华莱士的来信后，达尔文陷入了犹豫不决和痛苦的焦虑当中。一开始，他准备将发现进化论的优先权让给华莱士。不过，达尔文的两个朋友，地理学家查尔斯·莱尔（Charles Lyell）和植物学家约瑟夫·胡克（Joseph Hooker），英国科学界的两根顶梁柱，说服他寻找一个折中方案。于是，华莱士这篇写于 1858 年的论文，与达尔文写于更早时期的两篇论文，一起在伦敦林奈学会宣读，华莱士和达尔文两人共享进化论发现者的荣耀。2001 年，林奈学会决定在当年的事件发生地树立一块纪念碑，以纪念这个有深远历史意义的事件。我应邀为纪念碑揭幕，并发表演讲。本文对当时的演讲稿略有删减。仪式很隆重；我也很高兴遇到了达尔文家族和华莱士家族的多名后人，他们中有人还是初次见面，我很荣幸有机会介绍他们相互认识。
2. 在这里，我特别提请读者注意艾伦 · 格拉芬，他天才地用数学方法给出了阿莫茨 • 扎哈维（Amotz Zahavi）的理论的定量证明。我在《自私的基因》的第二版中也试图对这个问题给出解释，同时也表达自己在该书第一版中不公平地对阿莫茨 • 扎哈维的思想大加嘲笑而忏悔的意思。
3. 参见本文集的下一篇文章《普适达尔文主义》。

06 普适达尔文主义

1. 1982 年，在查尔斯 · 达尔文逝世 100 周年之际，他的母校剑桥大学为他举办了一个逝世 100 周年纪念大会。我在这个会议上的演讲，略加编辑收录进了稍后出版的会议论文集《进化：从分子到人》。
2. 偶尔，我也会遇到一些生物学家，他们竟然看不到这种力量，这令我非常震惊。日本著名遗传学家木村资生（Motoo Kimura）就是一个例子。木村资生是所谓的中性进化论的主要倡导者，他说，种群中的基因频率的变化，大部分都不是自然选择所致，而是中性的；新的变异之所以会在种群中占主导地位（即遗传变化），并不是因为它们在进化上有优势，而是因为随机漂移。这种说法在一定意义上也许没错。不过，在他为《分子进化的中性理论》(*Neutral theory of molecular evolution*)一书撰写的导言中，木村资生又做出了妥协："这个理论并不否认自然选择在适应性进化过程中的决定作用。"但是据约翰·梅纳德·史密斯所说，木村资生其实是极不情愿做出这种妥协的——事实上，他是如此不情愿，以至无法动笔写下上面那句话，他是请他的美国同事詹姆斯·克劳(James Crow)代笔写下那句话的！木村资生，以及其他狂热支持中性理论的生物学家，似乎完全不能理解功能上接近完美的生物适应性的重要意义。他们莫非从来没有见到过竹节虫、翱翔在天际的信天翁、蜘蛛网……这样的东西？对他们来说，设计错觉似乎是无关紧要的、可有可无的"添头"。而对我以及其他博物学家(其中也包括达尔文，他们对我教益良多)来说，生物设计的复杂性和完美性却是生命科学的核心和枢纽。在我们看来，那些令木村资生觉得兴味盎然的进化变化，只相当于将文字的字体重设一下而已。对我们来说，文字是以新罗马体呈现的，还是以赫维提卡体呈现的，并不重要；真正重要的是，文字的含义到底是什么。木村资生也许没有说错，只有少数进化变化是适应性的。但是，请你发发慈悲吧！真正重要的难道不是这些"少数派"吗？

3. 科学实验，尤其是生物科学领域的实验，一直都面对着这样一种怀疑：实验中得到的结果也许只能归为运气。举个例子。现在有一个医学实验，对照组的 100 名病人都服用某种实验药物，而控制组的 100 名病人服用看上去完全一样但不包含有效成分的安慰剂。如果对照组中有 90 名病人的病情都有所好转，而控制组中只有 20 名病人的病情有所好转，那么能不能说这种药物是有效的？还是仅是运气所致？统计检验的目的就是计算出，如果药物真的没起任何作用，你仍然可以得到你所得到的结果(甚至是更好的结果)的概率是多少。"*P* 值"就是这个概率。"*P* 值"越低，你所得到的结果纯粹是运气所致的可能性就越低。"*P* 值"为 1/100 或更低的结果时，通常可以直接视为证据，但是这个截断点是武断的。"*P* 值"为 5/100 时，就可以认为结果是能够说明一些问题的。对于那种看上去非常奇异的结果，例如远距离心灵感应的成功演示，必须要求"*P* 值"远低于 1/100。
4. 野外生存状态下是不存在精制糖的，动物最多只能从蜂蜜中获取一些(那非常难得，而且要冒很大风险、忍受很大的痛苦才能到手)。在这种情况下，对甜食的喜好就是一种不幸的选择了，因为在我们的世界中，对糖的偏好并不会提高我们的生存机会。
5. 后来，我用"逝者的天书"这个术语更加生动地阐述了这个思想。本文集中的好几篇文章都提到了这个术语。
6. 心理学家斯金纳经常强调这一点。
7. 我在剑桥大学发表这个演讲时，因为时间的关系，没有将历史上出现过的关于胚胎如何发育的这两个主要理论界定清楚，而且参加剑桥大学纪念达尔文逝世 100 周年会议的听众也不需要我给出精确的定义。预成论者认为，每一代个体身上都包含着下一代，或者以实体形式(生命体的雏形已经预先存在于卵子或精心中)，或者以编码形式(就像某种蓝图一样)。而渐成论者则认为，每一代都包含着生成下一代所需的"安装说明书"，这不是一幅蓝图，而更接近于一张菜谱或一款计算机程序。

我们不妨想象，在银河系之外的某颗行星上，胚胎发育是预成的，那么它应该会经历如下过程：对父母亲的身体逐层扫描，制成一帧一帧说明书，然后放入一个类似于 3D 打印机的装置，“打印”出子女，即父母的身体的拷贝。接下来，如果需要的话，这个拷贝还可以放大。这并不是我们这个星球上的胚胎发育的过程，但是，如果假想中的有虎纹的外星人确实存在的话，那么它们的胚胎发育必定是这个形式。在我们这个星球上，胚胎发育是渐成式的。DNA 并不是一张蓝图，这一点绝大多数生物学教科书都讲得不对。DNA 只是一系列指令，就像一个电子计算机程序一样，或者说，像一份菜谱或折纸说明书；遵循其说明，身体就逐渐长成了。蓝图式的预成发育，如果真的存在的话，必定是可逆的。就像人们可以通过仔细测量房子的所有部件的尺寸，重新画出蓝图一样。子女绝对不是经由父母的身体拷贝出来的；真要说拷贝的话，所拷贝的也只是生身父母的基因（一半来自父亲，另一半来自母亲，两者合起来）。拷贝出来的基因会作为生成下一代人的身体的指令传递下去，并作为纯正的指令继续传递给下下一代。身体并不直接生成身体，是 DNA 生成身体，DNA 生成 DNA。

8. 当然，今天我可以试着来阐明这一点了。作为第一步，不妨先指出这种观点在前面提到过的“磨损”问题上是很容易受到攻击的。如果孩子是父母的“扫描件”，那么就会忠实地把一切都复制过去，既包括伤疤、断肢、包皮等“坏的习得性状”，也包括更强韧的足底、学到的智慧等“好的习得性状”。这里存在着在“好的习得性状”与“坏的习得性状”之间进行选择的需要。那么，除了达尔文提出的自然选择之外，还能有其他什么合适的“选择器”呢？

9. 后来，我用“登上不可攀登之山”这个隐喻来概括这一点，它也是我的一本书的标题。复杂的、似乎是精心设计出来的“机器”（例如，眼睛）高居这种不可攀登之山的高处。山的一侧是陡峭的悬崖，不可能一跃而过（如果可以跃过，那就是跃变论了）；山的另一侧是舒缓的斜坡，只要一步接一步地不停走下去，就不难登顶。

10. 间断均衡论现在已经颇为流行，它有一个短促有力且极有感染力的简称：“蹦移”（punk ekk）。这种理论是由著名古生物学家尼尔斯·埃尔德里奇（Niles Eldredge）和斯蒂芬·杰伊·古尔德首创的，目的是解释化石记录中表现出来的明显的“跃变”现象。然而不幸的是，部分由于古尔德本人极有说服力但又极具误导性的隐喻的“煽动”，间断均衡这个术语后来导致了三类本来有极大区别的“跃变”的混淆。第一类，大突变或跃变，指那些会导致重大后果的突变，极端形式的“异形巨兽”或所谓的“有希望的怪物”就是从这种突变而来的；第二类，大规模的灭绝（例如，恐龙的突然灭绝为哺乳动物的繁盛打开了空间）；第三类（只有这一类，才是埃尔德里奇和古尔德所用的间断均衡这个术语的本意），快速的渐变。埃尔德里奇和古尔德以及其他一些古生物学家认为——他们的主张似乎颇有道理，在漫长的地质时间里，进化都处于几乎静止的状态，这种状态又会被突然发生的快速的爆发所打断，这种爆发就是他们所称的“物种形成事件”。因此，埃尔德里奇和古尔德实际上借用了异域物种形成的概念。

异域物种形成意味着一个物种因为地理隔绝的原因而分成了两个。地理隔绝的例子包括岛屿、大江大河的两岸、山脉的两侧，等等。由于被隔离开来，两个种群就有机会向不同的方向进化，当它们在过了足够长的时间之后再度相遇时，就无法再交配繁殖，因而也就变成了两个独立的物种。例如，当一个子种群来到一个岛屿并与大陆主种群分隔开来之后，岛屿环境下的进化变化可能发生得非常迅速，至于新物种出现所需的时间，以地质时间的尺度来衡量的话，只是一瞬间，甚至可以说是同一时间。而且，正如我在本文集后面的一篇文章中指出的，这里所说的“岛”并不一定是被水面包围的一块陆地。对于鱼类来说，一个湖就是一个“岛”。对于阿尔卑斯旱獭来说，一座山峰就是一个“岛”。不过，为了便于说明问题，我在这里还是假设“岛”只是指被水面包围的一块陆地。当“岛”上的新物种重新迁移回到大陆上之后，它们的父物种看上去似乎仍然没有什么变化，这样一来，古生物学家从他们在大陆上挖掘出来的化石来看，新物种就像是由父物种轻轻一跃变出来的。当然，这种跃变只是一个假象。渐变的进化确实已经发生了，只不过是“快速的渐变”，而且是在古生物学家没有挖掘过的岛屿上发生的。由此不难看出，这种“快速渐变主义”与真正意义上的跃变论完全不是一回事。无论如何，古尔德所采取的修辞手法，毕竟误导了整整一代学生和非专业人士，使得他们把真正的跃变论与快速渐变主义混淆起来，甚至与物种大灭绝及随后的新物种的繁盛混淆起来。这正是我所说的“诗意科学”的一个例子。对此，我在本文后记中还会再回过头来讨论。

11. “自然从不飞跃”是一句拉丁文。在赫胥黎生活的时代，他的读者（包括达尔文，赫胥黎是在写给达尔文的一封信中使用这个术语的）在学校里接受教育的时候，使用的都是拉丁文——尽管学生们可能非常不喜欢。

当我在剑桥大学发表这个演讲的时候，古尔德也坐在听众席上。当我讲完后，他马上跳了起来，声称跃变论是历史上除了达尔文的自然选择学说之外的若干备选理论之一。难道他真的不明白，跃变论无法解释复杂的设计的错觉吗——从不可攀登之山的谷底，怎么可能一下子就跃上峰顶呢？古尔德对历史非常感兴趣，也拥有相当丰富的历史知识。他没有说错，在 20 世纪初期，确实曾经有一些科学家倡导跃变论，以为它也许可以取代渐变论。但是当他说，跃变论真的可以取代渐变论，去解释适应复杂性时，他就犯了一个科学错误——甚至是逻辑错误。或者，换一种说法，古尔德引用的那些科学人物的观点在科学上都是错误的，这种错误其实是非常明显的。即使在那些科学家自己的时代，这种观点也明显是错误的，古尔德本来应该明确地指出这一点。

12. 莱迪亚德·斯特宾斯是一位植物学家，他被尊为 20 世纪 30 年代和 40 年代的新达尔文主义综合进化论的开创者之一。

13. 如果放在今天，我可能不会再使用“宏观进化”和“微观进化”这两个术语，因为它们也被创造论者挪用了。像往常一样，创造论者在有意地用一些科学术语来进行欺骗。在野外研究生物种群的遗传学家所关注的是微观进化，而研究不同年代的化石的古生物学家所关注的是宏观进化。事实上，宏观进化无非就是时间拉得非常长的微观进化。创造论者，在某些生物学家的无心之失的“帮助”之下（这些生物学家本来应该更警惕一些的），将物种之间的差异抬高到了决定性质的高度。他们承认微观进化，例如，种群中浅色的桦尺蠖被深色的桦尺蠖所取代。但是他们把宏观进化认定为质的变化，是完全不同的。关于真正的以及假想中的物种间的区别，更详尽的论述请参阅本文集第四辑中的《评“亚拉巴马州插页”》一文。

14. 在这里，复杂性是“插入”进去的——座位、舱壁、呼叫器、折叠式餐桌等，都是直接从原先就有的机舱部分复制过来的。在生物世界，类似的“加长”的一个典型例子是脊椎数量的增加，以及相应的肋骨、神经、血管的数量或长度的增加（例如，突变生下来的蛇比它的父代多了好几“节”）。这种“加长麦道 DC-8 型跃变”式进化变化必定是经常发生的，例如，不同种类的蛇的节的数量有很大的不同；而且，子代的蛇出生时拥有的节的数量必然和它们的父代相同，因为任何一条正常的蛇的脊柱都不可能是不完整的。

15. 事实上，美丽的俄卡皮鹿（okapi）是中间状态的物种的一个很好的例子。它是长颈鹿的“侄子”，有中等长度的脖子。但是，它并不能成为一个适当的例子。

16. 后来在 1989 年，我又指出了这一点。当时我发明了一个术语——“可进化性的进化”（evolution of evolvability），收录于克里斯托弗·兰顿（Christopher Langton）主编的《人工生命》（*Artificial Life*）一书中。在那里，我认为，虽然很罕见，但是某些关键的进化步骤，比如分节的身体的出现，可能是以某种突然的跃变的形式完成的。我的意思是说，分节的动物一出现就应该是至少有两节的，而不应该是一节半的。

17. 休厄尔·赖特是著名的“种群遗传学三巨头”之一，也是其中唯一一个来自美国的人——另两个巨头是费希尔和霍尔丹，后者创立了种群遗传学并将达尔文的进化论与孟德尔的遗传学融合了起来。赖特强调随机基因漂移（漂变）在进化中的作用。但是，他同时也把漂变视为适应得以改进的一个（间接的）途径。强选择理论的其中一个问题在于，正如工程师们通过他们的“爬山算法”（hill-climbing algorithms）得知的——很容易陷入局部最优当中无法脱身。（局部最优相当于小山峰，同时那“不可攀登之山”的顶峰也隐约可见。）赖特的随机漂移算法的优点就在于，它能够让一个种系从一座小山峰漂移至山谷，然后再从那里沿着斜坡向更高、更大的山峰攀登。对于赖特来说，这种随选择而变的漂移，使得比单有选择时的适应更加完美得多的适应有可能出现。这当然是一个非常出色的天才想法。

18. 对于这种从基因型到表现型的单向流动（即从基因到身体的单向流动），只要对比一下“基因突变”（比如导致未来的后代的身体出现变化的突变）与纯粹的“身体突变”（比如某只动物突然失去了一条腿），就很容易理解了。后面这种变化是不会传给未来的子孙后代的。只存在从基因到身体的因果之箭，它是不可逆转的。但是，对于如此简单的道理，古尔德虽然提出了一个“记账隐喻”，但是没有理解。这令我非常震惊。他的“记账隐喻”显然是不得要领的。

19. 这个建议很有说服力，它来自苏格兰化学家格雷厄姆·凯恩斯 - 史密斯。我在《盲眼钟表匠》一书中也详细阐述过他的理论。这不仅是因为我相信它，而且也是因为他非常明确地强调了复制在生命的起源中的重要性。

20. 在神经系统中，这个问题就是工程师们所称的随机“噪声”问题。在任何一个信息传输过程或放大过程中，都必须加入一些噪声。这是因为，“神经细胞”的工作方式决定了，它们对噪声比对其他东西（比如，电话线）更加“易感”。现代通信系统越来越多地采用数字形式传输而较少采用模拟形式传输，事实上，神经细胞传输信息时也类似——它们利用的是尖峰的时间模式，而不是尖峰的（模拟）高度。关于模拟制式与数字制式的更详尽的对比，请参阅我在本文集第一辑中的另一篇文章《科学与感性》，在那里，我对（传递西班牙无敌船队的信息的）“模拟”烽火信号与“数字”烽火信号进行了讨论。

07 复制者生态学

1. 恩斯特·迈尔是一位杰出的德裔美籍生物学家，也是20世纪30年代至40年代新达尔文主义综合理论的创始人之一。他是名副其实的新达尔文主义综合理论的“长老”，这不仅仅是因为他的龟鹤遐龄，而且还因为他的思想直到生命最后一刻仍然非常活跃。在他的期颐之年，我与他见过面，我也深为他的积极和敏锐震惊。除了众多颁发给他的荣誉奖项和献给他的纪念文集之外，恩斯特·迈尔的百岁诞辰庆典还有另外一个副产品，那就是*Ludus Vitalis*杂志的纪念特刊。这期特刊的主编是著名西班牙裔美籍遗传学家弗朗西斯科·阿雅拉（Francisco Ayala），我也有幸应邀撰写了一篇文章，发表在这期特刊上，当时它的献辞是“以最深的敬意，献给恩斯特·迈尔教授，英国皇家学会会员，荣誉科学博士（牛津大学），祝贺他百岁生日快乐”。收入本文集时略有删减。
2. 请参阅本辑的上一篇文章《普适达尔文主义》。
3. 更加令人惊讶的是，亚里士多德是非常严肃地对待他提出的这个终极因的。他显然不是一个傻子。亚里士多德是有史以来最聪明的思想家，有人说，他原本是有可能发现基于自然选择的进化论的，但是他并没有。为什么亚里士多德未能提出进化论？在一定意义上，基于自然选择的进化这个思想，是有可能出现在任何时代的伟大的思想家和博物学家的头脑中的。与牛顿的物理学定律不同，进化论的创立似乎并不需要后人站在2 000多年来的前人的“肩膀”上。要说清楚个中缘由并非易事，然而事实确是如此，因此我的直觉是，前人在这方面的思想全错了。
4. 这样一种神秘主义在詹姆斯·洛夫洛克（James Lovelock）提出的“盖亚假说”的早期版本中达到了它的最高点。在“盖亚假说”后来的版本中，洛夫洛克试图否认神秘主义，但是从一次会议上发生的事情来看，这种倾向仍然在加强。在那次会议上，约翰·梅纳德·史密斯遇到了一位献身于政治的意义上的而不是科学的意义上的“生态学”的知名人物。梅纳德·史密斯回忆说，会上有人提到陨石袭击地球从而杀死了恐龙的理论，那位狂热的“生态学家”立即跳起来反对：“这当然不可能，因为盖亚不会允许这种事情发生。”
5. 引入这个术语的是杰出的生态学家劳伦斯·斯洛博金（Lawrence Slobodkin），后来迫于无奈，他不得不愤慨地公开否认群体选择主义的指控。他可能是正确的，对于“谨慎的捕食者”概念，如果稍做发挥，是可以给出适当的达尔文主义的辩护的。但是选择这个术语本身是不恰当的。它要求沿着所谓的“大生态之诱惑”的进路来给出解释，而这意味着忘记了自然选择实际上是在什么层次上发挥作用、导致个体适应的；而且是从对群组的利益，甚至是对群落的利益的角度来考虑问题的。

6. 这种攻击引发了约翰·伯顿·桑德森·霍尔丹在《捍卫豆袋遗传学》一文中的激烈反击。在这个语境中，“豆袋遗传学”是指对种群中基因频率的变化的定量分析，即将基因作为颗粒化的孟德尔式实体来处理。

08 对亲缘选择理论的 12 种误解

1. 亲缘选择理论——自然选择青睐那些“愿意”帮助亲属的基因，因为从统计上看，被帮助的亲属携带这些基因的概率更高，是 W. D. 汉密尔顿首创的。汉密尔顿后来成为我在剑桥大学的同事和密友。亲缘选择理论也是我的第一本著作《自私的基因》阐述的核心主题之一。汉密尔顿早在 1964 年就提出了亲缘选择理论，但是他那篇重要论文发表后的 10 多年里几乎没有引发什么反响。然而，到了 20 世纪 70 年代中期，亲缘选择理论一下子成为热点，不仅生物学家在讨论它，许多圈外人也很热衷。亲缘选择理论的风行，也导致了大量的误解。在这些误解当中，有许多非常奇怪的说法源于某些社会科学家——有人认为，这些社会科学家之所以会有这种误解，是因为亲缘选择理论侵入了他们原来的地盘，使他们觉得自己受到了威胁。这种说法实在有些无厘头，但是各种误解实在甚嚣尘上，于是我写了一篇论文，总结了 12 种对亲缘选择理论的误解，然后逐一加以批驳。这篇论文（以英文）发表在动物行为领域的顶级德语刊物《比较动物行为学杂志》（*Zeitschrift für Tierpsychologie*）上。与通常的科学论文一样，我这篇论文也有许多参考文献，在收入本文集时，我把参考文献目录删去了。另外，我还删除了误解 8、9 和 11。这是因为，这几个误解虽然也很重要，但是要阐明它们所涉及的技术性问题，就要给出更多的背景知识，从而使这篇论文在本文集中占据过大的篇幅。

2. 汉密尔顿的理论可以简洁地概括为以他的名字命名的“汉密尔顿法则”：如果亲缘系数（r）$B> C$，那么利他主义的基因就会在基因库中扩散开来。在这里，C 是利他者的成本，B 是受益者的收益，r 是一个分数，代表利他者和受益者之间的遗传关系的接近程度。“汉密尔顿法则”告诉我们，亲代抚育子代的行为，之所以比抚育“兄弟姐妹”的行为更加常见，是因为尽管这两种关系中的 r 项是相同的（都是 0.5），但是 B 和 C 两项在现实中更加有利于亲代对子代的抚育。

3. 然而遗憾的是，威尔逊在他最近出版的《社会性征服地球》（*The Social Conquest of Earth*）一书中（我立即撰写了一篇批判性书评），又重新将这些修改扭转了过来。他这种做法令我确信，他其实从来没有真正理解亲缘选择理论。

4. 对于“内含适合度”这个概念，汉密尔顿给出了一个更精确的数学定义，但是他也同意我给出的非正式定义：“内含适合度指的是这样一个量，个体似乎在最大化它，但是它真正最大化的是它的基因的存活率”。

5. 许多基因都具有多种效应，而且这些效应通常互不相关，这种现象被称为多效性。

6. 这里所说的绿胡子效应只是一个假说，一个比喻，并不是说真的有人会长出绿胡子。有现实意义的是——同时也是这个比喻的意义所在，有利于亲属的行为是一种在统计上有显著意义的标记性状。例如，一只有抚育亲兄弟姐妹的倾向的动物，其实有 50% 的机会在照顾自己的基因的拷贝。手足情谊也是一种像绿胡子一样的标记。我们用不着假设动物对手足情谊有明确的认知。在现实世界中，“跟自己待在同一个巢中”这样的事实就构成了这种标记。
7. 马歇尔·萨林斯是美国著名的人类学家。看来，有的人类学家就是无论怎么努力也学不会生物学。当然，公平地说，我估计，如果我贸然进入人类学领域，我也可能会表现出同样的无知和缺乏理解能力。不过，我不会去做这种费力不讨好的事情。
8. 一个等位基因是某一个基因的替代形式，两者会争夺染色体上的某个特定位置或“基因座”。在有性繁殖的生物中，自然选择可以被看作若干等位基因之间对那个特定的“基因座”的竞争。它们之间用来竞争的武器就是它们对身体的“表现型”效应。
9. 参见 01 篇注释。
10. “进化稳定策略”（简称“ESS”）是约翰·梅纳德·史密斯首创的一个术语。它代表着一种非常有力的思考进化问题的方法，我在《自私的基因》一书中大量应用了这种方法。这里所说的“策略”，其实是指一种未必明确意识到的行为“定势”（即类似于发条装置驱动的固定行为），例如，“把食物丢进在你的巢里面嗷嗷待哺的那些小东西张得很大的嘴巴里”。“进化稳定策略”是指这样一种策略，当一个种群的大多数成员都采用了这种策略时，它的优势地位就不能被其他可选的策略挤占。如果它能够被其他策略占优，那么这种策略就是“不稳定的”。一个被某种不稳定的策略暂时支配的种群，将会被别的更有优势的策略“侵入”。“进化稳定策略”的推理方式通常是这样的：“试想一个策略 P，先假设种群的所有成员都采用策略 P，再想象一个新的突变出来的策略 Q。自然选择会不会导致策略 Q 入侵该种群？”在上面的正文中，我们对策略 U 和 K 就是这样推理的。
11. 这里所用的“固定”（fixation）这个术语，是种群遗传学家用来描述基因在种群中传播的专业术语：当某个基因的传播使得种群中每个个体（或几乎所有的个体）都拥有这个基因时，我们就称其为“固定”的。一个基因扩散到固定状态，或者是因为自然选择的结果（这是我们感兴趣的原因），或者是通过某种随机的机会（即所谓的“遗传漂变”）。
12. 这也正是我在前面定义“进化稳定策略”时使用了“clockwork”（发条装置）一词的原因。
13. 这里的“parthenogenetic”（孤雌生殖）一词是希腊语，对应于“virgin”一词。“孤雌生殖”的蜥蜴能够在没有雄性蜥蜴的情况下完成繁殖，它们的“女儿”是“克隆”出来的，相当于它们自己的孪生姐妹。
14. 这里的“龄”（Instar）是一个专业术语，昆虫学家用它来描述昆虫成长过程所需要经历的相互之间有明确区分的不同发育阶段。不同的“龄”是分立的、不连续的，这是因为昆虫的“骨架”不是像人类这样由身体内部的骨头构成的，而是由身体表面的“盔甲”构成的。与骨头不一样，外置的“盔甲”一旦硬化，就不能再长大，因此昆虫必须定期地更换“盔甲”。脱掉旧“盔甲”后，昆虫会长大一些并长出一副尺寸更大的新“盔甲”。昆虫每长大一次，就称为一“龄”。

15. 像萨林斯和沃什伯恩一样，青木的错误也源于未能完全理解汉密尔顿理论。汉密尔顿用简短的一节讨论了“单倍二倍体”，这是膜翅目的蚂蚁、蜜蜂和黄蜂特有的一种遗传系统。雌性是二倍体，像人类一样，有成对的染色体；而雄性则是单倍体，它们的染色体数量只有雌性的一半。汉密尔顿天才地指出了一个极有意义的结果：蚂蚁“亲姐妹”之间的亲缘系数 r 等于 0.75，而不等于许多人通常认为的 0.5。因此，一只雌蚂蚁与“她”的姐妹的近亲关系要比“她”自己与“女儿”更亲！正如汉密尔顿指出的那样，仅仅依靠这一点，就有可能使得膜翅目昆虫实现最高程度的社会合作。汉密尔顿这个思想是如此精妙、如此吸引人，以至许多读者都认为它就是他的主要观点，而不仅仅是一两个可有可无的段落的结论——这个思想其实只是“蛋糕上的糖霜”。青木显然就是一个这样的读者。如果他真的理解了汉密尔顿理论的整个基因－选择基础，他就不对他的利他主义的蚜虫犯下如此滑稽可笑的错误了——青木认为，它们是汉密尔顿理论的“一个严重的问题”。事实上，给定正确的条件，汉密尔顿的理论的预测是，克隆蚜虫之间的社会合作要比蚂蚁、蜜蜂和黄蜂更加紧密。亲缘系数 r，在青木的蚜虫之间等于 1.0，而不仅仅是膜翅目昆虫亲姐妹之间的 0.75。除此之外，虽然白蚁不是单倍二倍体，但是汉密尔顿另辟蹊径，他以近亲繁殖为基础，从不同的途径解释了它们的社会合作。不过，在这个问题上其实并不需要特别的天才。B 与 C 的很多组合方法，都能够得出一个 r 等于 0.5 的结果，从而提高社会合作程度，甚至可以实现“工人”没有生殖能力的结果。

16. 这里的“一夫多妻制”指一个雄性、多个雌性。与它的反面（“一妻多夫制”）相比，这种繁殖机制更加常见，不过深层原因则与本文无关，因此不在这里展开讨论。

17. 事实上，我更应该说，“在其他条件都相同的情况下，亲兄弟姐妹得到利他主义对待的机会是堂兄弟姐妹的 16 倍”。

第三辑　理性的先知

09 网络收益

1. “科学文学总代理”约翰·布罗克曼有一个很受人欢迎的习惯：每年都会在圣诞节期间，“挖掘”自己的通信录，“压榨”他的圈子里的科学家和学者，要求他们回答他提出的“年度 edge 问题”，并将得到的答复汇集成书出版。2011 年，布罗克曼提出的年度问题是“互联网如何改变了你的思维方式？”本文就是我为他的书撰写的文章。

2. 这种有意的插入行径有的时候甚至比一般的恶意更加无法接受，因为它完全出于虚荣和自私的目的。例如，在对自然选择条目进行“审校”阅读（见正文）时，我注意到该条目有限的参考文献中包含了一本我读过但与这个主题关联不大的书。我参与了编辑，删掉了这本书。然而，不到半个小时，它又“回来”了，我猜是该条目的作者重新把它插进去的。我再次删除了它，结果它又“回来”了。最终我放弃了。不过我要顺便补充说明一下，现在它已经不在这个条目的参考文献中了，尽管条目的正文更长、更细致。

3. 特别是现在，计算机已经使得虚拟出版非常便捷和便宜（没有编辑的掌控）。

10 外星智慧生命

1. 这是我为由约翰·布罗克曼主编的另一本书撰写的一篇文章，那是在2006年，书名是《智能思维：科学与智慧设计运动》。
2. 这种不诚实经常被普通人忽视。智慧设计理论家（“理论家”一词用在他们身上实在太浪费了）声称，无论设计师是上帝还是外星人，都是一个无关紧要的细节。但实际上差异非常大，这也是本文将要证明的一点。
3. 如果放到今天，我更喜欢这样的说法：“这就进入了我们定义的‘不可能’的范围”，尽管这两种说法是完全同义的。而且，还有一种更好的说法：“这就进入了我们定义的‘实际上不可能’的范围”。当我们要处理如此巨大的数字时，“可能”“不可能”和“实际上不可能”都必须从非现实的角度去理解。
4. 真核细胞就是构成我们身体的细胞——在这里，“我们”指的是除了细菌和古生菌之外的所有生命形式。真核细胞的特点是，拥有一个由膜包裹的细胞核，核内包含着DNA，还有各种“细胞器”，例如线粒体。我们现在知道，线粒体是由当初的共生菌演变来的，它们仍然在细胞内用自身的DNA进行自主复制。里德利认为，这种共生性结合是非常不可能出现的“幸运事件”。他这种说法可能是对的。无论如何，这种共生性结合至少出现过两次。第一次出现在绿细菌加入生命俱乐部并提供光合作用的方法的时候（所有植物至今仍然在用这种方法）；第二次出现在线粒体的祖先开始来到这个世界的时候。美国植物学家林恩·马古利斯（Lynn Margulis）认为，除了这两次之外，共生性结合还发生过好几次（不过，这位学者说对的次数几乎与说错的次数一样多）。
5. 目前这种人类水平的生命形式是没有足够的技术深入这么遥远的地方的。因此，这个障碍必定得由某种科学技术水平比人类高得多的生命形式来突破。
6. 可以参考上条注释的内容：这很可能是在达尔文和华莱士之前，即使是像亚里士多德和牛顿这样的伟大的思想家都不会想到自然选择的一个原因。
7. 我的朋友、著名哲学家丹尼尔·丹尼特非常有说服力地论证过，对于自然选择所做成的事情，我们应该立即弃用“错觉”一词，而直接用“设计”一词取而代之。我认为他的说法是言之有理的，但是，如果采用了这种表述方法，就会导致我自己的论证出现混淆。如果用他这个术语，那么我们就得说自然选择设计了各种实体，而且在自然选择所设计的实体中，有一些实体（例如大脑）本身也是拥有设计能力的。我不想在这种绕口令式的语义辨析中绕圈子。

8. 事实上，用这个事实来解释这种误解可能过于“宽大”了。它可能源于想象力的贫乏——由于没有想象力，只能把机会视为有意思的设计的默认选项。
9. 有一次，曾经有人问我（那是在观看一部宣扬创造主义的纪录片的过程中），我是否设想过地球上的生命是智慧设计的产物的可能性、设计者是谁。我回答说，唯一的可能是（虽然我并不相信），由外星智慧生命来设计，而且作为设计者的外星智慧生命本身也必定是渐进进化的产物。但最后报道出来的是这样一句话：“理查德·道金斯相信小绿人是存在的。”

11 只在路灯下寻找

1. 本文最初于 2011 年 12 月 26 日发表于理查德·道金斯理性与科学基金会网站。
2. 在亚瑟·克拉克讲的一个故事中，外星人在月球上留下了一个讲述一切的“墓碑”（方尖碑）信号，但是只有发展到了相当高度的（有资格的）文明才能发现它。

12 科学将会杀死灵魂？

1. 众所周知，靠水晶球预测未来是一种非常容易出错的嗜好。但是有的预测还是值得的。本文原是我为迈克·华莱士（Mike Wallace）主编的《50 年后的今天，我们将要走的路》一书撰写的一篇文章。
2. 转引自马丁·里斯（Martin Rees）的著作《太初之前》，第 103 页。我在本文集的第一篇文章中也引用了这句话。当然，这种重复是值得的。

13 评“亚拉巴马州插页”

1. 唯一的例外可能是一位备受尊敬的科学家保罗·戴维斯，他认为，生命可能起源了不止一次（尽管这种可能性不是太高），他还认为，以往的幸存者也许就生活在我们当中——可以通过不同的 DNA 辨识出来。这种例外并非完全不可想象，而且对我的观点不会产生什么影响。“纯化论者”只需将它修正为“所有已知的动物、植物……”
2. 说得更直白一些吧。如果太阳的运行轨迹真的像在法蒂玛的那七万人所声称的那样发生了变化，那么我们的地球早就毁灭了（如果不是整个太阳系的话）。“目睹”本身并不能保证观察到的就是事实。对于这一点，法庭的陪审团应该有更深的理解。
3. 有一种名为涡虫的扁虫，它是一种大型的、美丽的动物，曾经广泛存在于地球上，但是完全没有留下任何化石。创造主义者可能会认为，这种涡虫在地球上生存的时间与所有其他动物都相同，它们的生活时间长短相同——都是在公元前 4004 年的某一天或两天时间里创造出来的。因此，既然一大批动物都没能留下化石，那么脊椎动物在化石记录中有若干“空位”也就不足为奇了。

4. 这正是杰出的（在任何意义上都不能说是愚蠢的）理论生物学家斯图尔特·考夫曼（Stuart Kauffman）的重大误解所在。他的想法是，“那些构成类群的物种似乎是自上而下地构建出更高层级的类群的。这也就是说，首先出现的是‘门’的范本，然后，逐步将‘纲’‘目’，以及其他更低层级的类群填满”。这种影响深远的误解，很大程度上是由斯蒂芬·杰伊·古尔德钟爱的过分“诗意的科学”孕育的，尤其是他的《奇妙的生命》，遗毒甚广。对此，我在本文集第二辑的《普适达尔文主义》一文的“写在下面”中提出过警告。
5. 这个事实看上去似乎令人惊讶，但确实是事实。而且，更令人惊讶的是，在它们成为独立物种之前，今天的任何两个“门”的祖先都曾经是同一个“母亲”的后代。以人和蜗牛为例。如果你跟踪我们的祖先足够远，跟踪蜗牛的祖先足够远，你最终会碰到一个单一的雌（女）性，那是它（他）们的共同祖先。这个母亲的一个孩子的命运是导致我们的出现（以及所有的脊椎动物，加上海星和一些蠕虫等）。这个母亲的另一个孩子的命运是导致蜗牛的出现（以及昆虫，大多数蠕虫、龙虾、章鱼等）。
6. 即使是亚拉巴马州立法部门的那些成员也应该能够理解，在任何情况下，这类解释都只能是统计上的而不是绝对意义上的。这种“拼命跑上山坡”理论或许可以解释为什么更高级的动物的化石在统计意义上更多地出现在了更高的地层中。但是，这种趋势充其量只是一个统计趋势。规律是没有例外的。例如，化石记录中没有出现过哺乳动物化石出现在过低的地层中的情况。

14 海啸的神学

1. 有好几年里，我一直为《自由探索》杂志的一个专栏定期写稿，这成了一个习惯，我从来没有为此觉得遗憾。《自由探索》是探索中心（Center for Inquiry）出版的两大优秀期刊之一。（在这里，我很高兴地告诉读者，探索中心与我的基金会合并了。）本文就是其中一篇专栏文章，发表于 2005 年，就在节礼日那个恐怖的大海啸发生之后不久。那个大海啸给印度洋沿岸地区造成了巨大的破坏。
2. 这种“公平感”是如何进化而来的？本文集的第一篇文章《科学的价值观与价值观的科学》有更深入的探讨。

第四辑 推动现实世界的进步

15 阴魂不散的柏拉图

1. 2011 年，我接受《新政治家》杂志的邀请，担任 2011 年圣诞合刊的特约编辑。现在这篇文章的大部分内容源于我发表在这本合刊上的一篇文章，原标题是《不连续思维的暴政》，另外还有些内容来自我为约翰·布罗克曼主编的《哪些科学观点必须去死》一书所撰写的关于“本质主义”的部分。

2. 用出自巨蟒剧团（Monty Python）的迈克尔·帕林（Michael Palin）之口的一句“不朽”名言来说吧：“只要父亲一来你就是天主教徒了。”
3. 那样的话，随意走动一下都将变得非常困难，因为我们每走一步，都会碰到拦路的化石。
4. 这里会出现一种例外情况，尤其是在植物界，那就是一个根据不能交配这个标准来定义的新物种在一代之内就出现了。
5. 这是 2000 年的数字，这个数字每年都可能会发生变动。
6. 但是，要想废除总统选举人团制度，只有一个途径，那就是通过新的宪法修正案，但这非常困难。宪法修正案需要获得国会两院 2/3 的多数票，而且必须得到 3/4 的州立法机构的批准。最糟糕的情况是，遵循缅因州和内布拉斯加州的先例，逐个进行零敲碎打式的改革，并按大选得票比例分配选举人票。一个理想的、不现实的替代办法是，将选举人团转变成一个真正意义上的选举团体，这正是最初的构想。这与选举新教皇的制度有些相似，但这些选举人是选出来的，而不是任命的。由选民选出一些受尊敬的公民组成选举人团，由选举人团接见并评估所有（可能会有很多）总统候选人——看他们的选民联署表、读他们写的论著、与他们面谈、考虑他们的健康状态、审查他们对国家的忠诚，最后进行投票并向世界公布选举结果：这就是我们的总统。这其实与美国的选举人团刚刚成立时的情况相近。但是，当第一代德高望重的选举人离世后，后来组成选举人团的代表只是一般的公民，于是腐败就出现了，他们开始承诺给某个特定的总统候选人投票。不幸的是，我建议的这种制度也同样可能因为容易受到腐败的影响而无法有效运行。

16 排除一切合理怀疑？

1. 我没有受过法学专业训练，任何受过这方面的专业训练的人都可以清楚地看出这一点。但是我有三次参加陪审团的经历。在担任陪审员时，我被告知，有罪的证据必须“排除一切合理怀疑”。所谓“合理怀疑”，其意思是还存在某种东西，科学家根据这种东西还可以“说出一些东西”来。这篇文章原先发表于 2012 年 1 月 23 日出版的《新政治家》杂志。
2. 安德鲁·马维尔（Andew Marvell）说这番话时的背景虽然有所不同的，但是也适用于这里。

17 动物真的能感受到痛苦吗

1. 本文最初于 2011 年发表于 boingboing.net 网站。

18 我喜欢烟花，但是……

1. 英国之外的读者需要了解一下作为这个节日的背景的“火药阴谋”。1605 年 11 月 5 日的“火药阴谋”指的是这样一个历史事件：天主教徒密谋炸毁议会大厦，炸死信奉新教的国王詹姆斯一世。它的主要策划者是狂热的天主教徒盖伊·福克斯（Guy Fawkes）。但在事发前夕，守着那些火药桶的盖伊·福克斯被捕。此后，每年的 11 月 5 日，英国各地都会燃起大型篝火，人们将“盖伊”放到篝火上焚烧（“盖伊”当然只是一个假人，用旧衣服填充而成，还戴着一个帽子），并燃放烟花。在“篝火之夜”之前的几个星期，孩子们会扛着自己制作的“盖伊”参加游行，募集购买烟花所需的钱：“先生，给一便士吧，我们造个盖伊来烧。”（当然，今天一便士买不到什么烟花。）大多数英国儿童在开始有记忆时就会背诵这样的童谣：“记住！记住！ 11 月 5 日，火药、叛国和阴谋。”我已经不记得其他歌词了，因此特意查了一下。接下来的歌词是这样的：“绳子，绳子，绞死主教，用一便士的芝士呛死他，用一品脱啤酒浇下来，用一把篝火烧死他。”这首歌谣中渗透着新教徒的憎恨之情，这种恨意在北爱尔兰的奥兰治党（Orangemen）的标语中也有体现。但是，在今天，我们不得不用更加委婉的保皇派和民族主义派来取代新教徒和天主教徒这种称呼。这篇文章曾经发表于 2014 年 11 月 4 日的《每日邮报》，那是在篝火之夜的前夕。
2. 有人告诉我，在美国，每年 7 月 4 日的节日也向前、向后扩展了很多天。
3. 这是因为警察分不清是燃放烟花的声音还是引爆炸弹的声音。
4. 我在本文集的上一篇文章中已经讨论过这一点了。

19 谁会抱团反对理性

1. 第一届理性集会于 2012 年 3 月 24 日在华盛顿哥伦比亚特区的国家广场举行，我在《华盛顿邮报》上发表了这篇文章的第一版，鼓励人们积极参与。理性集会取得了巨大的成功，大约有 3 万人冒着倾盆大雨参加，欣赏了科学家、艺术家、音乐家的演讲和演出。4 年之后，第二次理性大会同样取得了巨大的成功。遗憾的是，我由于身体原因错过了这次集会。但是我在理查德·道金斯理性与科学基金会网站（2016 年 5 月 31 日）上刊载了这篇文章的修订版，为这次集会造势。收入本文集的是修订版。
2. 请参见我为本文集撰写的前言。
3. 在 2016 年的英国全民公投中，几个主张英国脱离欧盟的著名政客都发表了一些出格的言论，例如“我认为这个国家的所谓专家已经太多了”“只有一位专家是真正重要的，那就是选民”。《每日电讯报》的迈克尔·迪肯（Michael Deacon）引述了这些例子（《每日电讯报》，2016 年 6 月 10 日），他还带着讽刺的语气说道：“谢谢你，数学界已做得非常好了，得出了 2 + 2 = 4。如果你敢说 2 + 2 = 5，你立即就会被大声指斥。数学圈的集体思考水平确实令人不安。坦白地说，英国的一般学生都不在乎这种数学正确性。”

4. 在美国，初中老师（10 年级至 14 年级的老师）在面对这种不愉快的经历时特别无奈。与高中阶段的科学老师不同，初中阶段的科学老师一般不具备科学学位，而且可能对支持进化论的压倒性证据了解得也不太充分。因此他们在辩论时往往有心无力，在讲授进化论时不得不缩手缩脚，甚至干脆不讲授。有鉴于此，我的慈善基金会创办了进化科学教师进修院（Teacher Institute for Evolutionary Science），并将它作为一个旗舰项目。进化科学教师进修院将赋予初中科学老师能力，让他们有充分的信心讲好进化论。进化科学教师进修院的院长由贝莎·瓦兹奎茨（Bertha Vazquez）担任，她本人也是一名初中老师，拥有极高的科学素养。她知道自己的同仁面对着哪些困难，同时对进化科学也有深刻的理解。就在我写下这段文字的时候（2016 年 12 月），贝莎和她在进化科学教师进修院的同事们已经成功地举办了27期培训班，前来进修的初中老师来自阿肯色州、北卡罗来纳州、佐治亚州、得克萨斯州、佛罗里达州、俄克拉荷马州等地，而且人数还在不断上升。接受过培训的初中老师无不信心大增，他们不仅获得了可信的知识，而且得到了许多非常有价值的教学材料，例如贝莎和她的同事们精心准备的讲义和课件。
5. 写下这句话的时候，我并不知道它竟然会在日后应验，真是一语成谶！

20 对字幕的赞美

1. 写完这篇文章，我有一吐心中积郁的感觉，这个问题萦绕在我心中已经很久了。最后我把这篇文章投给了《展望》（*Prospect*）杂志发表，编辑们在发表前删减了一些内容，编辑们总喜欢做这事。现在收录在这里的是未删减版。
2. 我与一位博学多才的研究古典学的专家共进午餐。他告诉我，虽然他阅读拉丁文和古希腊文的速度和正确度与英文不相上下，却无法用这两种古代语言正常地对话。这对我有很大的启发。他无法理解拉丁文口语，因为说出来的拉丁文应是连续的音素流，而书面语则是用空格分隔开来的。他还说，对于法语，他也有同样的问题。他也像我一样，把这个问题归因于英国学校的外语教学方式，也就是像教授古代语言一样教授现代外国语言。
3. 在这里，我模仿了拉迪亚德·吉卜林（Rudyard Kipling）的笔法，这是对他的致敬。但是《展望》杂志的编辑在这里进行了删减。正如我在论“普适达尔文主义”的那篇文章中指出的，获得性状是可遗传的这种错误观念是拉马克主义的核心。有的时候，我也曾动过戏仿吉卜林的自然动物故事集《原来如此的故事》，写一本达尔文主义的“原来如此的故事”集的念头，但是我怀疑自己能否胜任这项工作（或者，除了吉卜林之外的任何人都无法胜任）。请读者切勿因有些生物学家以“原来如此的故事”对达尔文主义者对自然现象的追溯性合理化解释加以贬斥而觉得困惑。这些生物学家所强调的是吉卜林式的解释的另一个方面，它们都是事后回顾性的。我在这里强调的则是，它们都是拉马克主义的。这是另一个独立的方面。

4. 正如史蒂芬·平克在《语言本能》一书中告诉我们的，没有能力自己系鞋带的小孩子却是语言天才。
5. 德国的电影工作者的配音非常出色，对此，我有亲身体验：我曾经通过观看我非常熟悉的英语电影的德国配音版来提高我的德语水平，比如《万能管家》（*Jeeves und Wooster*）、《布莱恩的一生》（*Das Leben des Brian*）等。
6. 事实上，就在写下这段话之后，我偶然在社交场合遇到了一个资深的BBC高层，他也说了一番几乎完全相同的话。然后我不知羞耻地附和了他。几个月之后，我又遇见了他，他告诉我他认真考虑了，并准备采取实际行动。看起来，他似乎认为快速加上字幕需要克服不少技术方面的难题。但是我并不这样认为，正如我在上面指出的，绝大部分电视节目都是滚动播出的，因此有足够的时间加入字幕，完全由人工翻译都没问题。

21 如果让我来统治世界……

1. 这篇文章是一篇“命题作文”。《展望》杂志的编辑们以“如果让我来统治世界……”为题，向撰稿人征文。我这篇文章发表于2011年3月。
2. 我自己也有类似的遭遇。当时我试图将一小罐蜂蜜带上飞机，但是被拦下了。当我在Twitter上就此事发声时，许多人却认为这只是一种自私自利的抱怨，说我只是舍不得那一小罐珍贵的蜂蜜。他们完全没有想到我为那位试图将药膏带上飞机的女子考虑这个事实本身就说明我也是一个利他主义者。重要的是，在这两个情况下，我其实都是从一个更宏观的、利他主义的角度来考虑问题的。这也正是这篇文章所关注的核心。顺便说一句，我是不吃蜂蜜的。
3. 我倡导大家使用“dundridge”（蠢笨死板的官僚）这个词，我希望它最终能够被《牛津英语词典》收录。我是从汤姆·夏普（Tom Sharpe）的小说《景观中的布洛特》（*Blott on the Landscape*）借用了这个词。这本小说由马尔科姆·布拉德伯里（Malcolm Bradbury）改编成了一部非常出色的电视剧，在BBC播出，主演包括杰拉丁尼·詹姆斯（Geraldine James）、大卫·苏切特（David Suchet）和乔治·科尔（George Cole）。这部电视剧的其中一个人物名叫“J. Dundridge”，这是一个典型的毫无幽默感、只知道死板地照规矩行事的官僚。为了让“dundridge”这个词够资格被《牛津英语词典》收录，它的使用次数必须足够多，而且必须不加定义、不加归因地直接使用。我这个脚注已经违背了这个要求，但是发表在《展望》杂志中的这篇文章则没有，因此我有理由认为这可以算一次。事实上，英语中已经有一个意思相近的词了，那就是“jobsworth”，但是我更喜欢“dundridge”，至少它读起来更响亮一些。
4. 我认识一对夫妇，他们有一个年仅8岁的男孩。有一次，这对夫妇要去参加一场10千米长跑比赛，这个男孩也想一起前往，于是不停地央求父母带他去。但他们拒绝了，因为比赛规则规定，8岁的孩子过于年幼，不得参加。这对夫妇也认同这个规则。不过，由于孩子实在太过失望，父母担心他伤心过度，因此决定让他与他们一起从起跑线出发。父母以为，孩子肯定无法坚持到底，跑一段路就会退出，到时候，他们两人中也会有一个人陪孩子一同退出。但是比赛开始后，男孩不但坚持下来了，而且从头到尾都紧紧跟着他的父亲，把他母亲也击败了（母亲并未保留实力）。然而糟糕的是，当这个男孩跑到终点后，赛事主办者却不让他冲过终点！赛事官员说，他年龄太小了，不符合参赛标准。他们迫使这个可怜的小男孩走到了跑道旁边。也许，这些官员应该在起跑线上就把这个小男孩拉开的。但在这个小男孩来到终点之后才这样做，就实在太过分了。那本来是这个男孩欢庆胜利的时刻。这算亡羊补牢吗？实在无语！

5. 我的叔叔科利尔·道金斯怒砸牛津火车站停车场栏杆的故事，也是这些死板的官员盲目地遵守规则手册不知变通的一个例子。只要想一想，他们肯定就知道那种规则是荒谬的。请参见本文集收录的我为另一个叔叔比尔写的悼词的“写在后面”。

第五辑　大自然“神圣不可侵犯”的真相

22　论时间

1. 阿什莫尔博物馆是牛津数一数二的艺术和古物博物馆。2001 年，阿什莫尔博物馆举办了一个名为“关于时间”的展览，主要展出钟表和各种计时装置。我很荣幸应邀为这个展览揭幕。这篇文章就是我在该展览开幕式上的演讲稿，后来发表于 2001 年的《牛津杂志》（*Oxford Magazine*）。
2. “Zeitgeber”是一个德语单词。在科学文献中，这个德语单词用来指称同步因素或同步器，这个事实说明，该领域的许多经典研究都是在德国完成的。
3. 蜜蜂这种编码方法是怎样进化出来的？这是一个令人着迷的问题。冯·弗里希和他的同事对这种舞蹈与其他种类蜜蜂的多种更原始的舞蹈形式进行了比较。有的种类的蜜蜂会在蜂巢之外发出信号，方法是在水平面上重复进行“起飞滑跑”，以此来直接指明它们发现食物的方向。我们可以认为这是一种“紧跟我，朝着这个方向前进”的信号，蜜蜂会反复多次来吸引更多的追随者。但如何将这种方式转化为垂直蜂房中使用的代码，用“向上”（与重力方向相反）来代表水平面上的“太阳方向”？昆虫神经系统中的一件怪事提供了线索，像甲虫与蚂蚁这样相隔甚远的昆虫都同样存在这种现象。首先需要说明背景信息（而不是那件怪事）：许多昆虫都将太阳当成指南针，它们飞行的轨迹是直线，与太阳保持着固定的角度。这一点在实验中很容易证明，只需用电灯来模拟太阳即可。接下来我来说明那件怪事。实验者观察到，甲虫或蚂蚁在水平的面板上爬行时，与人造光源保持着一个固定的角度。实验人员关闭光源，同时将水平面板竖起来，变成垂直的，这时昆虫仍会继续爬行，但是切换了方向，行走路线与垂直线之间的角度跟先前与光源之间的角度相同。我之所以称这是一件怪事，是因为这种情况在自然界中不太可能出现。看上去，昆虫的神经系统中好像存在着某种十字接线，在蜜蜂之舞的进化过程中，利用这种装置无疑是很方便的。

4. 如果真的有人找到了这样的生物过程，我会觉得非常惊讶。
5. 我在演讲时，用了一个假想中的天文钟来解释这一点。但是在印刷版本中，我把这个例子删去了。因为当代天文学家都不重视这个假说，而且也没有直接的证据支持它。简单地说，这个假说是，太阳有一颗“伴星”，它们相互围绕对方运动，这颗伴星名为“涅墨西斯星”（Nemesis），其运行周期大约为 2 600 万年。据信，当“涅墨西斯星”靠近时，它的引力会对由无数小行星组成的奥尔特星云（Oort cloud）造成扰动，大幅增加小行星撞击地球的可能性。
6. 你根本不需要做到杀死祖母的程度，就可能改变历史的过程，导致自己永远不能出生。打一个喷嚏就可能导致数十亿个精子中的任何一个都不会使卵子受精。

23 巨龟的故事：岛内之岛

1.《祖先的故事》一书，是在我有幸应维多利亚·格蒂（Victoria Getty）之邀，前往加拉帕戈斯群岛开启一趟怀旧之旅，游览加拉帕戈斯群岛的多个岛屿之前不久出版的。现在这本书已经出了第二版，而且改为我与黄可仁合著了。《祖先的故事》一书的主旨是对祖先的过去的“朝圣”。当然，它也可以说是对乔叟的一次致敬。所有的“故事”都由特定的动物来讲述，每个故事都传递了一定的生物学知识。讲述这类故事的冲动到我游览加拉帕戈斯群岛时仍未消退，于是我又写下了三个故事，并发表在了《卫报》上。现在这篇文章发表于 2005 年 2 月 19 日。
2. 令人困惑的是，岛屿侏儒化也同样常见。地中海的一些岛屿上生活着侏儒型大象；印度尼西亚的弗洛勒斯岛（Flores）上曾经生活过一种侏儒人类——弗洛勒斯人（Homo floresiensis）。
3. 印度洋的阿尔达不拉群岛（Aldabra）上也有巨龟。毛里求斯岛（Mauritius）及其邻近岛屿也曾有巨龟生活过，但是到了 19 世纪，航海者导致它们和渡渡鸟及其近亲鸟类一起灭绝了。印度洋岛屿上的陆龟身上，也出现了与加拉帕戈斯群岛的陆龟同样的岛屿巨型化现象。但它们的进化之路是相互独立的，印度洋岛屿上的陆龟的祖先是从马达加斯加岛漂过来的体形更小一些的陆龟。
4. 但在物种分化和共享同一岛屿之后，没有出现第二阶段的进化。

24 海龟的故事：去而复来

1. 这篇文章是我写的第二篇“增补故事”，同样写于我在加拉帕戈斯群岛游览时乘坐的小船上。本文于 2005 年 2 月 26 日在《卫报》发表。
2. 在我最近一次游览加拉帕戈斯群岛时，一位资深的厄瓜多尔导游给我们讲了一个有趣的故事。船上的一位贵宾对整个旅程赞不绝口，风光、景致、食物以及乘坐的船只都令他非常满意。而他感到唯一的不足之处是：加拉帕戈斯群岛的企鹅个头太小了。

25 永别了，梦想家

1. 我在这里小小地玩了一下文字游戏，用了“last chance to see”（最后一眼），因为这篇文章原本是为道格拉斯·亚当斯和马克·卡沃丁的著作《消逝世界漫游指南》2009 年版撰写的序言。
2. 这个纪录片是为英国第 4 频道摄制的，并于 1996 年正式播出。上面这段话的背景如下。在访谈中，道格拉斯说，在 19 世纪，我们可以从小说中读到一些“对生活的严肃反思”，但是到了今天，“科学家能够告诉我们的东西，比你从小说中得到的更多”。然后我问他：“那么，科学令人热血澎湃的地方是什么呢？”于是他说出了这段话。

第六辑 偏要嘲笑那些活着的恶龙

26 大巴士之谜

1. 2009 年，作家兼喜剧演员阿里亚娜·谢里娜（Ariane Sherine）发起了一场运动，通过公共汽车宣传无神论。理查德·道金斯理性与科学基金会和英国人道主义协会一起资助了这个运动，同时也参与了这个运动的策划。阿里亚娜·谢里娜为这个运动构思了一个口号，并把它印在了很多公共汽车上。这个口号是：“上帝很可能并不存在，请你不要再担忧，尽情享受人生吧！”我认为这个口号非常棒。有人对“可能”这个词提出了一些批评，但是我觉得它非常合适：它很能激起人们的兴趣，从而引发必要的讨论，同时又不会显得过分自信。在同一年年底，阿里亚娜·谢里娜编了一本应景的圣诞节文集，名为《无神论者圣诞指南》（*The Atheist's Guide to Christmas*）。现在这篇文章就是我为她这本书写的。这篇文章是对我最喜欢的一个剧作家的戏仿之作，算是我为阿里亚娜倡导的“无神论巴士”运动所做的一份贡献。出于版权方面的原因，我接受专家的建议，改掉了文中一些角色的名字。
2. “这些嗡嗡声是什么东西发出来的，总是响个不停？”（What is that roareth thus？）源于阿尔弗雷德·丹尼斯·戈德利（Alfred Denis Godley）著名的幽默小诗。诗中充满了押拉丁文韵的笑话，有意迎合英国乔治六世时期那些在学校里要学习拉丁文的上等阶层。“弯曲巴士”（bendy bus）是 21 世纪初引入伦敦的一种铰接式公共汽车，后来被伦敦市长鲍里斯·约翰逊废止，这个决定引起了一番争议。
3. 这里的“门道”引申自“外曲线球”（googly）。“外曲线球”是板球运动中的一个术语，是曲球的一种。投球手通过巧妙的手部运动投出旋转球，引诱击球手对球的旋转方向做出错误的判断。狡猾的旋转球投球手会把外曲线球夹杂在其他常见的旋转球中投出。
4. “偷苹果”对应的词是“scrumping”，这是一个相当生僻的专用动词，我怀疑美国英语中并没有这个词。“scrumping”的意思是以突袭果园的方式偷窃苹果。

27 贾维斯与生命谱系之树

1. 写完前一篇戏仿之作后，我意犹未尽，于是在随后的圣诞节期间又写了这一篇。这篇文章以前从未公开发表过。

28 恐龙幻想乐园的圣人长老政治家

1. 罗伯特·马什从牛津大学研究生毕业后，就成为我的好朋友，那时我们都是大师门徒（Maestro's Mob）俱乐部的会员，也都是廷伯根研究小组的成员。多年后，他写了一本书，名为《如何饲养恐龙》。2003 年，在我的推动下，这本书出了第二版，我也应邀为它撰写了这篇序言。

29 反索尔主义：希望它成为持久的时尚

1.《华盛顿邮报》有定期专栏，名为“论信仰”（On Faith），由萨利·奎因（Sally Quinn）主持，我经常为该专栏撰稿。收录在这里的是我在 2007 年 1 月 1 日发表于《华盛顿邮报》的一篇文章，那篇文章是用来回应当时关于无神论的一个争论的。

30 道金斯定律

1. 这是我对约翰·布罗克曼提出的 2004 年年度问题“你的定律是什么”的回答。布罗克曼每年都会向他的在线沙龙“Edge”网站的成员提一个年度问题。

第七辑 没有人是一座孤岛

31 怀念一位大师

1. 尼古拉斯·廷伯根，诺贝尔生理学或医学奖得主。他与康拉德·洛伦兹和卡尔·冯·弗里希一起获得了 1973 年的诺贝尔生理学或医学奖。廷伯根于 1949 年离开祖国荷兰来到牛津大学。根据汉斯·克鲁克（Hans Kruuk）极富洞察力且忠实的传记，廷伯根之所以接受牛津大学的邀请，部分是因为他认为牛津大学是一个很好的中转站，能够将荷兰和德国学者发展起来的生态学思想传播到英语世界。

但是，这个工作变动对他个人来说意味着重大的牺牲。他主动接受了大幅减薪，并从堂堂莱顿大学全职正教授降职为“示教讲师”（demonstrator），那是牛津大学学术阶梯上的最低一级。他的孩子们也不得不匆匆忙忙地去上英语速成班，以适应学费昂贵的新学校。关键是，他从来没有完全适应牛津大学的学院制。而英国的理论生物学因他的到来而受益匪浅。我是 1962 年加入廷伯根的研究小组的，这可能有点儿晚了，因为当时他的科研全盛期行将结束。但是，我从他一手创建并一直春风化雨般影响着的庞大研究团队的其他成员那里学到了很多，特别是迈克·卡伦（Mike Cullen），在我的自传《道金斯传》中收录了我为他写的悼词。尼古拉斯逝世一年后，我和玛丽安·斯坦普·道金斯、蒂姆·哈利迪（Tim Halliday）在牛津大学组织召开了一场纪念大会。这篇文章是我在这次大会上的开幕致辞，也是随后我们编辑出版的文集《廷伯根的遗产》（*The Tinbergen Legacy*）的前言。

32 悼念我亲爱的父亲：约翰·道金斯

1. 我在本文集中收录了两篇纪念家人的文章，希望读者不会认为我过于自我沉溺。虽然这两篇文章纪念的人并不直接从事科学研究，但他们的灵魂都与科学有关，而且都与我有非常密切的关系。我的父亲和他的两个弟弟分别以不同的方式对我产生了很大影响。这篇是我为父亲写的讣告，最初发表于 2010 年 12 月 11 日的《独立报》。
2. 我的母亲对这段旅程以及随后在肯尼亚和乌干达的军旅生活的回忆录，对我来说非常有意义。在我的第一本回忆录《道金斯传》中，我引用了我母亲的回忆录中的好几段内容。
3. 在英国英语中，这被称为“Heath Robinson”，大体相当于美国英语中的“Rube Goldberg”。
4. 当然，今天有了计算机，要做到这一点已经非常容易了。
5. 就在我写下这条脚注的前几天，我们刚刚为琼庆祝了百岁诞辰。

33 悼念我的叔叔：“比尔”·道金斯

1. 我父亲的第二个弟弟比尔是在我父亲去世前一年离开人世的。我是 2009 年 11 月 11 日在德文郡斯托克兰（Stockland）的圣迈克尔众天使教堂（St Michael and All Angels Church）举行的我叔叔（和教父）的葬礼上致这个悼词的。因为这是一个家庭葬礼，所以我直接用了他的名字，而无须再加解释。
2. 我的母亲与他的小叔子兼妹夫比尔的关系很好（因为他们是两兄弟与两姐妹结的婚），不久之前，她告诉我，比尔从来没有谈论过他在第二次世界大战期间的经历。考虑到他前往的地方和经受的煎熬，这一点并不奇怪。
3. 见《如果让我来统治世界……》。

34 向希钦斯致敬

1. 2011年12月，克里斯托弗·希钦斯因癌症不幸离世。在那之前两个月，受《新政治家》杂志之托，我前往得克萨斯州休斯敦（Houston），与他进行了长谈。那应该是他最后一次接受长篇访谈。当时，我应邀担任《新政治家》杂志圣诞专刊的特约编辑，对希钦斯的访谈成了那期专刊的主打文章之一（另一篇主打文章是我撰写的《不连续思维的暴政》一文）。采访次日，希钦斯还参加了于休斯敦举办的自由思想大会。从2003年开始，美国无神论者联盟设立了理查德·道金斯奖，每年颁发一次，用于奖励那些提高公众的无神论自觉意识的杰出人士。我自己不参与评奖工作，但是我通常都会应邀在美国无神论者联盟大会或其他会议上颁发这个奖项，或亲临现场，或通过视频颁奖。看着历年获奖名单上一个个光彩夺目的名字（到2017年已经有14位获奖者了），我深感荣幸。2011年，美国无神论者联盟把理查德·道金斯奖颁发给了克里斯托弗·希钦斯，并计划在得克萨斯自由思想大会上举行颁奖仪式。但是他太虚弱了，会议的大部分议程都无法参加。当大会举办的宴会接近尾声时，希钦斯终于硬撑着来到了现场，在场宾客全体起立，发出了雷鸣般的掌声，久久无法平息。随后，我发表了颁奖演说（就是现在这篇文章）。希钦斯走上台，我们相互拥抱。他发表了获奖演说。他声音不高，而且不时发出一阵阵咳嗽声，但是那个演说仍然不失为希钦斯这位无畏勇士的一篇杰作，是我听到过的最精彩的演说之一。最后，他甚至还打起精神，回答了很多问题。能够与他相识相知我深感荣幸，唯愿相知更深！

未来，属于终身学习者

我这辈子遇到的聪明人（来自各行各业的聪明人）没有不每天阅读的——没有，一个都没有。巴菲特读书之多，我读书之多，可能会让你感到吃惊。孩子们都笑话我。他们觉得我是一本长了两条腿的书。

——查理·芒格

互联网改变了信息连接的方式；指数型技术在迅速颠覆着现有的商业世界；人工智能已经开始抢占人类的工作岗位……

未来，到底需要什么样的人才？

改变命运唯一的策略是你要变成终身学习者。未来世界将不再需要单一的技能型人才，而是需要具备完善的知识结构、极强逻辑思考力和高感知力的复合型人才。优秀的人往往通过阅读建立足够强大的抽象思维能力，获得异于众人的思考和整合能力。未来，将属于终身学习者！而阅读必定和终身学习形影不离。

很多人读书，追求的是干货，寻求的是立刻行之有效的解决方案。其实这是一种留在舒适区的阅读方法。在这个充满不确定性的年代，答案不会简单地出现在书里，因为生活根本就没有标准确切的答案，你也不能期望过去的经验能解决未来的问题。

湛庐阅读App：与最聪明的人共同进化

有人常常把成本支出的焦点放在书价上，把读完一本书当作阅读的终结。其实不然。

时间是读者付出的最大阅读成本

怎么读是读者面临的最大阅读障碍

“读书破万卷”不仅仅在“万”，更重要的是在“破”！

现在，我们构建了全新的“湛庐阅读”App。它将成为你“破万卷”的新居所。在这里：

- 不用考虑读什么，你可以便捷找到纸书、有声书和各种声音产品；
- 你可以学会怎么读，你将发现集泛读、通读、精读于一体的阅读解决方案；
- 你会与作者、译者、专家、推荐人和阅读教练相遇，他们是优质思想的发源地；
- 你会与优秀的读者和终身学习者为伍，他们对阅读和学习有着持久的热情和源源不绝的内驱力。

从单一到复合，从知道到精通，从理解到创造，湛庐希望建立一个“与最聪明的人共同进化”的社区，成为人类先进思想交汇的聚集地，与你共同迎接未来。

与此同时，我们希望能够重新定义你的学习场景，让你随时随地收获有内容、有价值的思想，通过阅读实现终身学习。这是我们的使命和价值。

湛庐阅读App玩转指南

湛庐阅读App结构图：

三步玩转湛庐阅读App：

读一读 ▼

湛庐纸书一站买，
全年好书打包订

听一听 ▼

泛读、通读、精读，
选取适合你的阅读方式

扫一扫 ▼

买书、听书、讲书、
拆书服务，一键获取

App获取方式：
安卓用户前往各大应用市场、苹果用户前往App Store
直接下载“湛庐阅读”App，与最聪明的人共同进化！

使用App扫一扫功能，遇见书里书外更大的世界！

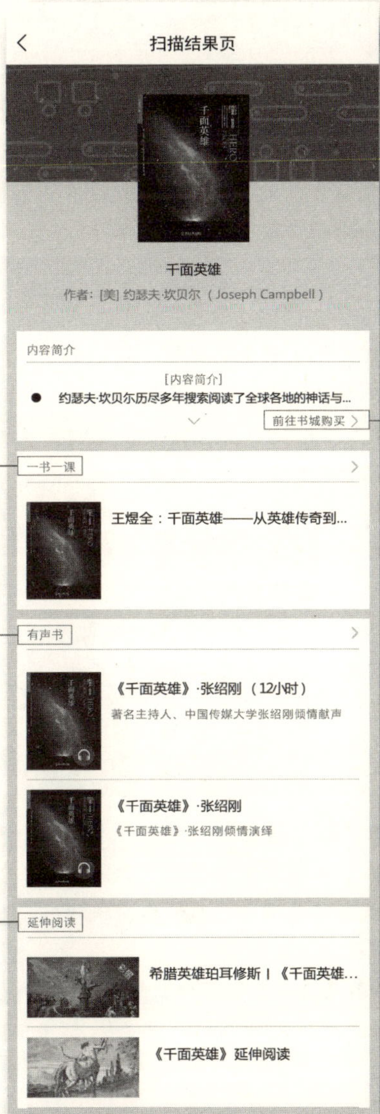

快速了解本书内容，
湛庐千册图书一键购买！

大咖优质课、
献声朗读全本一键了解，
为你读书、讲书、拆书！

你想知道的彩蛋
和本书更多知识、资讯，
尽在延伸阅读！

湛庐CHEERS

延伸阅读

《道金斯传》(上下册)

使用"湛庐阅读"App,
"扫一扫"获取本书更多精彩内容。

ISBN 978-7-5502-7515-7

◎ 理查德·道金斯自传,150余幅全彩珍贵照片,全景展示个人生活,披露道金斯与亲人、爱人、挚友的温情故事。

◎ 北京大学国际发展研究院经济学教授汪丁丁,北京大学心理学系教授周晓林,知名语言学家和认知心理学家、畅销书《语言本能》《心智探奇》作者史蒂芬·平克及其妻子哲学家丽贝卡·戈尔茨坦、美国投资家、沃伦·巴菲特黄金搭档查理·芒格联袂推荐!

《基因之河》

使用"湛庐阅读"App,
"扫一扫"获取本书更多精彩内容。

ISBN 978-7-213-09485-9

◎ 关于基因,没有人能比理查德·道金斯写得更好!生命的"复制炸弹"——基因从何而来?它又将走向何方?阅读本书,我们将通过一位热情、睿智、理性的科学家的视角直面基因的亘古谜题,获得对于生命的全新看法!

◎ "科学大师书系"经典再现。中国科学院神经科学研究所高级研究员仇子龙,中国科学院院士、复旦大学教授金力,科技创新研究者、清华大学教授陈劲,世界著名哲学家、《直觉泵和其他思考工具》作者丹尼尔·丹尼特重磅推荐!

《人类的起源》

使用"湛庐阅读"App,
"扫一扫"获取本书更多精彩内容。

ISBN 978-7-213-09300-5

◎ "利基"这个姓氏就是人类起源研究的同义词。本书作者理查德·利基作为"古人类学第一家族"的第二代成员,做出了不亚于父母路易斯·利基和玛丽·利基的伟大成就。

◎ 阅读《人类的起源》,体验亲身挖掘化石的新鲜刺激,感受有着家学渊源的深刻思辨,可以说,这是一本你不可不读的经典著作。